高等职业教育系列教材

国家职业教育教学资源库配套教材

虚拟现实与增强现实开发实例教程

（基于 Unity3D 与 UE4）

金 益 张 量 ◉ 主 编

沈罗兰 柯 健 李亚琴 ◉ 副主编

刘媛霞 戴敏利 任 平 杨玉婷 ◉ 参 编

机械工业出版社
CHINA MACHINE PRESS

本书是国家职业教育智能控制技术专业教学资源库配套教材。

本书围绕虚拟现实（Virtual Reality，VR）技术和增强现实（Augmented Reality，AR）技术的关键环节展开，通过漫游吴地廉石数字博物馆、重走海上丝绸之路——郑和下西洋 VR 项目、走近中国唐诗文化——静夜思 VR 项目、领略工匠精神——现代风格客厅样板间 VR 项目、探索吴文化遗产——苏州盘门明信片 AR 项目五大情境，详细介绍了基于 Unity3D 和 Unreal Engine 4（UE4）平台的 VR、AR 案例开发。每个学习情境都由学习目标、项目分析、知识储备、项目实现、项目小结等模块组成。值得一提的是，本书在学习目标中着重引入了素养目标，将 VR、AR 与爱国情怀、立德树人融为一体，为我国 VR、AR 数字技术的发展提供了借鉴。本书配有详细的案例源文件，读者可以扫描书中二维码来获取更为详细的微课资源。与本书配套的数字课程将在“微知库”网站上线，读者可登录网站进行学习，详见“微知库服务指南”。

本书适合作为高职高专及职业本科院校虚拟现实技术应用专业的相关课程教材，也可供虚拟现实相关专业技术人员参考。

本书配有授课电子课件及其他配套资源（案例素材、习题答案、教学大纲、源代码等），需要的教师可登录 www.cmpedu.com 免费注册，审核通过后下载，或联系编辑索取（微信：13261377872，电话：010-88379739）。

图书在版编目（CIP）数据

虚拟现实与增强现实开发实例教程：基于 Unity3D 与 UE4 / 金益，张量主编．—北京：机械工业出版社，2023.1（2024.7 重印）

高等职业教育系列教材

ISBN 978-7-111-72209-0

Ⅰ．①虚…　Ⅱ．①金…　②张…　Ⅲ．①虚拟现实–程序设计–高等职业教育–教材　Ⅳ．①TP391.98

中国版本图书馆 CIP 数据核字（2022）第 231882 号

机械工业出版社（北京市百万庄大街 22 号　邮政编码 100037）

策划编辑：王海霞　　责任编辑：王海霞　陈崇昱

责任校对：张艳霞　　责任印制：郜　敏

中煤（北京）印务有限公司印刷

2024 年 7 月第 1 版・第 2 次印刷

184mm×260mm・11.5 印张・284 千字

标准书号：ISBN 978-7-111-72209-0

定价：49.00 元

电话服务　　网络服务

客服电话：010-88361066　　机　工　官　网：www.cmpbook.com

010-88379833　　机　工　官　博：weibo.com/cmp1952

010-68326294　　金　书　网：www.golden-book.com

封底无防伪标均为盗版　　机工教育服务网：www.cmpedu.com

Preface
前　言

虚拟现实（Virtual Reality，VR）技术和增强现实（Augmented Reality AR）技术已被我国列入“十四五”规划和 2035 年远景目标纲要，在我国数字经济发展战略中占据着极其重要的地位。当前，VR、AR 技术正在加速向各个领域渗透融合，并开始给这些领域带来前所未有的变革。2018 年 9 月 21 日，教育部正式宣布在普通高等学校高等职业教育（专业）院校中增设“虚拟现实技术应用”专业（2019 年开始实行）。2020 年 2 月 21 日，在教育部公布的“2019 年度普通高等学校本科专业备案和审批结果”中已经将“虚拟现实技术专业”列为“新增审批本科专业名单”。至此，虚拟现实技术正式在我国高等教育和职业教育中推广和发展。

作为开发 VR、AR 产品的常用引擎，Unity3D 和 Unreal Engine4（UE4）以其优质的画面实时渲染效果、便捷的操作等优势，得到了越来越多的 VR、AR 项目制作团队和公司的青睐。除产业界以外，教育领域（如各大高校、职业院校）也开始广泛使用这两大引擎进行教学。全国职业院校技能大赛“虚拟现实（VR）设计与制作”赛项，也以 Unity3D 和 UE4 作为推荐技术开发平台，其中“VR 引擎”部分在试卷中占据了 40%的分值。

虽然大家看到了基于 Unity3D 和 UE4 引擎开发的许多大型游戏产品和成功案例，认识到了引擎开发技术的重要性，但职业院校教师和学生学习这两大引擎的途径较少，特别是适合职业院校师生学习、集合两大引擎平台的实例教程几乎没有。因此，编者团队决定撰写一本针对职业院校和普通高等院校教学的案例教程。

本书是国家职业教育智能控制技术专业教学资源库配套教材。教材结合传统文化，设置了五个学习情境，提炼了 Unity3D 和 UE4 两大引擎的主要功能，采用任务驱动的方式，力求在实现简单任务的过程中解析更多的引擎功能。每个学习情境都经过团队精心设计，案例中融入了职业素养元素，包括树立文化自信、培养大国工匠精神等，将 VR、AR 技术与爱国情怀、立德树人融为一体。同时，情境案例还结合了全国职业院校技能大赛真题，真正做到以赛促教、以赛促学。

学习情境 1，“漫游吴地廉石数字博物馆”由张量、任平编写，全面介绍 VR、AR 的历史、技术和产品，并引导学生能够根据实际应用场景和需求，选择、设计合适的产品与解决方案。

学习情境 2，“重走海上丝绸之路——郑和下西洋 VR 项目”由金益、刘媛霞编写，该项目来源于全国职业院校技能大赛真题，讲解基于 Unity3D 在 VR 一体机平台开发 VR 的简单案例。

学习情境 3，“走近中国唐诗文化——静夜思 VR 项目”由柯健、李亚琴编写，介绍基于 Unity3D 在 HTC Vive 平台开发 VR 的案例。

学习情境 4，“领略工匠精神——现代风格客厅样板间 VR 项目”由杨玉婷、戴敏利、沈罗兰编写，讲解利用 UE4 引擎开发简单的 VR 样板房漫游。

学习情境 5，“探索吴文化遗产——苏州盘门明信片 AR 项目”由金益、张量编写，介绍基于 Unity3D 结合 Vuforia 平台开发移动 AR 明信片。

本书适合职业院校及普通高等院校虚拟现实技术应用相关专业的教师和学生使用，也可供虚拟现实相关专业技术人员参考使用。

教材在编写过程中得到了中国计算机学会虚拟现实与可视化技术专委会主任罗训教授、苏州舞之动画股份有限公司，以及全国职业院校技能大赛赛项合作企业福建省华渔教育科技有限公司的关注和指导，教材编写团队在此表示衷心感谢！由于编者水平有限，加之时间仓促，书中难免存在一些缺点和不足之处，殷切希望广大读者批评指正。

编　者

目 录 Contents

学习情境 4 领略工匠精神——现代风格客厅样板间 VR 项目 ······ 99

学习情境 5 探索吴文化遗产——苏州盘门明信片 AR 项目 ······ 143

学习情境 1 漫游吴地廉石数字博物馆

学习目标

【知识目标】

- 了解虚拟现实的概念及其在学习、生活中的应用形态。
- 掌握虚拟现实的产生、发展，以及各个代表性阶段。
- 掌握虚拟现实在各个领域的应用和产品。
- 掌握在各种实际需求下，主流的产品与解决方案。

【能力目标】

- 能够全面地了解 VR 的历史、技术、产品，并能够根据实际应用场景和需求，选择、设计合适的产品与解决方案。

【素养目标】

- 通过虚拟现实技术了解和体会吴地历史官吏廉政清明的优良品质，并能够以他们为榜样将廉政之风传承发扬。

项目分析

苏州市职业大学虚拟廉石馆项目，是廉政文化建设和反腐倡廉教育的重要平台，也是实施“五个一”廉政文化教育工程的主要载体，如图 1-1 所示。项目以 VR 全景漫游的方式展示“吴地廉石数字博物馆”，如图 1-2 所示。

微课 1-1
VR 虚拟廉石馆案例展示

图 1-1　苏州市职业大学廉石馆

图 1-2　VR 虚拟廉石馆

廉石馆运用现代信息网络技术，集聚文字图片、影视作品、微课教学、实践课堂、电子图书、试题库及线上数字资源等，直观展示吴地清官廉吏的群体风貌，将独特的吴地廉洁文化基因通过显性和隐性教育，给广大党员干部、师生员工以鲜明的人生启迪、自然的价值同构、强烈的信念引领。随着移动学习、在线学习、泛在学习的快速普及，作为党风廉政教育的一种崭新模式，廉石馆从线下实体展示向线上数字延伸，使廉政教育更加具有针对性、实效性和辐射性。图 1-3 所示为 VR 虚拟廉石馆的部分三维场景渲染图以及场馆交互设计图。

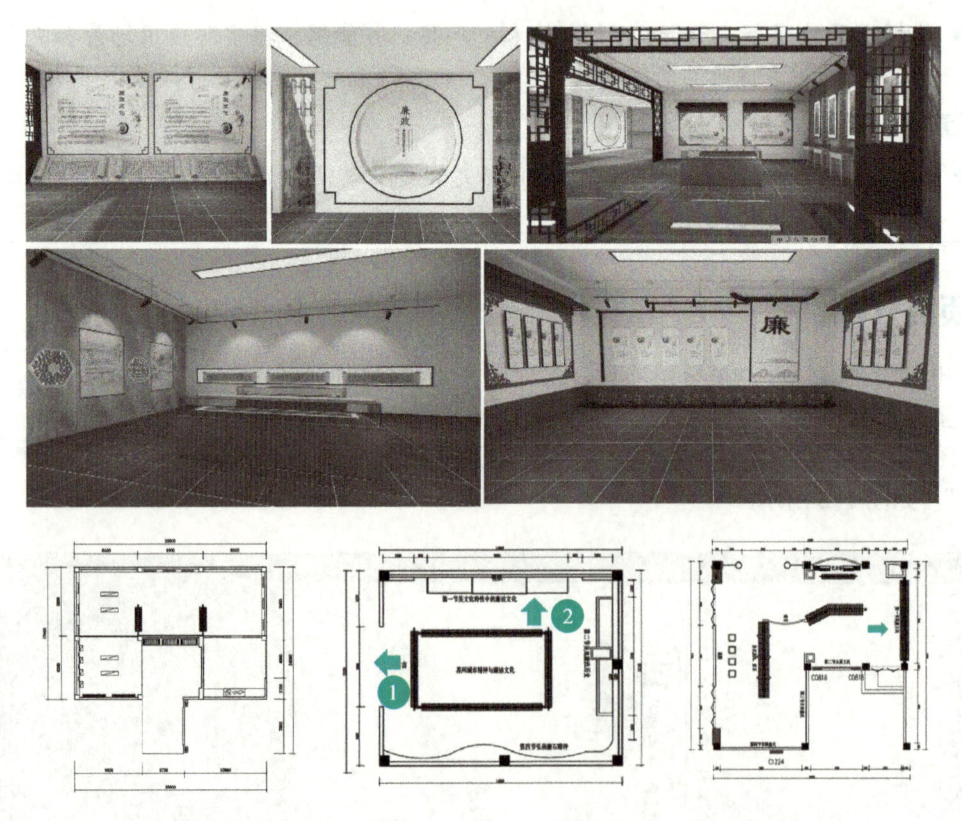

图 1-3　VR 虚拟廉石馆部分三维场景渲染图与场馆交互设计图

虚拟现实、增强现实、数字孪生等技术的出现和应用，影响着人类生产、生活的方方面面。数字化转型，渗透到了几乎所有的线下领域，改变了人们的生活方式和思维方式。下面将从“基本概念”和“主要应用”两个方面，介绍虚拟现实技术的发展历史、重要意义、基本概念以及主要应用。

知识储备

任务 1.1　基本概念

下面首先介绍虚拟现实技术的诞生、发展历史以及它在当今军事、医学、艺术、教育等诸多领域的应用场景。随后，将对虚拟现实技术、增强现实技术和混合现实技术的基本概念进行介绍。

微课 1-2
虚拟现实概述

1.1.1　虚拟现实的前世今生

虚拟现实（Virtual Reality，简称 VR）技术是 20 世纪发展起来的一项全新的实用技术。虚拟现实技术囊括计算机、电子信息、仿真等技术，其基本实现方式是计算机模拟虚拟环境从而给人以环境沉浸感。随着社会生产力和科学技术的不断发展，各行各业对 VR 技术的需求日益旺盛。VR 技术也取得了巨大进步，并逐步成为一个新的科学技术领域。

1956 年，由摄影师 Morton Heilig 发明的“Sensorama”可以说是最早的 VR 机器，如图 1-4a 所示。它集成了 3D 显示器、气味发生器、立体声音箱及振动座椅，同时内置了 6 部短片供人欣赏。然而，巨大的体积使它无法成为商用娱乐设施。1961 年，飞歌公司研发了一款头戴式显示器 Headsight，如图 1-4b 所示。它集成了头部追踪和监视功能，但其主要被用于隐秘信息查看而非娱乐展示和提升人机交互体验。1966 年问世的 GAF ViewMaster 是如今简易 VR 眼镜的原型，如图 1-5a 所示。它通过内置镜片来达到 3D 视觉效果，但其并未搭载任何电子虚拟成像器件或音频设备。于 1968 年问世的 Sword of Damocles（著名的达摩克利斯之剑）通常被认为是虚拟现实设备的真正开端，如图 1-5b 所示。它由麻省理工学院研发，为后来 VR 甚至是 AR 设备的发展，提供了最初的原型与参考。

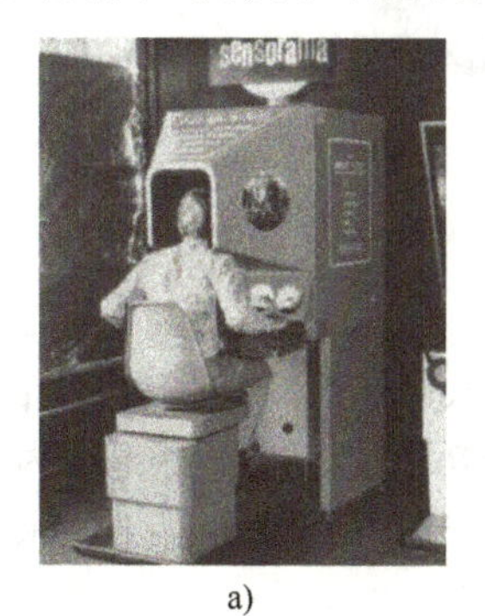

a)

b)

图 1-4　VR 设备的雏形

a) Sensorama　b) Headsight

1984 年，第一款商用 VR 设备 RB2 在 VPL 诞生，该公司由 VR 之父 Jaron Lanier 创办。RB2 配备了体感追踪手套等位置传感器，其设计理念已与现代的主流产品相差无几。1985 年，NASA（美国国家航空航天局）研发了一款 LCD 光学头戴显示器，它同时配备了轻量化的头、手部追踪系统，配合相关图形图像处理技术，能够在小型化、轻量化的前提下提供沉浸式的体验，其设计与结构后来也被广泛推广与采用。随后，在游戏、娱乐领域的几家著名的公司也开始尝试采用虚拟现实技术研发其产品。

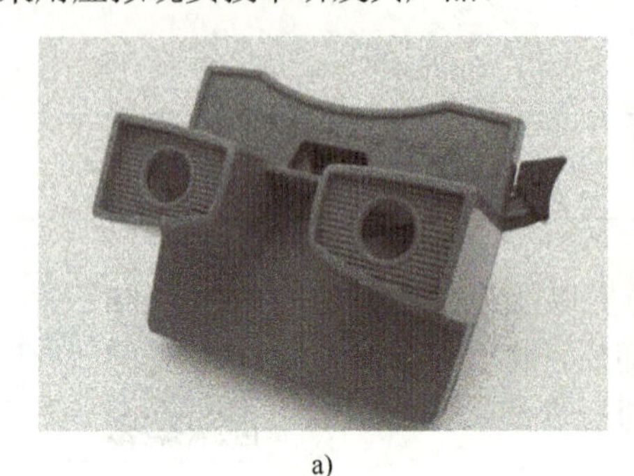

a)

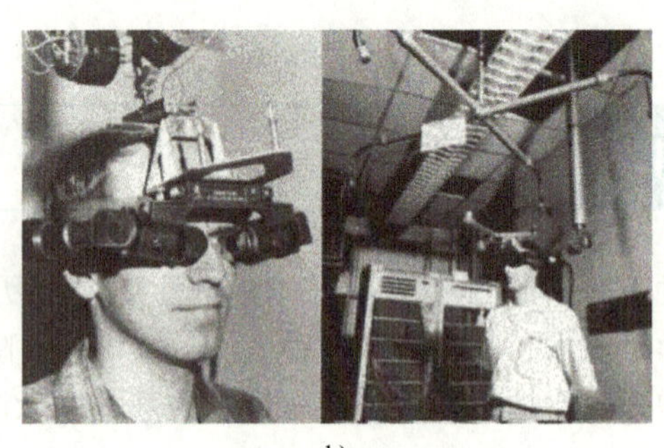

b)

图 1-5　VR 技术萌芽期的标志性设备

a) GAF ViewMaster　b) 达摩克利斯之剑

1989 年，VPL Research 成为第一家成功商业化销售 VR 头戴显示设备和手套的公司。接下来的十几年，VR 经历了一次商业化浪潮，索尼、任天堂等游戏公司都陆续推出了自己的 VR 游戏机；电影方面也有多部电影在 VR 领域有所尝试。但由于产业链不完备，技术不成熟，这些产品并未得到消费者的认可。这一波商业化浪潮在消费市场并不成功，但 VR/AR 在军事等领域的应用却取得了进展。

真正将商用虚拟现实技术带向复兴的产品是 2009 年问世的 Oculus Rift，如图 1-6 所示。2012 年该项目登陆 Kickstarter[①]并筹集到近 250 万美元的研发资金，首轮融资最终达到 1600 万美元。2013 年，Oculus Rift 推出了一款面向开发者的早期设备，其价格仅为 300 美元。这代表着商用 VR 设备真正步入了消费电子市场。

图 1-6　Oculus Rift

2014 至 2016 年，图像处理技术的提升推动 VR/AR 进入市场培育期。2014 年，Facebook 以 20 亿美元收购 Oculus，VR/AR 开始进入消费市场。VR/AR 产业化在全球范围内快速铺开，VR/AR 迎来发展元年。这次的 VR/AR 浪潮和 20 世纪 90 年代最大的不同是，技术问题得到初步解决，VR/AR 技术和核心部件能初步满足消费应用需求。

2016 年是 VR 商用、民用设备以及内容生态极具里程碑意义的一年。这一年 Oculus 正式发售了 Oculus Rift 头戴式 VR 设备，同时登台的还有 HTC Vive 和三星的 Gear VR。在元器件支持上，Intel 和高通开始从芯片层面支持 VR。从开发引擎与平台上，Unity、Blender、CryEngine、Source 等游戏引擎开始全面支持 VR。在内容制作上，这一年无数创业公司在各

① 一个专为具有创意方案的企业筹资的众筹网站平台。——编者注

个实用领域推出了自己的 VR 应用产品，大力布局各自内容生态。特别是在游戏娱乐领域，EA、UBISOFT、网易、腾讯、网龙等大型游戏公司均发布了各自的代表作品。从这一年开始，越来越多的投资者看好 VR 内容（影视、游戏等）市场，大量投资蜂拥而至。在这样的背景下，新兴游戏公司、VR 工作室也陆续推出了一些高质量的 VR 作品，如《永恒战士VR》、《Aeon》等。

2017 年至 2019 年，随着多种类的产品应用的出现，VR 进入了快速发展期，行业对相同标准的、相互兼容的应用和配件的需求出现快速增长。VR 消费级市场认知加深，VR 企业级市场也开始逐步启动发展。继 Oculus 被收购后，全球科技巨头纷纷聚焦 VR/AR。微软、谷歌、苹果等跨国巨头都收购了 VR/AR 相关企业，索尼开启 Morpheus 计划、谷歌推出 Card board（如图 1-7 所示）、三星与 Oculus 合作推出 Gear VR（如图 1-8 所示）、HTC 与 Valve 合作研发针对 Steam 游戏平台的 HTC Vive（如图 1-9 所示）。由此可以预见，未来几年，VR/AR 产业化进程将持续加快，开始出现对统一标准且相互兼容的应用、内容、配件的需求，VR/AR 内容开始配套，消费级应用和企业级应用均逐渐完善，VR/AR 不再是孤立式发展，将迎来产业和市场的快速发展期。

图 1-7 组装好的 Card board

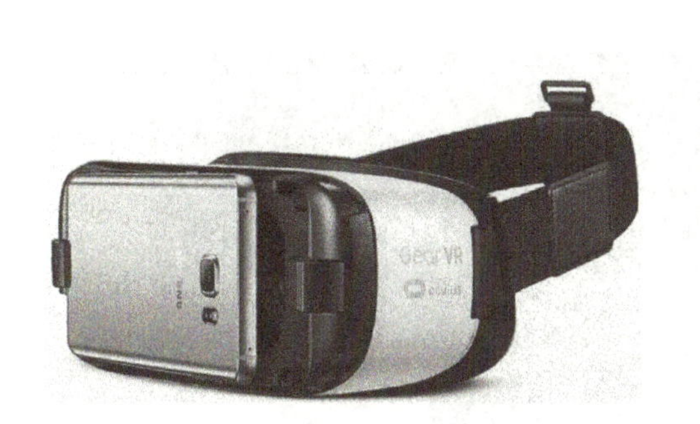

图 1-8 Gear VR 和 Gear VR 佩戴情况

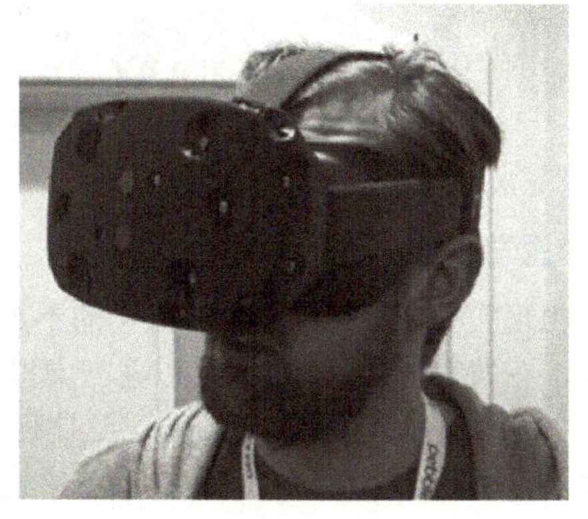

图 1-9 HTC Vive 和 HTC Vive 佩戴情况

目前，VR/AR 硬件解决方案趋合，系统平台开源化，行业深度应用，消费级应用仍以游戏为主，企业级应用包括军事、教育、工程、房地产、零售等均将全面铺开，整个 VR/AR 产业将进入相对成熟期。

1.1.2 虚拟现实的重要意义

丰富的感觉能力与 3D 显示环境使得虚拟现实成为理想的视频游戏工具，这让它在娱乐领域展现出巨大的价值。但是，虚拟现实技术在三维表现与感官模拟上的优势，让其能够在更多领域有所发展，包括军事航天领域、医学领域、艺术领域、教育领域、文物古迹领域和生产领域等，通过建立模型与实践模拟实现不依赖于实体和物料消耗的演练与仿真体验，实现低成本、高效率的作业模式。

1. 军事航天领域

军事领域的研究一直是推动虚拟现实技术发展的原动力，且军事领域目前依然是 VR 的主要应用领域。如模拟训练一直是军事与航天工业中的一个重要课题，这为 VR 提供了广阔的应用前景。美国国防部高级研究计划局（DARPA）自 20 世纪 80 年代起一直致力于研究被称为 SIMNET 的虚拟战场系统。以提供坦克协同训练，该系统可联结 200 多台模拟器；美国空军技术研究所（Air Force Institute of Technology）也在利用 VR 开发培养实际空军操作人员的环境；NASA 目前已建立了航空、卫星维护 VR 训练系统，以及空间站 VR 训练系统，并建立了能够供全美航空航天领域使用的 VR 教育系统，通过模拟实际环境培养、训练宇航员，如图 1-10 所示。

图 1-10　加拿大为美飞行员推出的 VR 训练系统

2. 医学领域

虚拟现实技术可以弥补传统医学的不足，主要应用在解剖学、病理学教学、外科手术训练等方面。在教学中，VR 技术可以建立虚拟的人体模型，借助于跟踪球、HMD、感觉手套，学生可以很容易了解人体各器官结构，这比现有的采用教科书教学的方式更加有效，如图 1-11 所示。在医学院校，学生可在虚拟实验室中进行“尸体”解剖和各种手术练习。同样，外科医生在真正动手术之前，可以通过虚拟现实技术的帮助，在显示器上重复地模拟手术，完成对复杂外科手术的设计，寻找最佳手术方案，这样的练习和预演，能够将手术对病人造成的损伤降至最低。

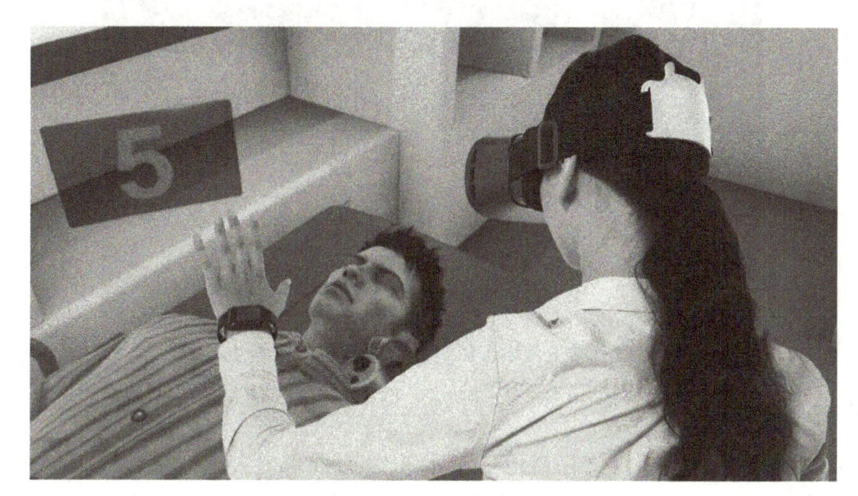

图 1-11　医学仿真教学领域的 VR 系统

3. 艺术领域

虚拟现实技术作为传输显示信息的媒体，在艺术领域有着巨大的应用潜力。例如，VR 技术能够将静态的艺术（如绘画、雕塑等）转化为动态的，如图 1-12 所示。可以提高用户与艺术品的交互，并提供全新的体验和学习方式。

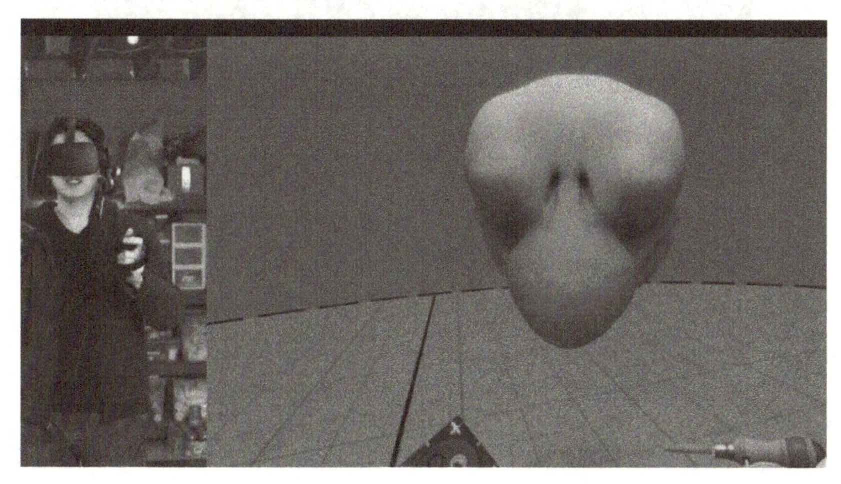

图 1-12　用 Oculus touch 进行 VR 雕刻

4. 教育领域

虚拟现实技术的应用是教育技术发展的一个飞跃。虚拟学习环境、虚拟现实技术能够为学生提供生动、逼真的学习环境。亲身去经历的“自主学习”环境比传统的说教学习方式更具说服力，如图 1-13 所示。虚拟实验利用虚拟现实技术，可以建立各种虚拟实验室，如物理、化学、生物实验室等。利用 VR 能够极有效地降低实验室成本投入，并让学生获得与真实实验一样的体会，得到同样的教学效果。

图 1-13 学生使用 VR 全景教育系统开展自主学习

5. 文物古迹领域

利用虚拟现实技术，可以为文物古迹的展示和保护带来更大的发展。将文物古迹通过影像建模，更加全面、生动地展示文物，给用户提供更直观的浏览体验，使文物实现实时资源共享，而不需要受地域的限制，并能有效保护文物古迹不被游客的游览所影响，如图 1-14 所示。同时，使用三维模型能提高文物修复的精度、缩短修复工期。

图 1-14 文物在 VR 技术下的高清模拟示意图

6. 生产领域

利用虚拟现实技术建成的汽车虚拟开发工程，可以在汽车开发的整个过程中，全面采用计算机辅助技术来缩短设计周期。例如，福特官方公布过一项汽车研发技术——3D CAVE 虚拟技术。设计师戴上 3D 眼镜坐在“车里”，就能模拟“操控汽车”的状态，并在模拟的车流、行人、街道中感受操控行为（如图 1-15 所示），从而在车辆未被生产出来之前，及时、高效地分析车型设计，了解实际驾驶情况中的驾驶员视野、中控台设计、按键位置、后视镜调节等，并进行改进，这套系统能够有效控制汽车开发成本。

7. 娱乐领域

丰富的感觉能力与 3D 显示环境使得 VR 成为理想的视频游戏工具。由于在娱乐方面对 VR 的真实感要求不是太高，故近些年来 VR 在该方面发展最为迅猛。如美国芝加哥开放了世界上第一台可供多人使用的大型 VR 娱乐系统，其主题是关于 3025 年的一场未来战争；近几年推出的 Oculus Rift 是一款为电子游戏设计的头戴式显示器，通过虚拟现实为用户提供更好的体验，并推出了开发者版本，如今已有许多游戏都支持该设备，如图 1-16 所示。

图 1-15　工程师使用 3D CAVE

图 1-16　正在玩 VR 游戏的使用者

1.1.3 VR、AR 与 MR 的概念辨析

简单地说，VR 看到的图像全是计算机模拟出来的，都是虚假的，AR 则是将虚拟信息加在真实环境中，来增强真实环境，因此看到的图像是半真半假的，MR（混合现实技术）是将真实世界和虚拟世界混合在一起，它呈现的图像令人真假难辨。MR 比较像是 VR 和 AR 的组合，可以在现实的场景中显示立体感十足的虚拟图像，且还能通过双手和虚拟图像进行交互。从简单的感官层面来理解，VR 是全“假”，AR 是半真半假，MR 则是真假难辨。

1. VR

VR 也被称为虚拟现实技术，是一种利用计算机技术模拟产生一个为用户提供视觉、听觉、触觉等感官模拟的三维空间虚拟世界，用户借助特殊的输入、输出设备，与虚拟世界进行自然交互的技术。用户进行位置移动时，计算机可以通过运算，将精确的三维世界视频传回产生临场感，令用户及时、无限制地观察该空间内的事物，如身临其境一般。VR 的硬件代表是 Oculus Rift、HTC Vive、PlayStation VR、三星 Gear VR 等，软件代表是《极乐王国》，它是全球首个 VR 社交游戏平台。

2. AR

AR 也被称为增强现实（Augmented Reality，简称 AR）技术，是一种实时计算摄影机影像位置及角度，并辅以相应图像的技术。这种技术可以通过全息投影，在头戴设备镜片的显示屏幕中将虚拟世界与现实世界叠加，操作者可以通过设备与投影互动。AR 的硬件代表作是大名鼎鼎的 Google Glass，软件代表作是《精灵宝可梦 Go》，这款游戏曾经风靡全球。

3. MR

MR 也被称为混合现实（Mix Reality，简称 MR）技术，是一种结合真实和虚拟世界创造的新环境和可视化三维世界的技术，物理实体和数字对象共存并实时相互作用，以用来模拟真实物体，是虚拟现实技术的进一步发展。MR 的硬件代表作是 Hololens 和 Magic Leap，游戏代表作是《超次元 MR》。

任务 1.2 主要应用

1.2.1 三维漫游与展示

三维漫游，是指将摄像机拍摄的水平方向 360°、垂直方向 180° 的多张照片拼接成一张全景图像，然后利用得到的全景图像，通过计算机图形图像技术构建出全景空间。使用者能用鼠标控制浏览的方向，可多角度地观看物体或场景，仿佛身临其境一般。

微课 1-3
虚拟现实应用

与传统的三维建模技术相比，三维漫游具有制作简单、数据量小、系统要求低等优点，同时三维全景采用真实场景的图像，因此比三维建模技术构建的场景更具真实感。三维漫游的上述优点，使其成为近年来迅速流行的虚拟现实技术，在虚拟展示、地图导航、数字城市等领域都有着极为广泛的应用。其中较为典型的，就是在家居建筑方面的应用，目前已经出现了如酷家乐这样可以实现自由 3D 建模的应用，如图 1-17 所示。

图 1-17　酷家乐设计三维漫游效果图：左侧视角（左）、中间视角（中）、右侧视角（右）

1.2.2 数字媒体与娱乐

目前 VR 技术在数字媒体与娱乐领域中的应用，较为成熟的是 VR 电影。观众只需要配备

VR 眼镜，就能够配合调试好的电影信息源实现 VR 观影效果，如图 1-18 所示。

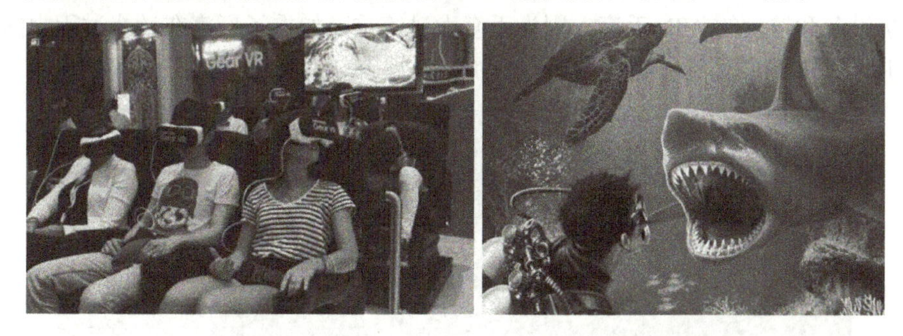

图 1-18　VR 电影眼镜佩戴示意图（左）和电影体验概念图（右）

近年来，VR 技术在游戏领域也得到了更多的应用，相关设备的推出与技术的升级，让普通用户体验 VR 游戏成为可能。以华为公司开发的 VR 游戏为例，目前已经上线到华为 VR 应用市场的游戏，包括《奇幻滑雪》《全息指挥官》《星际防线》《闪电战机》等。图 1-19 为用户在体验 VR 游戏《奇幻滑雪》。

图 1-19　市民体验 VR 游戏《奇幻滑雪》

而更加精细的 VR 配套设备也已经面世，比如 Manus 手套，如图 1-20 所示。Manus 是一款专门针对 VR 游戏领域推出的手势控制手套，它最大的亮点就是能够让玩家每一根手指的操作，都精准地在游戏中呈现。

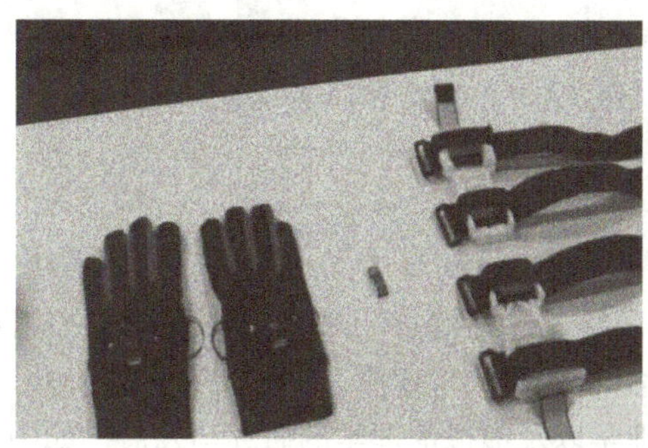

图 1-20　Manus 手套（左）和佩戴情况（右）

另一款 VR 手套通过一股数据收集线，与身后的放映设备相连，玩家进入游戏后，就要戴上 VR 投屏设备和厚大的 VR 手套，因为手套太过笨重，加重了玩家在游戏过程中的疲劳感，如图 1-21 所示。如果硬件设计得不够完美，那就需要在软件技术上面来弥补。

图 1-21　佩戴 VR 手套的使用者在玩游戏

1.2.3　系统仿真与模拟训练

模拟训练又称模拟仿真，就是在军事方面进行建模，然后利用仿真技术对战局、战略、战术进行模拟的方法。这种方法应用系统论的观点，并且利用数学建模等多种建模方法。在实践中，模拟训练对于军事作战的指挥有着很大的指导作用，如图 1-22 所示。

图 1-22　飞机飞行 VR 模拟系统训练图（左）和军事训练 VR 系统（右）

1.2.4　虚拟地理环境

虚拟地理环境，是以虚拟现实技术为核心，基于地理信息、遥感信息、赛博空间网络信息与移动空间等信息，研究现实地理环境和赛博空间的现象与规律。通过虚拟地理环境，可以促进实验地理学、遥感与地理信息科学、信息地理学以及虚拟地理学的研究与发展，如图 1-23 和图 1-24 所示。

图 1-23　城市地理环境 VR 模拟

图 1-24　珠穆朗玛峰 VR 模拟效果图

1.2.5　创意展示与体验

创意展示与体验主要体现在虚拟现实游戏的发展上，虚拟现实游戏，英文名“Virtual reality game”。只要打开计算机，带上虚拟现实头盔，就可以让使用者进入一个可交互的虚拟现实场景中，不仅可以虚拟体验当前场景，也可以虚拟体验过去和未来的场景。如果读者了解了虚拟现实技术的概念，那虚拟现实游戏的概念也并不难理解，戴上虚拟现实头盔，使用者看到的就是游戏的世界，不管怎么转动视线，使用者都位于游戏里。目前，已经有用户实现了使用 VR 技术在虚拟世界里作画，如图 1-25 所示。

图 1-25　使用 VR 技术在虚拟世界里作画

1.2.6　社交与媒体传播

VR 与 5G 的关系密不可分，5G 将和云技术改变移动业务的发展趋势，呈现出智终端、宽管道、云应用的大趋势，VR 作为业界普遍看好的 5G 首批典型应用，其应用场景和业务范围会被拓宽，产业也将得到规模化发展，如图 1-26 所示。

图 1-26　5G 与 VR 技术结合

任务 1.3　虚拟现实硬件设备

1.3.1　头显设备

VR 头显是虚拟现实头戴式显示设备，是一种利用头戴式显示设备将人的对外界的视觉、听觉封闭，引导用户产生一种身在虚拟环境中的感觉。其显示原理是左右眼屏幕分别显示不同的图像，人眼获取这种带有差异的视觉信息后会在脑海中产生立体感，如图 1-27 所示。

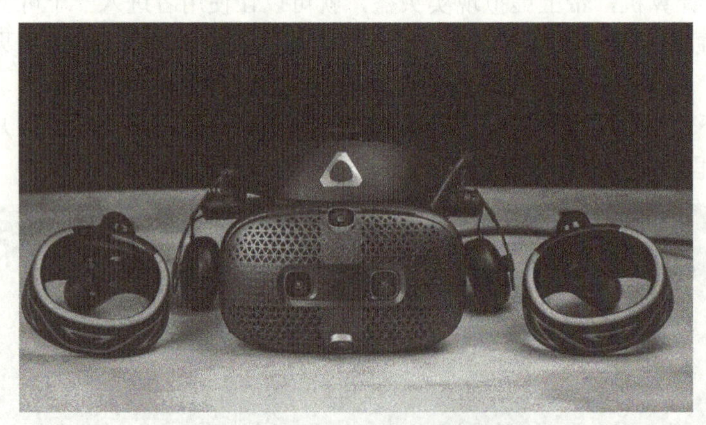

图 1-27　虚拟现实头戴式显示设备

与此同时，部分手机也支持 3D 扫描与 VR/AR 技术。大多数 3D 扫描应用基于摄影测量技术，其中相同物体的若干图像是从不同角度拍摄的，同时瞄准所需物体的 360° 视图。然后，应用程序将通过自身功能或通过云服务处理照片，并将它们“拼接”在一起以形成 3D 模型，如图 1-28 所示。

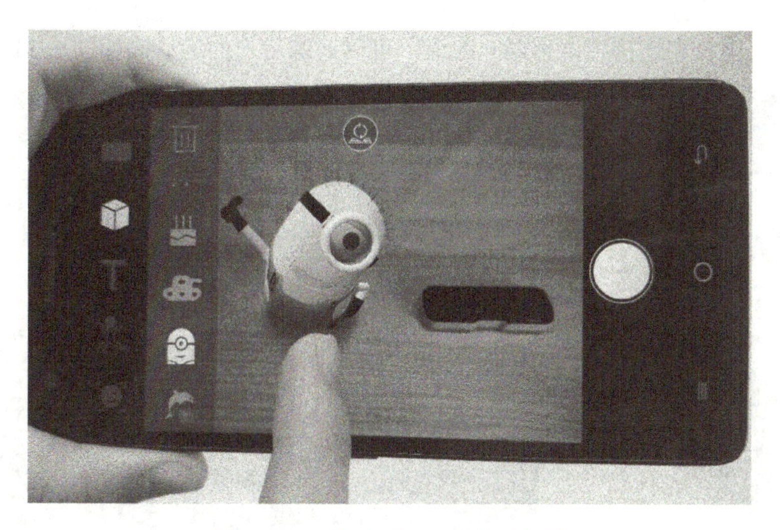

图 1-28 手机实现 VR 技术示意图

1.3.2 非头戴式 VR 设备

除了 VR 头显之外，现阶段要想追求更具沉浸式的虚拟现实体验，需要有更多设备的支持。近些年，一些国外创业团队也在这个方向去做了一些尝试，其中有一些项目可能会成为下一代虚拟现实计算平台的标配之一。

1）Turris：首个虚拟现实座椅，让用户全方位地体验虚拟内容，实现用户在虚拟现实中的自由移动，配备的枢轴运动跟踪传感器让用户能够通过腿和身体的旋转控制在虚拟世界中的动作，如图 1-29 所示。

图 1-29 头显设备和 Turris 椅子

2）触觉反馈控制器：特殊的手柄让用户能感觉到虚拟物件的“真实”重量。如图 1-30 所示的控制器注入了新型的触觉反馈技术，它使摩擦力作用在用户手上，来模仿用户在虚拟现实中伸出手抓住物品时的触觉，还有诸如抬高、捕捉、推动等其他动作。

3）万向跑步机 Infinadeck：用户戴上 VR 头显设备后就可以朝任何方向走动或跑动。

Infinadeck 配备了电机和连接到传感器的跑道，可以追踪用户的运动，如图 1-31 所示。

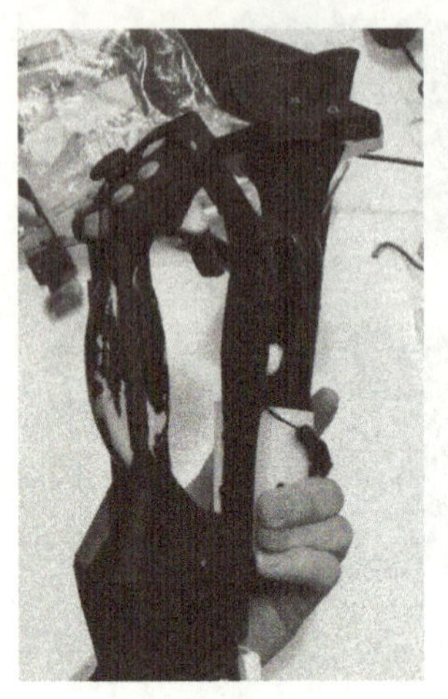

图 1-30 触觉反馈控制器

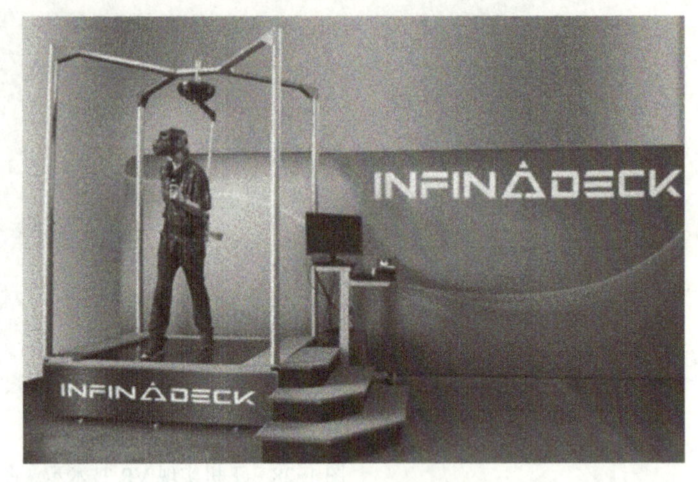

图 1-31 VR 万向跑步机 Infinadeck

4）Prio VR：为游戏提供全身运动追踪的 VR 穿戴套装。Prio VR 的传感器位于用户身体的关键点，使它能捕捉到你的运动并实时转化在屏幕上，如图 1-32 所示。

图 1-32 Prio VR

5）Sixense STEM（运动追踪系统，如图 1-33 所示）：无线模块化的动作追踪系统，精准捕捉用户每一个动作，还能实现用户在虚拟世界拾起东西。

图 1-33 Sixense STEM

除此以外，Sixense 也有类似座椅的交互 VR 设备，如图 1-34 所示。

图 1-34　人机接口与交互 VR 设备

1.3.3　主流产品与解决方案

1. PS VR

PS VR 指 PlayStation VR。在 2015 东京电玩展索尼发布会上，索尼将旗下的 VR 头显（虚拟现实头戴式显示器）正式更名为 PlayStation VR。已知有 14 款配套的首发游戏，包括《夏日课堂》《PlayStation VR 世界》《RIGS》《初音未来 VR 未来演唱会》和《弹丸论破 VR 学级裁判》等。

PS VR 的整体重量 600g 左右，采用悬挂式设计，设计图如图 1-35 所示，前后有两个按键，可以调整头戴设备的松紧程度，但额头处接触的橡胶材质并不透气，佩戴久了之后难免会满头大汗，所以需要时不时摘下来擦拭镜片。

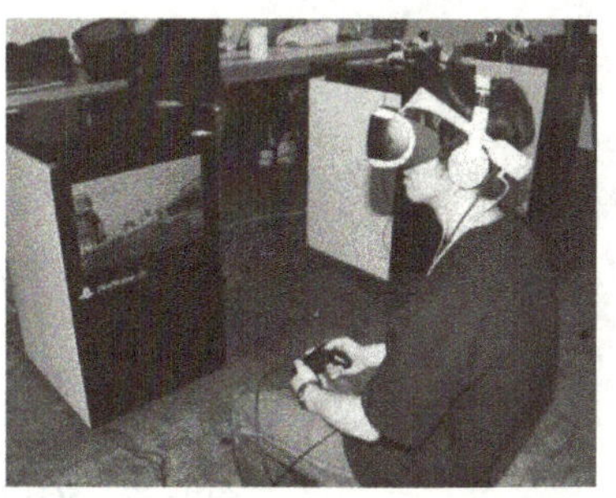

图 1-35　PS VR 与实际使用情况

PS VR（如图 1-36 所示），在用户使用反馈中，其游戏体验和 HTC Vive 相比并没有太大差距，不过在画面清晰度上还是有不少的提升空间。目前，在国行 PS store 上，整体游戏体验还是很不错的，游戏画面比较顺畅，加上身临其境的三维场景以及游戏音效，使它有着很强的代入感。

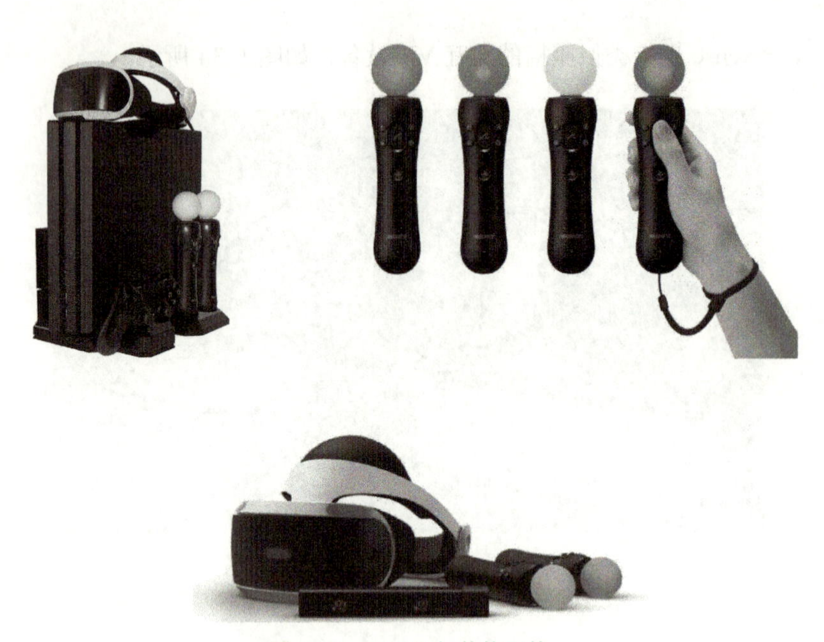

图 1-36　PS VR 与其他配件

2. 联通 5G+VR 智能巡检机器人

联通助力供电公司的电力新型 5G 智能巡检机器人（如图 1-37 所示）——5G+VR 电力巡检机器人，借助 5G 技术提高电力巡检的效率，通过业务数据化和数据业务化更好地保障电力设施和百姓的用电安全。

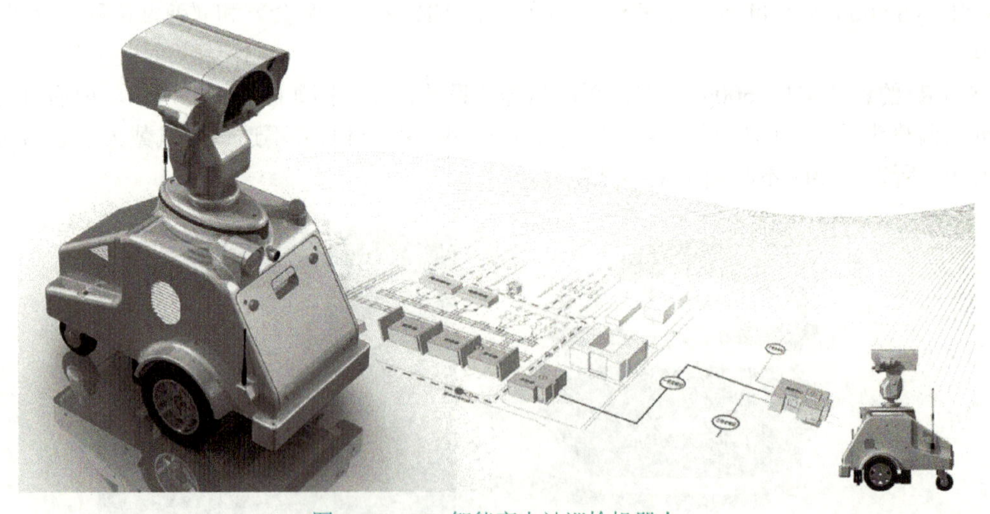

图 1-37　5G+智能变电站巡检机器人

该巡检机器人搭载超高清 VR 摄像头及红外、温湿度、多项气体检测等设施，具有可替代人工实现安全作业、同时检测多项指标、可实现远程观测等特点。5G 机器人能实现全流程的巡检闭环作业，从出库开始均无须人工干预，能有效提高隧道巡检效率和数据采集质量。

3. 华为 VR Glass 6DoF

华为 VR Glass 6DoF（如图 1-38 所示）是华为在 2020 世界 VR 产业大会云峰会上发布的

VR 游戏套装，官方称可让消费者们在 VR 游戏中更加自由、流畅地交互。华为 VR Glass 6DoF 游戏套装采用 Inside-out 定位方式，空间位移精度达到毫米级，带来更加精准的感知能力。游戏手柄采用人体工学设计，搭载 360° 操控杆和侧边手势按键，配合出色的震感反馈，可为用户带来更加沉浸和真实的游戏体验。

图 1-38　华为 VR Glass 6DoF

除了 VR 眼镜外，华为公司还开发了其他 VR 设备，比如 VR 头盔，如图 1-39 所示。

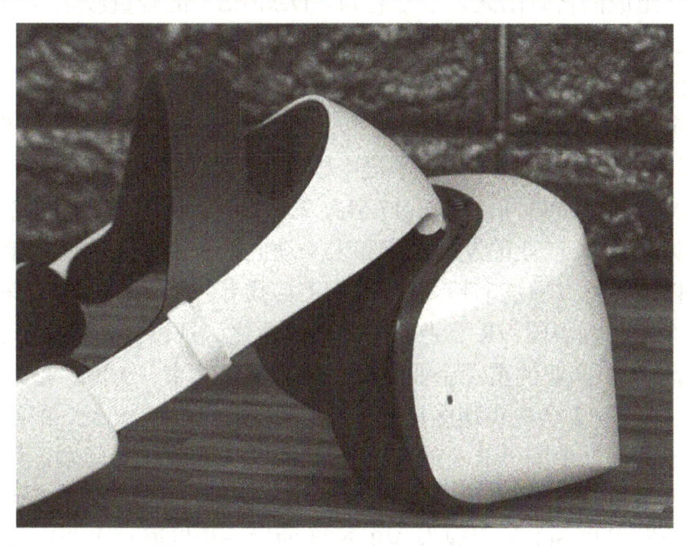

图 1-39　HUAWEI VR 头盔

任务 1.4　VR/AR 行业发展

1.4.1　VR/AR 产业现状

VR/AR 以其三维化、自然交互、空间计算等完全不同于移动互联网的特性，被认为将是下一代通用计算平台。自 2012 年谷歌发布 AR 眼镜 Google Glass，2014 年 Facebook 收购 VR 头显厂商 Oculus 以来，VR/AR 行业历经了 2015 年至 2017 年的创业热潮，也经历了 2018 年的行业退潮，随着 2019 年底全球 5G 正式展开部署，VR/AR 作为 5G 核心的商业场景被重新认识和重视。

VR 产业以其较为成熟的产品技术、完善的供应链体系、消费级的价格，逐步向 C 端市场渗透，整个软硬件生态已经进入拐点。AR 产业因产品形态和价格尚未达到消费级的水平，仍在 B 端商业场景落地，AR 产业进入 C 端市场尚待时日。2020 年，VR/AR 产业投融资活跃，金额和数量回到了 2017 年的高点水平，AR 眼镜、工具软件、VR/AR 游戏、教育培训等成为投融资的热点领域，苹果、谷歌、Facebook 都沿着自己的战略目标进行并购布局，苹果仍在完善自己的 VR/AR 产业链，谷歌意图重回消费级 AR 市场，Facebook 则补充自己的 VR 内容生态。虽然中国 VR/AR 市场的发展整体来看晚一到两年，但能够看到政府和行业的高度重视，产业扶持政策不断出台，传统企业华为、歌尔等稳扎稳打，诸如 Nreal、亮亮视野、珑璟光电、小派、睿悦、MAD Gaze 等在产业链具有核心技术和关键地位的初创企业纷纷完成大额融资，未来我国 VR/AR 将会更上一层楼。

在国际上，目前 VR 技术已经逐渐走向成熟，并且向着视觉、听觉、触觉多感官沉浸式体验的方向发展。同时，相应的硬件设备也在向着微型化、移动化发展。美国纽约州立大学石溪分校联合 Nvidia 和 Adobe 公司已经开发出一种系统，可以利用人眼的扫视抑制现象和眼球追踪技术，为用户提供在大型虚拟场景中自然行走的体验。洛桑联邦理工学院（EPFL）和苏黎世联邦理工学院（ETH）组成的科研团队开发了名为“DextrES”的轻量级触觉反馈手套。该设备总重仅 40g 厚度仅 2mm，而附着在用户手指上的传感器和反馈装置总重量更是低至 8g，能够为 VR 用户提供更接近自然的触觉反馈。

在中国，VR 产业的发展近几年也处于上升趋势。根据 IDC 在 2019 年公布的《中国 VR/AR 市场季度跟踪报告》，2019 年第一季度中国 VR 头显设备出货量接近 27.5 万台，同比增长 15.1%；其中头显设备出货量同比增长 17.6%。在“2018 国际虚拟现实创新大会”上，专家学者齐聚青岛，探讨了 VR 产业的发展现状和未来动向。会上公布的《中国虚拟现实应用状况白皮书（2018）》（以下简称《白皮书》）对中国 VR 应用状况展开了全面的探讨和分析，涉及相关企业、单位 500 余家，为中国 VR 产业从萌芽向商业化、规模化转变指明了方向。《白皮书》中还提到，中国目前 VR 产业的重点企业主要分布位置以北京、上海、广州三个城市为首，同时在青岛、成都、福州等 12 个热点地区也有分布。主要涉及内容开发、终端设备、网络平台等细分行业。需要指出的是，中国 VR 产业在发展的同时也面临诸多问题，如高品质专业应用和内容开发的匮乏，设备与安装设置复杂，用户体验感不强等。

通信网络的迅速发展和 5G 的出现为 VR 产业的进一步发展与飞跃注入了一剂强心剂。5G 带来的高带宽和低延时等优势，将为 VR、AR 及相关音视频业务的发展提供关键支撑，云 VR、VR 实时直播开始兴起。2018 年西班牙举办的世界移动通信大会（MWC）上，华为 VR Open Lab 联合“视博云”发布了 Cloud VR，其依靠 5G 和云技术将 VR 运行能力由终端向云端进行转移，以此来推动 VR 和 AR 应用在智能手机端的普及。2019 年，中国电信在深圳完成了首次央视春晚特别节目的 5G 网络 VR 现场直播，这是央视第一次通过 5G 网络进行 VR 超高清春晚节目直播。

1.4.2 VR/AR 与行业的融合

现实和虚拟世界的技术融合已经到来，人们可以通过计算机生成的感官输入（如声音、视频、图形、有时甚至可以包括嗅觉）将现实和数字世界交织在一起。

Google Glass 和 Oculus Rift 已经成为这些新兴技术成功应用的典范，AR 和 VR 技术在各种领域都有应用，包括建筑、娱乐和健康。

人们可以访问迪士尼等主题公园的 AR 和 VR 体验活动，在这里，人们可以感受听觉和视觉上超现实的娱乐和创新体验。

1. 健康、医学和生命科学技术

也许技术深度融合的领域将是健康、医学和生命科学领域。最近，哥伦比亚大学的一个研究小组测试了神经网络的融合。他们将大脑植入物、人工智能和语音合成器等技术结合起来，将大脑活动转化为可识别的机器人语言。这种神经形态技术的含义令人难以置信，可以帮助瘫痪的人进行交流，还有通过认知成像阅读人类思想的潜力。

医疗保健将受到许多其他方式的影响，包括人体和设备之间的植入和连接，如仿生眼、仿生肾脏、仿生心脏甚至外骨骼。先进的柔韧材料，如塑料、陶瓷、金属和石墨烯，也为医药和可穿戴传感器的假肢技术带来了突破。可穿戴设备将提供实时生物标记物跟踪和监测（如图 1-40 所示），有些学者认为，人类所有的生物功能都将最终被仿生机器所取代。

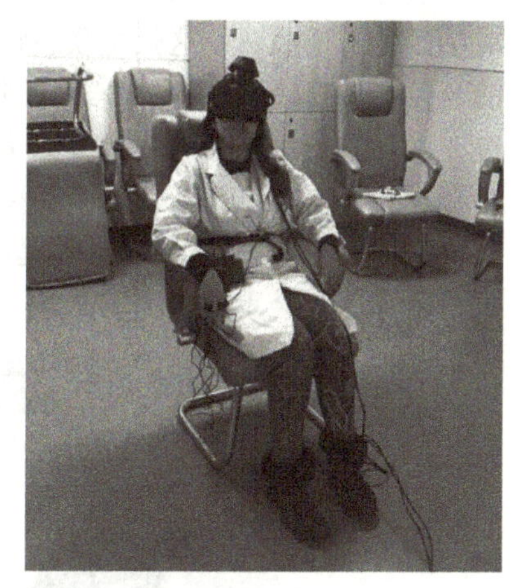

图 1-40 医生尝试使用 VR 设备

2. 高级成像科学

先进的成像科学跟熟练的工程技术相结合，在文档扫描仪和相机的结合中实现了令人难以置信的光学字符识别（OCR）功能。新算法与表单识别协议库交互，形成上下文逻辑数据库的集成，来进行自动验证。真正能改变光学识别的分子扫描仪现在仍处于研究和开发阶段。

这种现实和数字技术与应用的技术融合跨越了许多垂直领域，几乎渗透到生活的方方面面，如图 1-41 所示为古生物博物馆的虚拟恐龙动态展示。除上述主题外，还包括农业、建筑、教育、制造业、商业和安全领域。显而易见的是，人类现在正进入新兴技术融合和连接的新时代，将工程、算法、物理和文化融为一体，其意义非常重大。

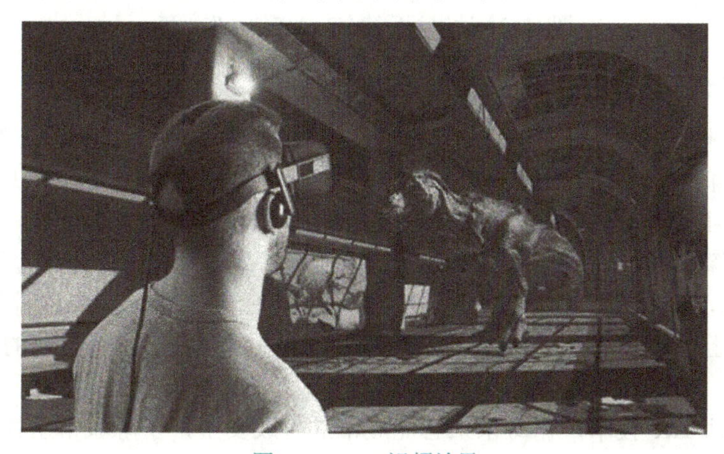

图 1-41 VR 视频效果

3. 电影艺术技术

首先，从电影的角度看，VR/AR 技术会带来什么？早在 2016 年，就有业内人士表示：VR 影视是 VR 视频乃至整个内容产业成熟度的标杆和进阶方向，但对于电影产业来说，VR 影视发展的真正挑战，确实在于硬件装备的成熟度、性价比，以及内容形式在市场需求上的试错检验和 VR 影视创意制作的能力水平。相信一旦整个生态形成之后，大家一定能够享受到更加刺激、更加逼真、更加身临其境的娱乐体验。

VR/AR 与电影结合，会创造出新的 VR 影视行业，如图 1-42 所示为使用 VR 设备为电影制作进行动作采集。VR/AR 与电影相结合的重要前提是：有足够好的 VR/AR 生态，让软硬件成熟，让应用成熟。这就是联想将 VR/AR 作为未来重点发展的业务战略的主要原因。正如联想的一位高管所说，“VR/AR 是未来的智能互联网不可或缺的重要部分。这项技术将让人们脱离现在面对计算机、手机等智能设备的二维场景，直接进入三维世界。在智能互联网时代，智能终端、设备必须和服务、内容联系在一起，没有这些内容、服务的话，这些设备是苍白的，没有价值的。就此来看，VR/AR 是继 PC 互联网、移动互联网之后即将改变世界的下一代技术，也是联想未来会重点发力的领域。”

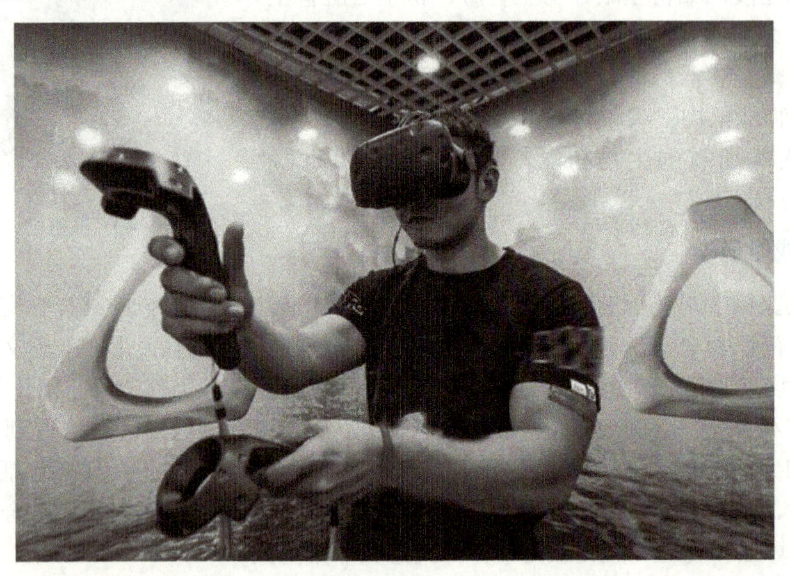

图 1-42　适用于后续 VR 制作的动作采集

4. 虚拟技术让人类“走进”自然，关注生态

VR、AR 技术的出现，可以使人们摆脱空间束缚，发挥科技想象，更能“走进”自然、感受自然，关注地球生态。同时，浸入式虚拟环境体验，可以呈现出生动的信息，直观地向人们展示什么才是有利于环境的行为，从而增强人们环境意识。

例如，索尼探梦科技馆曾利用 AR 技术让用户身临其境体验“丛林历险”。用户直接“置身”苏门答腊岛，探查岛上的珍稀动植物；“潜入”海洋深处，观察各种海底动物。通过 AR 技术，地球上各类濒危动植物都可轻易展现在眼前，让人们感叹自然的丰富和伟大，并生出亲切之心。

另外，可借助 AR 技术，俯瞰未来智能城市的构成要素，了解城市生物多样性、城市中的节能环保等技术成果。用户还可以亲手建设一个虚拟的智能城市，了解通过高效利用能源尽可能减轻对环境的负担，使用户在互动体验中激发对科学的兴趣和想象空间。以下是两个具体案例。

（1）利用 VR 亲身感受气候变暖后的危害

对大多数人来说，气候变化只是一个数据，现实常常被忽略。为使人们意识到并正视正在发生的全球气候变暖带来的冰川消融的现实，美国多个环保组织联合制作了名为《阿拉斯加的冰川融化》的 360° 全景视频，如图 1-43 所示。这个视频将观众置身于阿拉斯加州安克雷奇附近的拜伦冰川的冰洞中，使人们拥有很强的沉浸感，真切感受到冰川正自下而上地融化，让人立刻产生危机意识。

图 1-43　冰川融化展示全球变暖问题

（2）全程直播科考，关注地球生态

VR 技术最容易实现的方式是对重大事件的直播。乐视曾联合中科院、珠峰科考队，在珠峰观测站设立 3 个观察点，首次采用 VR 技术全景展现科考队员对冰川、水文、气象等的观察研究。珠峰考察对研究全球变暖背景下地球的气候与环境变化有着极为重要的科学意义，如多维度考察珠峰地区的环境变化，特别是人类活动对珠峰环境的影响；明确冰川变化对水资源的影响等。也就是说，通过 VR 直播，观众可以坐在家中 360° 感受立体的珠峰，以科考队员的专业视角体察珠峰生态。

5. "国际禁毒日"看禁毒教育 VR 宣传车如何科技禁毒

在 2020 年 6 月 26 日第 33 个"国际禁毒日"到来之际，中视典正式推出禁毒教育 VR 宣传车，全面创新禁毒工作理念，用移动式、互动式、情景化的灵活教育方式帮助广大群众识毒、防毒、拒毒，形成全民禁毒氛围。

中视典禁毒教育 VR 宣传车采用移动式设计，突破时间与空间的限制，配合搭载的 VR 头盔、互动全息台、感知 AR 台、裸眼 3D 屏幕等丰富的 VR 设备和禁毒互动内容，打造包含视觉、体感、听觉等多重感官刺激的吸毒危害虚拟体验和新型毒品识别学习，用全方位感知和情境化引导提升教育效果。

中视典禁毒教育 VR 宣传车再现了包含传统毒品和合成毒品等多种毒品的外观形状、身心伤害机理及其对家庭、社会造成的危害，让受教人员通过视觉、听觉、心理等方面的刺激而受到教育，"透视"毒品危害，有效斩断好奇心，全面提升禁毒意识。这种随时随地均可开展活动的形式可有效降低宣传成本，灵活变换体验地址，更全面覆盖禁毒教育范围，如图 1-44 所示。

图 1-44 VR 在禁毒教育中的应用

6．帮助人们跨越障碍进行游戏体验

2020 年 6 月 23 日，无障碍 VR 解决方案“WalkinVR”正式上线 Steam，其特点是可通过多种辅助方案，帮助行动不便人士正常体验 VR，如图 1-45 所示。

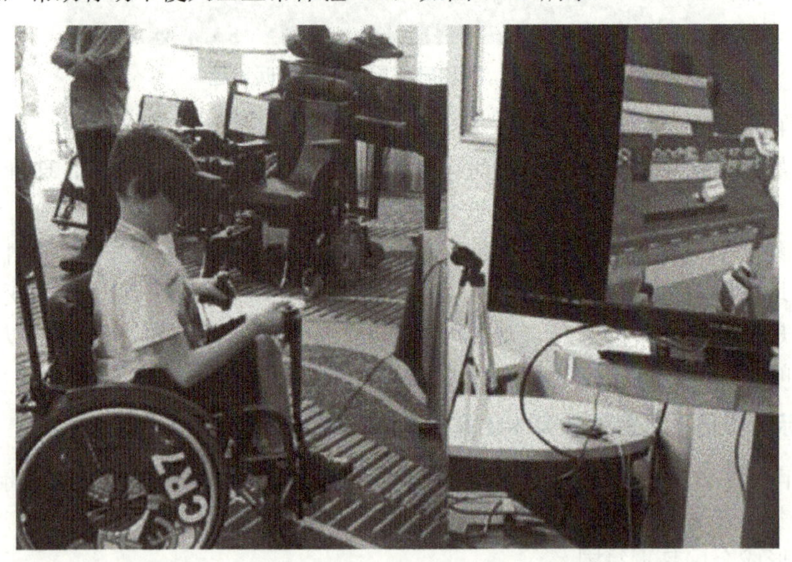

图 1-45 无障碍 VR 解决方案“WalkinVR”上线 Steam

通常，对于脊肌萎缩症等需要坐在轮椅上的病人来讲，在 VR 中转向和移动比较困难，而且坐姿的高度也和游戏预设的站立高度不同。因此，“WalkinVR”将优化在 VR 中移动的方式（比如抓取远处的虚拟物体，产生反作用力来移动），让坐在轮椅上的玩家无须移动身体，就能在 VR 中轻松模拟活动。

此外，对于没有力气按键的人来说，也可以通过搭配额外的体感识别装置（Azure Kinect）来进行手势识别，或者可以与旁边拿着游戏手柄的人合作，模拟手势交互。

7．与科研进行融合

美国亚利桑那州立大学科研人员展示了一种用于 VR/AR 的隔空书写方案：FMKit。该方案结合手势识别技术，可通过实时追踪使用者手指在 3D 空间中的移动，来识别手指书写的文字和笔迹。据了解，FMKit 可用于认证用户的签名，通过将隔空书写的文字与数据库进行对比来识别用户。这样做的好处是，即使其他人知道了你的密码，也难以完全模拟出你的笔迹，将其用于商业场景可有效保护企业的信息安全。此外，FMKit 也可以作为虚拟键盘、语音、手柄之外的另一种输入方式，相当于将手机的手写键盘搬到了 3D 界面中。目前，FMKit 可识别手写的英文或中文，也可以识别星号等特殊符号，可有效增加 VR/AR 头显密码的复杂性，如图 1-46 所示。

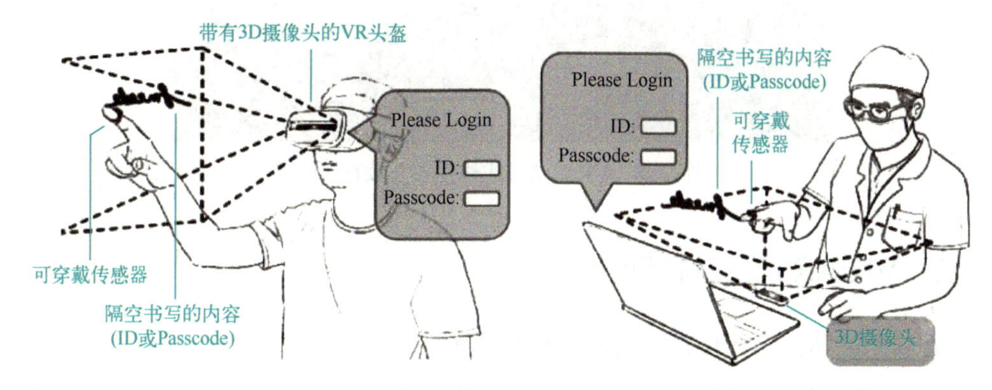

图 1-46 科研人员展示 VR/AR 笔迹认证方案

8. 儿童教育应用

相比传统方式，采用 VR 技术的儿童科普可以让孩子们沉浸其中，甚至可以与宇宙的星空、深海的鲸鱼进行互动，便于孩子们更加直观地了解这个世界，能极大地提高孩子们的科学知识，激发孩子们的兴趣爱好，如图 1-47 所示。

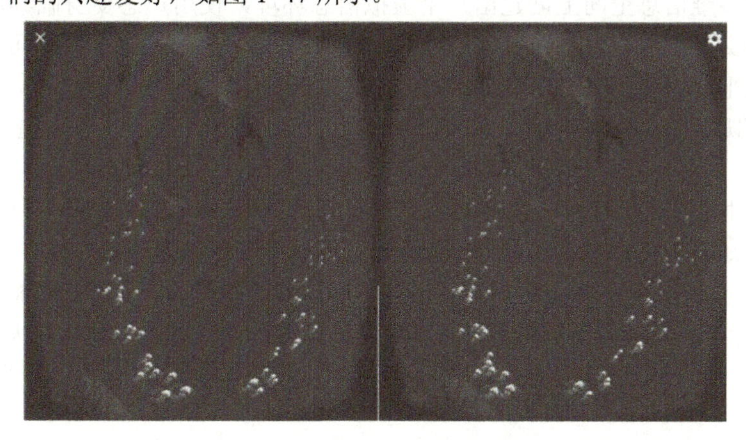

图 1-47 VR/AR 技术在儿童教育领域的应用

9. 灾难逃生演示

VR 地震逃生演练系统可以模拟灾难发生场景，让人感到地震眩晕感的同时根据提示进行自救行为，包括：应该提前准备哪些地震应急物品；地震中哪些地点安全，哪些地点极度危险；地震导致的火灾等应如何应对。让你全身心融入 VR 地震体验馆系统中，真正学习逃生技巧以及地震的相关知识，如图 1-48 所示。

图 1-48　VR 模拟地震逃生安全教育体验

1.4.3　VR/AR 产业发展预测

1．VR 技术成熟化，　VR 市场需求将迎来大爆发

随着 VR 全景的发展，VR 会先从消费市场爆发，然后走向应用领域，用户对 VR 内容的需求也越来越高，VR 全景的需求将会增加。现阶段的 VR 市场，虽然产业链还比较原始，但是已经形成了雏形，再经历 3～5 年的常规增长期，VR 将通过其技术特性在行业中发挥作用，使 VR 向多云化发展，不仅仅局限于个别领域，VR 将会广泛适用于各个领域，应用产业将不断扩大。

2．基于 VR 技术的公共服务平台

VR 可以在多维信息空间上创建出一个虚拟信息环境，使用户感受身临其境的沉浸感，拥有与环境完美的交互作用能力，并有助于启发用户的灵感构思。这使得 VR 可以在公共服务平台发挥很多传统平台无法比拟的作用，比如：

1）构建虚拟现实软硬件工程体系，形成元器件供应、试验验证、制造咨询等公共服务能力。

2）建立针对虚拟现实领域的关键技术、产业链生态与内容应用数据平台，为产业运行分析、政策制定、知识产权、人才培养、外部合作、标准编制等奠定基础。

3）提供面向用户体验、安全可靠、软硬件协同与性能指标的产品测评与检测认证服务。

4）充分发挥资本和地方投资对新兴技术的激励作用，鼓励和引导地方加大资源投入力度，通过设立专项资金、政府和社会资本合作等多种形式，支持虚拟现实产业发展与应用的推进。

3．强化跨领域技术储备

事实上，如今在体验 VR/AR 时却往往会伴随着头晕和目眩等体验，这在很大程度上是网络延迟而导致的。5G 的发展，将成为解决这些问题的主要技术，5G 网络具有更高的传输速率、更宽的带宽，预计 5G 网速将比 4G 至少提高 10 倍，能够满足消费者对 VR 全景等高带宽、低延时业务体验的需求。以近眼显示、网络传输、感知交互、渲染处理、内容制作关键技术领域为着力点，将光学、电子学、计算机技术、通信技术、医学、心理学、认知科学以及人因工程等领域的相关技术引入 VR 技术体系，使 VR/AR 能在更多领域有所建树。

VR 行业的就业前景很乐观，新兴技术肯定紧缺各方面的人才。如今，VR 已经成为各行各业的争夺点，各行业对于新兴技术人才的需求也越来越迫切。VR 为各行各业带来了全新的机遇，巨大的发展空间将吸引更多的企业参与其中，VR 行业的未来依然广阔。

虚拟现实已经被公认为 21 世纪影响人们生活的重要技术之一，它能给人们带来更为逼真、更为自然的人机交互体验。VR 技术与众多新兴技术类似，经历了最初诞生期的不为人知，萌芽的举步维艰，以及初期产业化的屡遭失败之后，终于迎来了春天。目前，随着人工智能技术、5G 通信技术以及物联网技术的蓬勃发展，未来 VR 的发展前景广阔。随着 VR 设备便携化和小型化，微型传感器空间定位能力的逐渐增强，基于有限空间定位技术的 VR 装置可以迅速将周边的环境虚拟化呈现，相应技术研发，内容和应用的开发热潮即将拉开序幕。轻量级的 WebVR，可以通过网页将虚拟空间应用到整个互联网，这意味着可以以即插即用的方式将更加生动的内容呈现到传播、教育、娱乐领域。另外，图像识别技术、眼球追踪技术、语义与情感识别技术、大数据技术以及信息融合技术，也可能使 VR 技术在智慧城市、智慧工业、数字孪生等领域得到更为广泛的应用和推广。

项目小结

本章以“吴地廉石数字博物馆”为情境，深入浅出地介绍了虚拟现实的基本概念和主要应用场景。在此基础上，结合实际应用和各大主要厂商的产品，介绍了虚拟现实的硬件设备。最后分析总结了虚拟现实技术在医疗、教育、艺术创作等领域的行业发展与前景，为进一步学习虚拟现实技术知识奠定了基础。

课后练习

一、选择题

1. 虚拟现实（Virtual Reality）是用计算机营造出一种虚拟的世界，让人感觉它就像是真的一样，下面关于虚拟现实的名称错误的是（　　）。

A. VR　　　　B. 灵镜技术

C. 虚幻镜像　　　　D. 人工环境

2. 下面各项不是虚拟现实的特征的是（　　）。

A. 引用性　　　　B. 体验性

C. 交互性　　　　D. 构想性

3. 虚拟现实系统需要具备人体的感官特性，其中（　　）是虚拟现实最重要的感知接口。

A. 听觉　　　　B. 视觉

C. 嗅觉　　　　D. 触觉

4. 下面关于 VR 技术和 AR 技术的联系和区别描述正确的是（　　）。

A. VR 追求“沉浸感”，AR 并不强调“沉浸感”

B. VR 关注图形的构建、显示，AR 关注虚实的配准、融合

C. 两者都可以进行人机交互

D. AR 是 VR 的一种特殊应用形式

5. VR 技术中的环境再现有利于（　　）。

A. 创伤应急障碍症，恐惧症治疗

B．自闭症恐高症，幽闭症治疗

C．公开演讲恐惧症，密集综合征治疗

D．以上都是

二、填空题

1．虚拟现实技术应该具备的三个特征是________________、________________和________________。

2．根据虚拟现实对沉浸程度和交互程度的不同，可把虚拟现实系统划分为 4 种典型类型：沉浸性、桌面式、________________和________________。

3．一个经典的虚拟现实系统由头盔显示设备、多传感组和________________组成。

学习情境 2 重走海上丝绸之路——郑和下西洋 VR 项目

学习目标

【知识目标】

- 掌握 Unity 平台的下载、安装和平台账号注册方法
- 掌握 Unity 平台下 VR 案例的设计方法
- 掌握配置 VR 开发环境的方法
- 掌握资源导入与导出的流程及方法
- 熟悉 Unity 系统中简单的脚本开发流程
- 掌握 Unity 中 GUI 开发过程及方法
- 掌握 Unity 工程在 Pico Neo3 设备的跨平台发布

【能力目标】

- 能够在 VR 一体机平台开发简单的 VR 案例。

【素养目标】

- 理解中国历史文化的传承，用科技重塑民族自豪感，进一步坚定文化自信。

项目分析

从 2017 年到 2020 年，全国职业院校技能大赛“虚拟现实（VR）设计与制作”赛项中，将“一带一路”主题融入其中。“一带一路”（the Belt and Road，缩写 B&R）是“丝绸之路经济带和 21 世纪海上丝绸之路”的简称。“一带一路”充分依靠中国与有关国家既有的双多边机制，借助既有的、行之有效的区域合作平台，一带一路旨在借用古代丝绸之路的历史符号，高举和平发展的旗帜，积极发展与沿线国家的经济合作伙伴关系，共同打造政治互信、经济融合、文化包容的利益共同体、命运共同体和责任共同体。

2019 年高职组“虚拟现实（VR）设计与制作”国赛任务主题是：利用 VR 技术，将郑和下西洋部分场景全方位地呈现出来，以完全沉浸的创新方式让用户了解郑和下西洋的相关历史，起到弘扬海上丝绸之路文化，加强“一带一路”相关区域或国家在文化、经济等方面广泛交流的作用。

本项目将 2019 年国赛任务中的“郑和下西洋”VR 设计与制作部分进行还原，通过 VR 专业引擎 Unity 平台结合 VR 一体机（Pico Neo3）设备，阐述《郑和下西洋》VR 版的开发流程。用户仿佛身临海上丝绸之路的起点，见证郑和下西洋时百艘巨轮齐发，听见船舶号鼓喧天，气势如虹；用户沉浸其中，并能够实时进行交互。

从 2021 年开始，全国职业院校技能大赛 VR 赛项的指定设备从原本的三星 Gear VR 头戴式显示器更换为 Pico Neo3 VR 一体机，如图 2-1 所示。作为采用高通骁龙 XR2 平台的全新一代 6DoF VR 一体机， Pico Neo3 拥有强大的数据处理能力和硬件驱动能力。轻松实现了 4K 级别

的高清屏幕分辨率，为用户带来更加细腻真实的视觉感受。同时，国内自主研发的 6DoF 定位追踪算法配合丰富的光学传感器，不仅能做到超低延迟，而且空间定位更精准，使用户的 VR 体验更上一层楼。

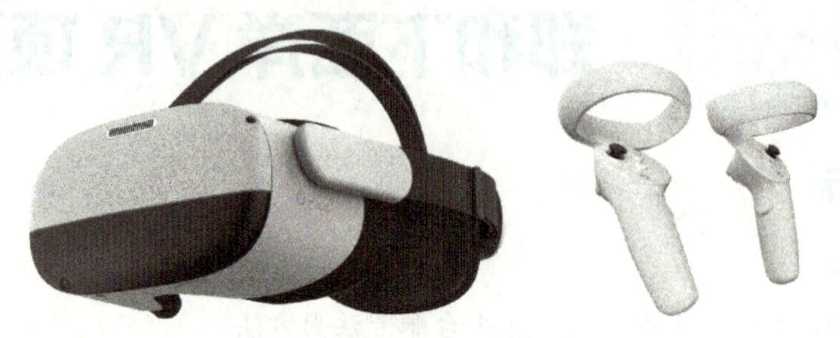

图 2-1　Pico Neo3 一体机外观

项目实现

项目将郑和下西洋的部分场景全方位呈现，以完全沉浸的创新方式让用户了解郑和下西洋的相关历史，项目开发流程如图 2-2 所示。

下面将按照图 2-2 所示的项目开发流程，阐述郑和下西洋 VR 项目设计的详细内容。

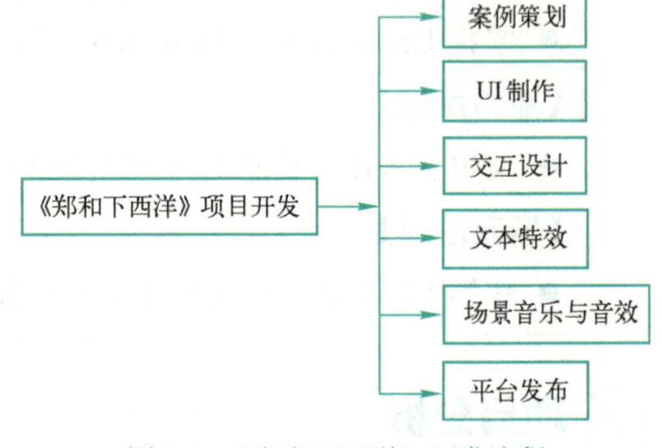

图 2-2　《郑和下西洋》开发流程

1）案例策划。通过前期的资料收集，以及参考技能大赛考题要求，确定预期效果为：进入场景，屏幕左侧显示郑和宝船模型，右侧显示 3 个选择面板，选择面板中依次存放“郑和宝船”“宝船龙骨”“郑和”3 张图片。当 VR 一体机射线瞄准右侧任一选择面板时，触发面板背景框准心进度条，待准心进度条读取完毕，可分别观察“郑和宝船”“宝船龙骨”“郑和”的详细文字信息，以了解郑和船队的航海目的、航行范围等史实，如图 2-3 所示。

图 2-3　项目总体效果

2）用户界面（UI）制作。Unity 中的 UGUI（Unity Graphical User Interface，Unity 图形用户界面）允许用户快速直观地创建图形用户界面，为用户提供了强大的可视化编辑器，提高了

GUI 的开发效率。可满足各种 GUI 制作的需求。

3）交互设计。从 2021 年技能大赛国赛开始，VR 一体机设备由原来的 Gear VR 设备更换为 Pico Neo3 一体机设备，该一体机包含两台手柄，此次交互主要是手柄与 UI 按钮之间的单击交互，左右手柄实现不同的单击功能，如图 2-4 所示。

4）文本特效。文本特效越来越多地出现在各类型 VR 项目中，将直接影响用户的体验感受。项目中会应用到历届技能大赛中最常出现的打字机效果和“KTV”效果，如图 2-5 所示。

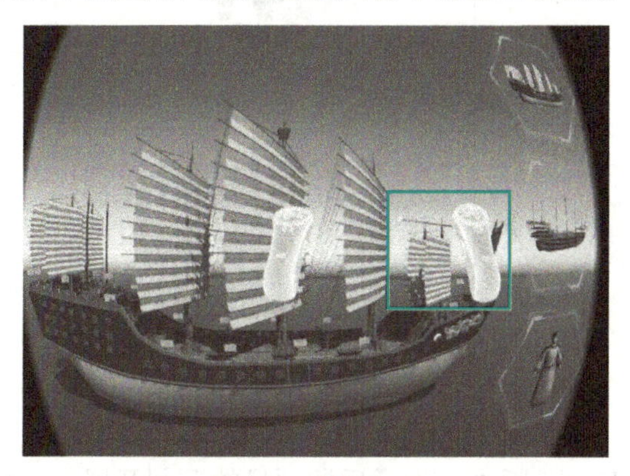

图 2-4　手柄交互

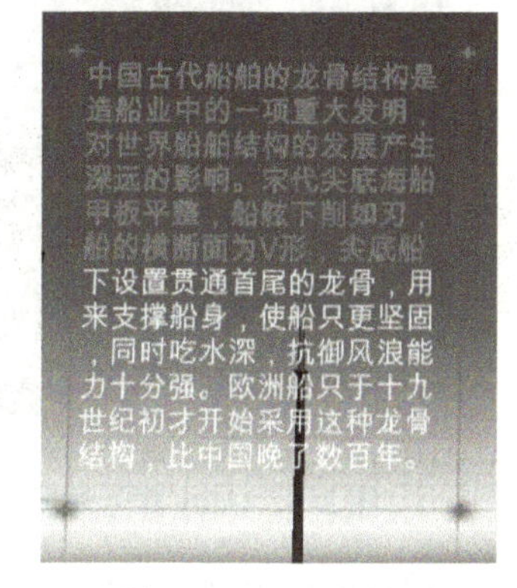

图 2-5　“KTV”效果

5）场景音乐与音效。成功的 VR 项目都会追求音效和音乐的完美使用，使得 VR 体验更上一个层次。无论是自然的、机械的还是静默效果，在不同场景中都会有其独特的用法。此项目中会添加郑和出海的背景音乐及对应的解说词。

6）平台发布。Unity 引擎支持 PV 端和移动端的多平台输出。此项目将发布至 Pico Neo3 平台测试与运行。

任务 2.1　开发环境的搭建

2.1.1　Unity3D 的下载与安装

微课 2-1
Unity3D 的下载与安装

Unity3D 是由 Unity Technologies 公司开发的实时 3D 互动内容创作和运营平台。包括游戏、美术、建筑、汽车设计、影视在内的所有创作者，借助 Unity 将创意变成现实。Unity 平台提供一整套完善的软件解决方案，可用于创作、运营和变现任何实时互动的 2D 和 3D 内容，支持平台包括手机、平板计算机、PC、游戏主机、增强现实和虚拟现实设备。Unity 提供易用实时平台，开发者可以在平台上构建各种 AR 和 VR 互动体验。

Unity 分为 Personal（个人版）、Plus（加强版）和 Pro（专业版）。本项目将下载及安装的是个人免费版本，具体步骤如下。

1）Unity 的官方下载地址为 https://unity.cn/，下载 Unity 个人版之前需要完成账号的注册，便于后期使用，如图 2-6 所示。

2）注册完成后，从官网页面下载 Unity Hub，如图 2-7 所示。Unity Hub 是继 Unity 5.X 等

旧版本之后推出的用于简化工作流程的桌面端应用程序。它提供了一个用于管理 Unity 项目、简化下载、查找、卸载以及安装管理多个 Unity 版本的工具。

图 2-6 Unity 账号注册

图 2-7 下载 Unity Hub

3）完成 Unity Hub 安装后，即可添加 Unity 版本。为了后期项目的顺利开展，另外勾选“Android Build Support”和“Vuforia Augmented Reality Support”，具体步骤如图 2-8 所示。

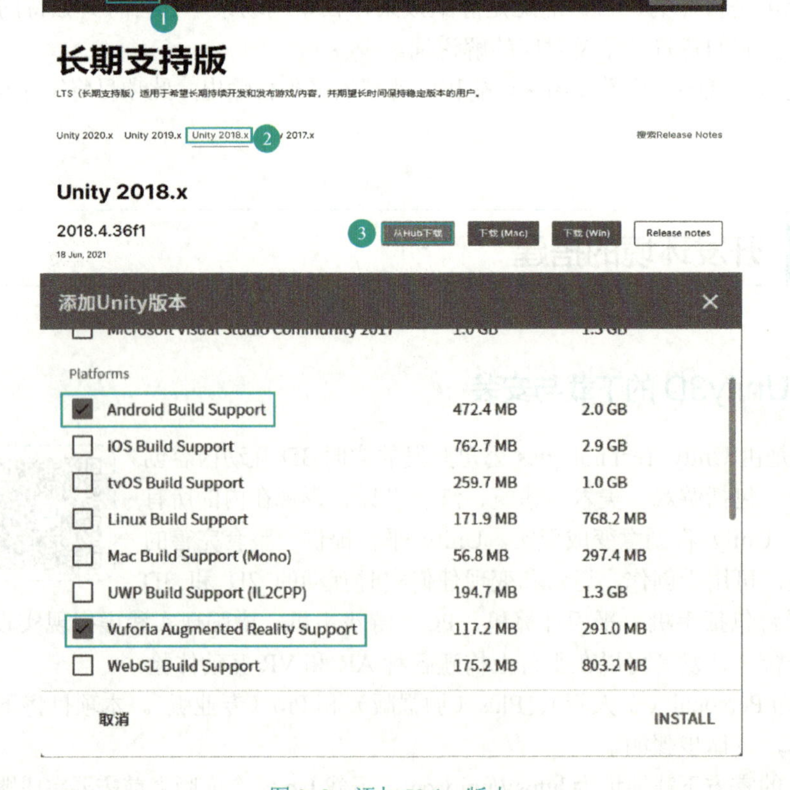

图 2-8 添加 Unity 版本

4）然后用户就可以登录并创建个人的第一个 Unity 工程，具体步骤如图 2-9 所示。

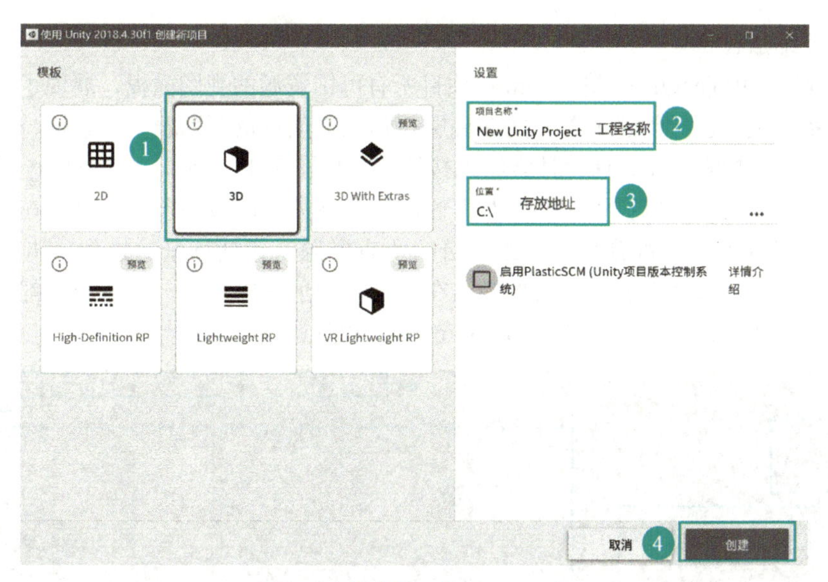

图 2-9　创建第一个 Unity 工程

5）进入所创建的第一个 Unity 工程后，用户首先需要对 Unity 编辑器进行一些了解。在默认情况下，Unity 由 Scene、Game、Project、Hierarchy、Inspector 和 Console 六个面板组成，分别代表场景视图、游戏视图、项目视图、层级视图、检视视图和控制台视图，如图 2-10 所示。

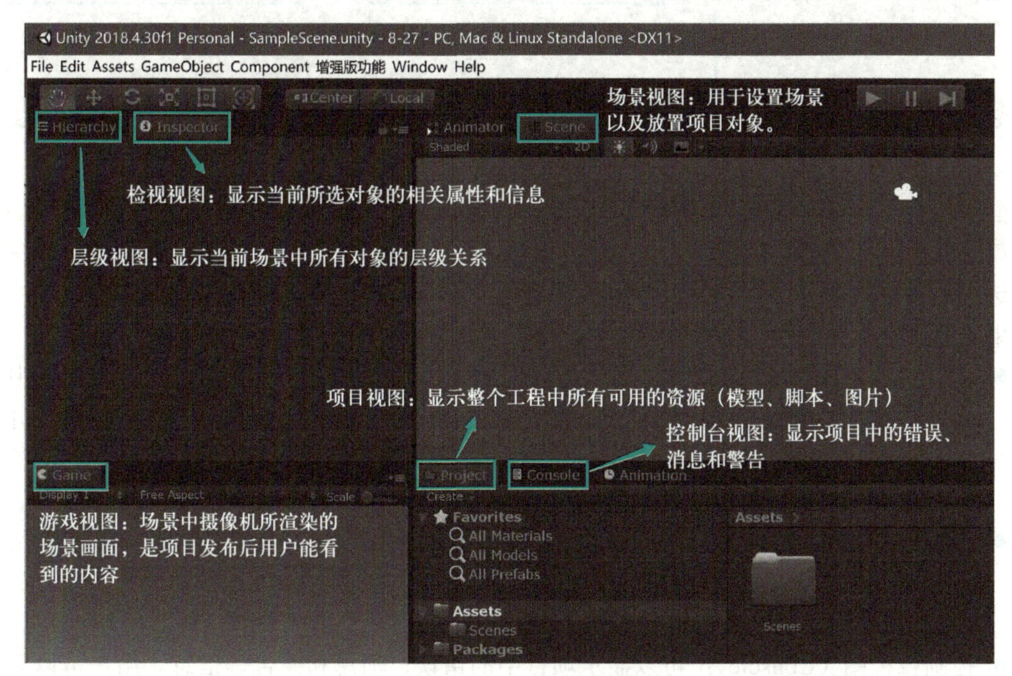

图 2-10　Unity 编辑界面

- 场景视图（Scene View）：用于设置场景以及放置项目对象，是构造项目场景的地方。
- 游戏视图（Game View）：由场景中的相机所渲染的场景画面，是项目发布后用户所能看到的内容。游戏视图为用户提供了一种所见即所得的效果，开发者每次做出的改动，都可以在视图中看到。视图的最上方有 3 个按钮：Display 按钮，可以在不同的 Display 之间进行切换；Free Aspect 按钮，可以选择本视图的宽高比；Scale 按钮，可以调控缩放比例。

- 项目视图（Project）：是整个 Unity 项目所有可用资源的视图面板，展现了各个资源的层级关系，主要包括创建菜单、文件夹层级列表。项目资源列表、搜索栏、按类型搜索按钮、按标签搜索按钮、保存搜索结果按钮等，如图 2-11 所示。每个 Unity 的项目包含一个资源文件夹，可以在资源面板左下侧浏览文件夹的层级列表，也可以在资源面板右侧的项目资源列表中查看和操作该项目的所有资源，包括场景、模型、脚本、字体、材质、纹理、音频文件和预制组件等。在项目视图里右击任何一个资源，都可以在资源管理器中（在 Mac 系统中是 Reveal in Finder）找到该资源的原始文件。

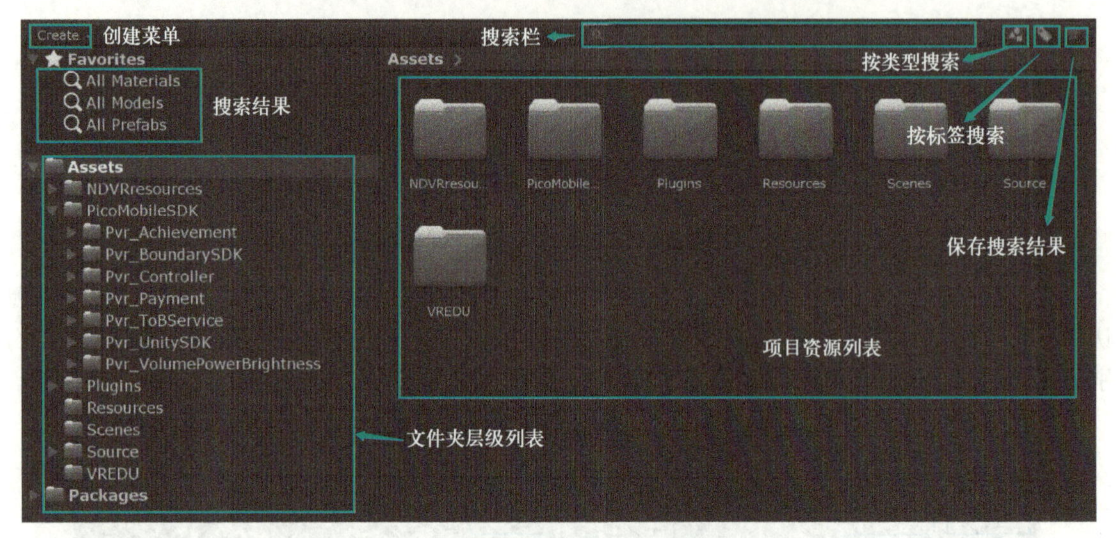

图 2-11　Unity 资源面板创建菜单界面

面板左上侧的 Favorites 展现了用户收藏的所有素材，方便开发者使用。面板右侧的 Assets 子窗口展示了正在浏览的资源，正上方还可以显示出资源的路径。在 Project 视图中，右键菜单可以选择创建等功能，十分方便。搜索栏右边的前两个图标可以选择目标类型和标签过滤的搜索结果，第三个图标则可以将素材添加为收藏。

- 层次视图（Hierarchy）：用于显示当前场景中所有对象的层级关系。在这个面板中，可以通过拖拽的方式在当前项目中添加对象，也可以在层次结构视图中选择对象，并设定对象间的父子层次关系。当前场景中增加或者删除对象时，层次结构视图中相应的对象则会出现或消失，如图 2-12 右侧所示。
- 检视视图（Inspector）：用于显示当前所选择的对象的相关属性与信息。该面板用于呈现各个对象的固有属性，如三维坐标、旋转量、缩放大小、脚本等，如图 2-12 左侧所示。
- 控制台视图（Console）：可以显示项目中的错误、消息和警告等信息。用户可以双击显示的信息，从而自动定位信息所在的脚本代码位置，如图 2-13 所示。

除了以上介绍的几个常用面板，用户也经常会用到 Unity 自带的资源商店（Asset Store）。选择窗口菜单，单击 AssetStore，即可打开资源商店窗口。Unity 的资源商店拥有丰富的资源素材，全球的开发者都在这里分享自己的成果，可以在 Unity 中下载并直接导入项目工程，如图 2-14 所示。

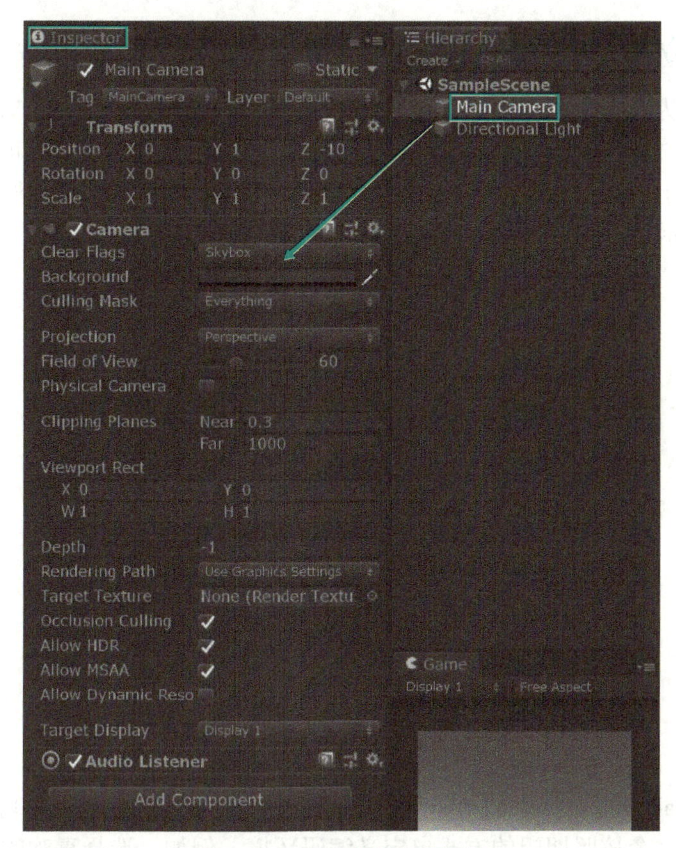

图 2-12 Unity 检视视图面板

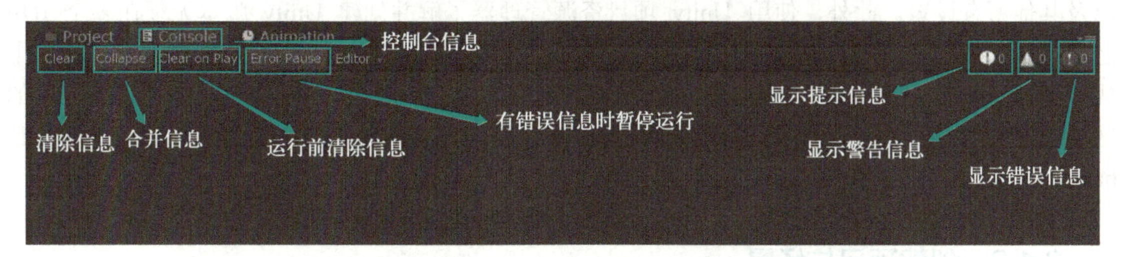

图 2-13 Unity 控制台视图面板

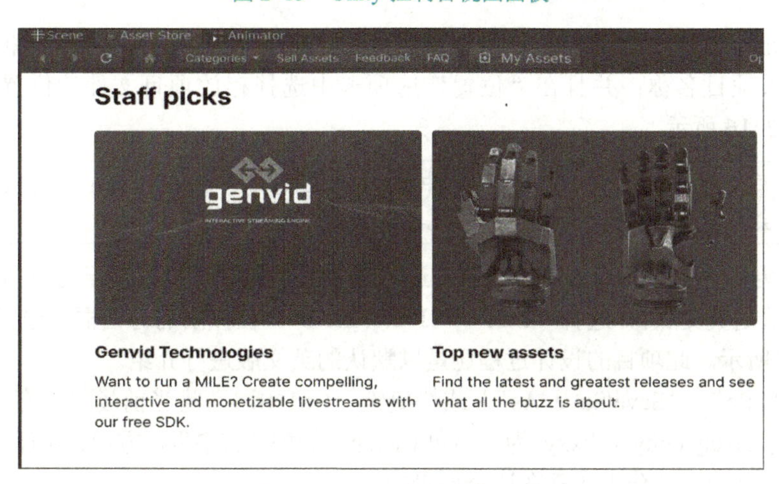

图 2-14 Unity 资源商店界面

2.1.2 Unity 的好搭档 Visual Studio

Visual Studio 为 Unity 引擎提供了优质的调试体验。用户可以通过在 Visual Studio 中调试 Unity 项目来快速确定问题。例如，设置断点并评估变量和复杂的表达式，可以调试在 Unity 编辑器或 Unity Player 中运行的 Unity 项目，甚至调试 Unity 项目中外部管理的 DLL（动态链接库），如图 2-15 所示。

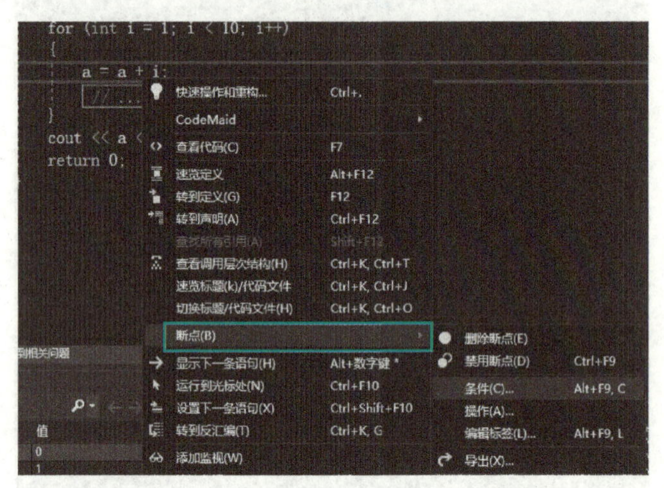

图 2-15 断点调试

通过利用 Visual Studio 提供的功能（如 IntelliSense、重构和代码浏览功能）可以更高效地编写代码，同时能完全按照期望的方式自定义编码环境。例如，选择喜欢的主题、颜色、字体以及其他所有设置。此外，使用 Unity 项目资源管理器了解并创建 Unity 脚本无须在多个 IDE 之间来回切换。使用“实现 MonoBehaviours 和快速 MonoBehaviours”向导可在 Visual Studio 中快速构建 Unity 脚本方法。Visual Studio 分为社区版本、专业版本与企业版本，三个版本之间的区别在官方网站上有详细的说明，官方网站下载地址为 https：//www.visualstudio.com/zh-hans/downloads，可以选择需要的版本进行下载，双击已下载的 Visual studio 文件进行安装。

2.1.3 创建项目与场景

1）双击 Unity Hub 快捷图标打开对话框，单击“新建”创建项目。在“模板”选项卡中选择“3D”，输入项目名称；并且在“位置”选项卡中选择存放项目文件的位置，单击右下角“创建”，如图 2-16 所示。

提示：项目名称和存放路径不可使用中文。如果使用了中文即使在创建项目之初不会报错，但是会在后期的进一步操作中出现各种问题。

2）Unity 为用户提供了简体中文版本。进入项目后，用户可根据自己的习惯选择 Unity 的语言版本（默认是英文版），选择“Edit”|“Preferences”，在弹出的对话框中选择简体中文版即可，如图 2-17 所示。此项目的设计过程还是以默认的英文版进行介绍。

3）选择“File”|“Save/Save As”（或快捷键〈Ctrl+S〉），将当前场景保存到 Assets 路径下，这里命名为 zhxxy.unity（zhxxy 为“郑和下西洋”的拼音首字母，方便大家理解），如图 2-18 所示。项目接下来的大部分工作都在这个场景中完成。

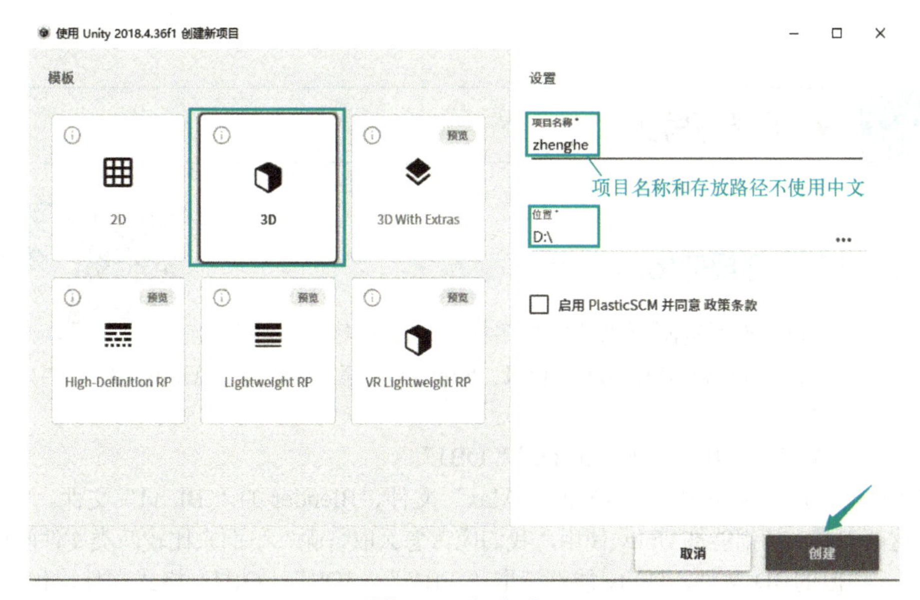

图 2-16　新建项目

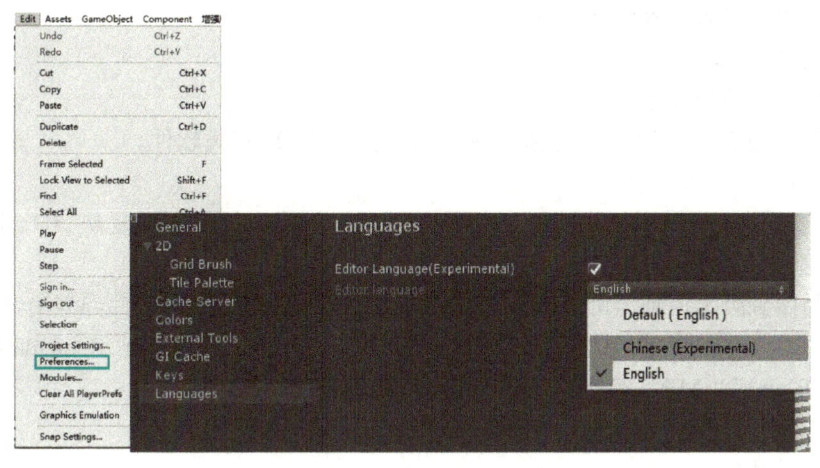

图 2-17　选择简体中文版本

图 2-18　保存场景

任务 2.2 外部资源导入

微课 2-2
外部资源导入

2.2.1 外部资源规范化

Unity 中使用到的模型资源可以从多种多样的 3D 建模软件中导入，其中包括 Maya、Cinema 4D、3DS MAX、SketchUp 等。可以导入 Unity 编辑器中的 Mesh 文件主要分成两大类：

- 导出的 3D 文件，其格式如“.FBX”“.OBJ”。
- 3D 建模软件，例如 3DS MAX 的“.Max”文件、Blender 的“.Blend”文件。

既然这两大类文件都能被 Unity 使用，我们应该怎么取舍呢？下面来比较两类文件的优缺点。

1）对于导出的 3D 文件，Unity 能够读取“.FBX”“.3DS”“.OBJ”格式文件，优点如下：

- 仅仅导出用户所需要的内容。
- 用户可以反复对内容进行修改。
- 生成的文件比较小。
- 支持模块化的处理方式。
- 支持众多的 3D 建模软件，包括不被 Unity 支持的 3D 建模软件。

其缺点如下：

- 当用户使用这些导出的格式时，如果需要反复修改，就需要反复从 3D 建模软件中导出，这较为烦琐。
- 不容易做到版本控制，可能把导出文件和 Unity 中正在使用的文件弄混淆。

2）对于 3D 建模软件的原生格式，例如 3DS Max、Maya、Blender、Cinema 4D 等所产生的“.Max”“.Blend”“.MB”等格式，在 Unity 中的优点如下：

- 当用户保存修改的文件之后，Unity 会自动更新。
- 比较容易掌握。

其缺点如下：

- 文件中可能包含一些用户不需要的内容，例如灯光、摄像机等。
- 保存的文件会很大，使得 Unity 运行速度变得很慢。
- 在计算机中必须安装所用到的原生格式的软件。

通过上面两类文件优缺点的比较，本项目使用 3DS MAX 导出“.FBX”文件进行讲解。FBX 文件格式支持所有主要的三维数据元素以及一维音频和视频媒体元素。FBX 文件导入 Unity 编辑器中可以包含的内容有：

- 所有的位置、旋转、缩放、轴心及名字等信息。
- 网格信息、包括网格顶点的颜色、法线、UV（纹理坐标）等信息。
- 材质信息，包括贴图和颜色，也可以导入多维材质球。
- 各种动画。

了解这些基本信息之后，可以着手从 3DS MAX 中导出“.FBX”文件，操作步骤如下：

1）设置 3DS MAX 的系统单位为“厘米”，如图 2-19 所示。

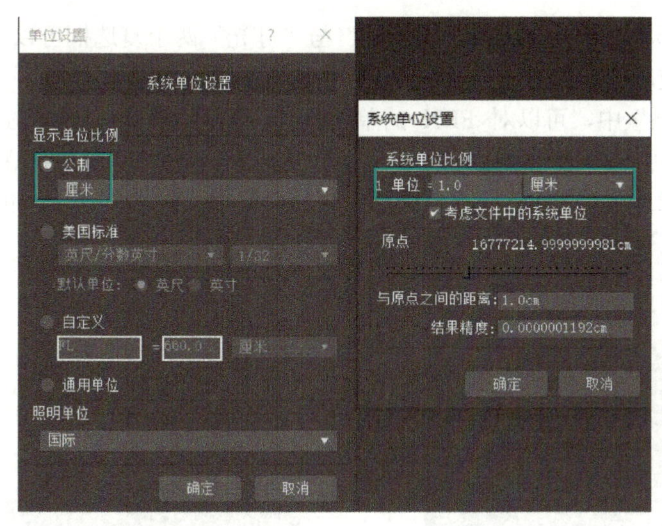

图 2-19　设置系统单位为“厘米”

2）使物体的坐标轴中心与世界坐标轴中心对齐，如图 2-20 所示。选中物体，单击“仅影响轴”按钮，再单击“对齐到世界”按钮，即可对齐世界坐标。

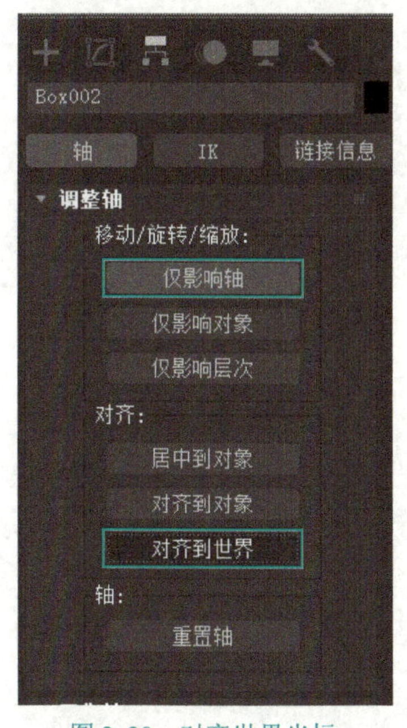

图 2-20　对齐世界坐标

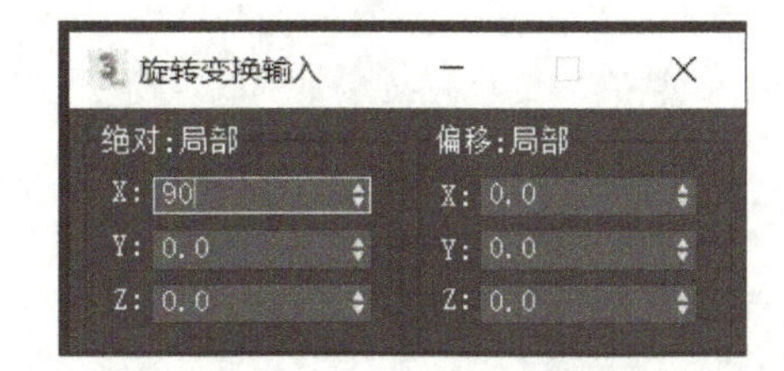

图 2-21　轴向旋转

3）因为 3DS MAX 中的坐标系与 Unity 编辑器中的坐标系不是同一种坐标系，所以需要在 3DS MAX 中对物体的轴进行旋转操作。选中物体，单击“仅影响轴”按钮（见图 2-20），再右击旋转按钮，在弹出的对话框的“X:”文本框中输入“90”，如图 2-21 所示，把 X 轴旋转 90°，这样就能确保在 Unity 中物体的初始旋转角度为 0。

4）把模型转换为可编辑的多边形，如图 2-22 所示。

5）选择需要导出的物体或者导出场景中的所有物体，导出格式选择“.FBX”格式，在导出的设置中按照需求进行设置，如图 2-23 所示，主要包括“包含”“高级选项”“信息”三方面内容。在“包含”选项中，只要根据模型的实际情况进行选择即可。一般情况下，不需要使用

3DS MAX 中的摄影机与灯光，所以“摄影机”与“灯光”两个复选框可以取消勾选。需要强调的是，在“包含”选项中，须勾选“嵌入的媒体”复选框，确保贴图资源会一起导出，如图 2-24 所示。在“高级选项”中，可以对 FBX 的单位、轴、界面、FBX 文件格式进行设置。其中单位设置为默认的“厘米”，轴转化设置为与 Unity 轴向一致的“Y 向上”，界面与文件格式保持默认即可，如图 2-25 所示。最后一项“信息”保持默认。至此，外部资源的规范化设置完毕。

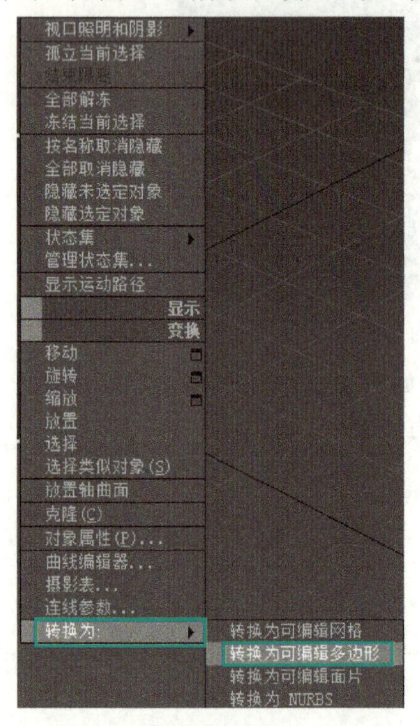

图 2-22 转换为可编辑多边形

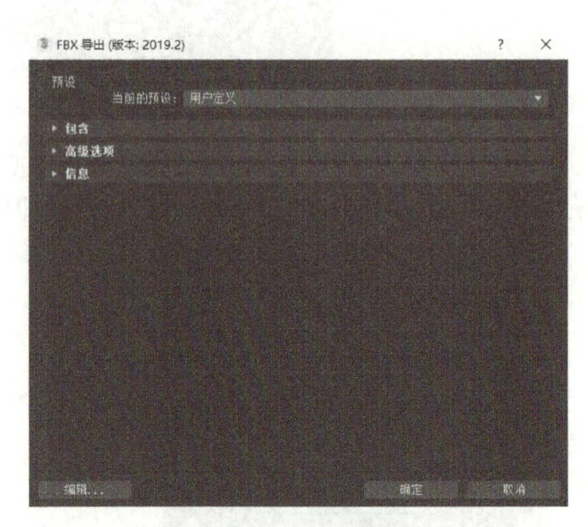

图 2-23 FBX 导出

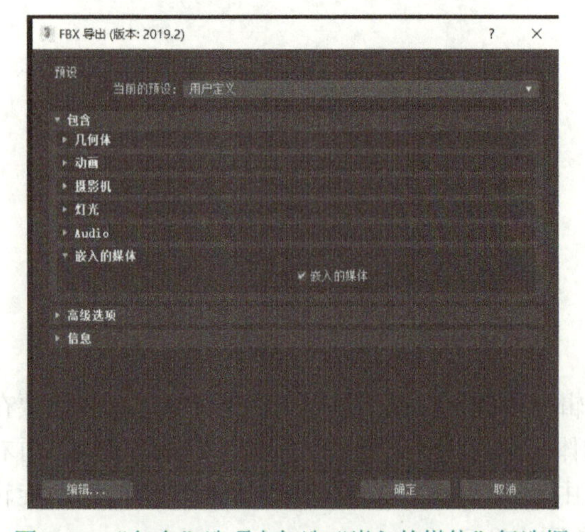

图 2-24 “包含”选项中勾选“嵌入的媒体”复选框

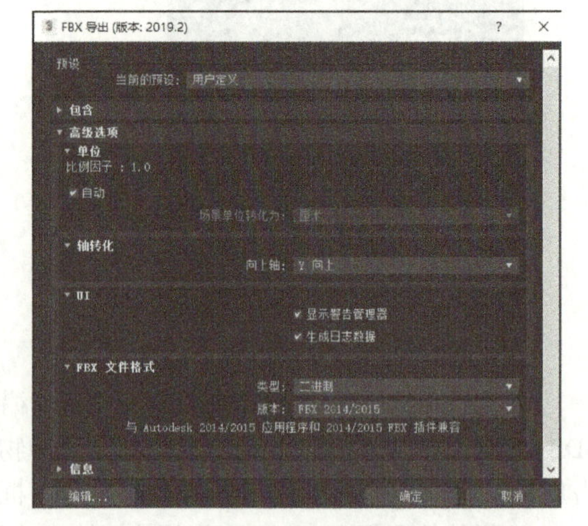

图 2-25 “高级选项”

2.2.2 导入的流程实施

场景资源的导入：将资源文件（素材文件\学习情境2\NDVRResources.unitypackage）NDVRResources.

unitypackage 导入到项目中，这个 NDVRResources.unitypackage）NDVRResources. unitypackage 导入到项目中，这个文件包括项目需要的模型和贴图文件，具体步骤如下。

1）可直接通过复制粘贴的方式将模型、贴图导入到 Unity 中，或在 Project 视图单击鼠标右键，选择“Import New Asset”，如图 2-26 所示。

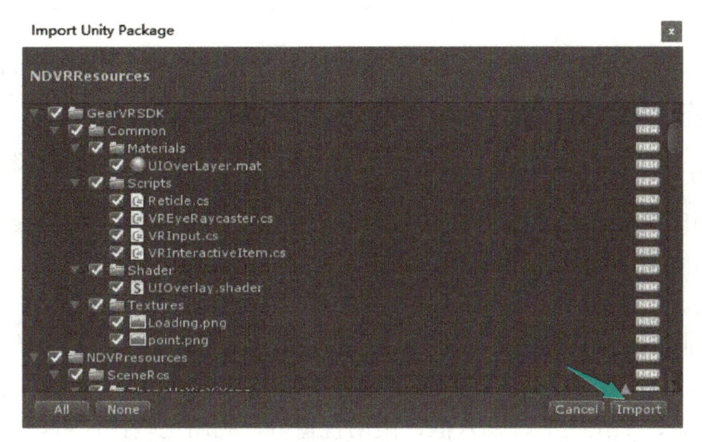

图 2-26　导入模型、贴图和代码资源

2）将场景模型、人物模型等预制体拖入场景，单击 Project 视图中的“All Prefabs”|“BaoChuan_ALL1”预制体，将其拖拽至 Hierarchy 视图的 zhxxy 场景中，如图 2-27 所示。具体场景效果如图 2-28 所示。

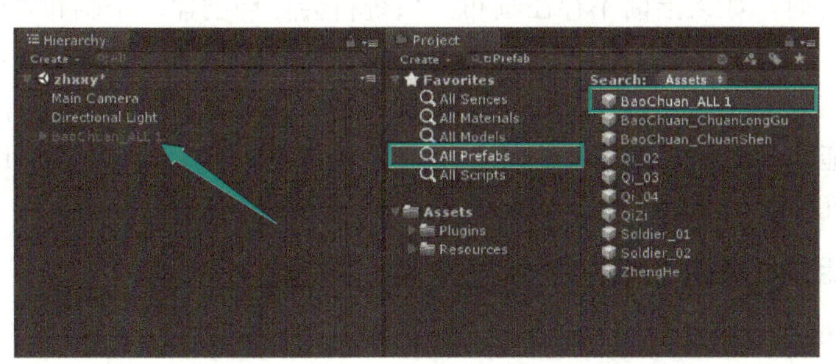

图 2-27　选取需要的预制体

图 2-28　导入的场景效果

任务 2.3 开发 GUI

2.3.1 基本控件认识

微课 2-3
开发 GUI

在应用程序中，界面是程序与用户之间的桥梁。用户可以通过界面来完成程序中的交互，在界面的引领下，用户可以更方便地操作整个程序。所以界面在整个程序中占有非常重要的地位，友好的界面往往会让用户对应用产生好感；相反，糟糕的界面会导致用户的流失。

Unity 提供了非常完善的图形化界面解决方案：GUI。GUI 系统现在主要运用在快速调试与拓展编辑器中。GUI 为用户提供了一些常用的控件，包括文本显示、图片显示、按钮、复选框、滑动条、滚动条、下拉菜单、输入框、滚动视窗等，利用这些控件可以快速搭建 UI 界面。本任务结合技能大赛国赛的真题进行了整理，给出 GUI 的制作过程。

1. 画布组件（Canvas）

每一个 GUI 空间必须是画布的子对象。当选择“GameObject” | “UI”级联菜单中的命令来创建一个 GUI 控件时，如果当前不存在画布，系统将会自动创建一个画布。画布组件如图 2-29 所示。UI 元素的绘制顺序依赖于它们在 Hierarchy 视图中的顺序，如果两个 UI 元素重叠，后添加的元素会出现在之前添加的元素的上面。如果要修改 UI 元素的相对顺序，可以通过在 Hierarchy 视图中拖动元素完成。对 UI 元素的排序也可通过在脚本中调用 Transform 组件上的 SetFirstSibling、SetAsLastSibling 和 SetSiblingIndex 等方法来实现。

2. 矩形变换组件（Rect Transform）

Rect Transform 是一种新的变换组件，适用于所有的 GUI 控件，可用来代替原有的变换组件，如图 2-30 所示。矩形变换区别于原有变换的地方是，在场景中 Transform 组件表示一个点，而 Rect Transform 表示一个可容纳 UI 元素的矩形，而且矩形变换还有锚点和轴心点的功能。

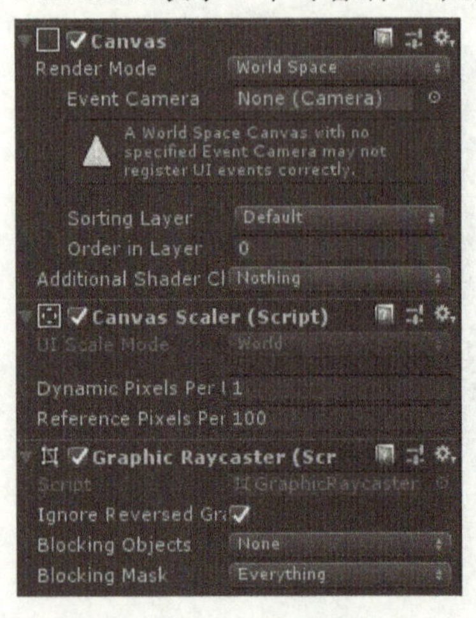

图 2-29 画布组件

Rect Transform

	Pos X	Pos Y	Pos Z
	53.6	0	39.45988
	Width	Height	
	10	10	R
Anchors			
Pivot	X 0.5	Y 0.5	
Rotation	X 0	Y 0	Z 0
Scale	X 0.5	Y 0.5	Z 0.5

图 2-30 矩形变换组件

矩形变换的属性和功能见表 2-1。

表 2-1　矩形变换的属性和功能

属性	功能
Pos(X，Y and Z)	定义矩形相当于锚的轴心点位置
Width/Height	定义矩形的宽度和高度
Left，Top，Right，Bottom	定义矩形的边缘相对于锚点的位置，锚点分离时会显示在 Pos 和 Width/Height 的位置
Anchor	定义矩形在左下角和右下角的锚点
Min	定义矩形左下角锚点。(0,0)对应父物体的左下角，(1,1)对应父物体右上角
Max	定义矩形右上角锚点。(0,0)对应父物体的左下角，(1,1)对应父物体右上角
Pivot	定义矩形旋转时围绕的中心点坐标
Rotation	定义矩形围绕旋转中心点的旋转角度
Scale	定义该对象的缩放系数

为了布局，一般建议调整 UI 元素的大小，而不是进行缩放（Scale）。调整 UI 元素的大小不会影响字体大小、切片图像的边界大小等。缩放可用于动画或其他特殊效果，会作用于整个元素，包括字体和边框。给 UI 元素的 Width 或 Height 一个负值会让它们变成透明不可见，而将缩放值设为负值，则可以用于翻转对象。

3. 文本控件（Text）

文本控件用来显示非交互文本。可以作为其他 GUI 控件的标题或者标签，也可以用于显示指令或其他文本。文本控件面板如图 2-31 所示，文本控件的属性和功能见表 2-2。

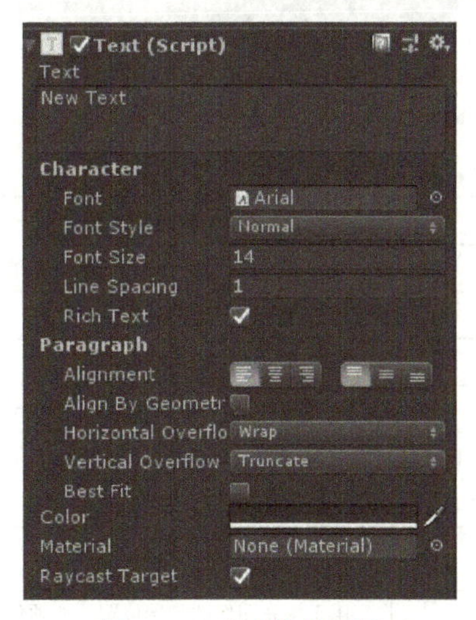

图 2-31　文本控件面板

表 2-2　文本控件的属性和功能

属性	功能
Text	控制显示的文本内容
Font	用于显示文本的字体
Font Style	文本样式，可选择正常、粗体、斜体、粗斜体
Font Size	文本的字体大小

（续）

属性	功能
Line Spacing	文本行之间的垂直间距
Rich Text	是否为富文本样式
Alignment	文本的水平和垂直对齐方式
Horizontal Overflow	用于处理文字太宽而无法适应文本框的方法，选项包含自动换行
Vertical Overflow	用于处理文本太高而无法适应文本框的方法，选项包含剪断和溢出
Best Fit	忽略大小属性使文本适应控件的大小
Color	文本颜色
Material	渲染文本的材质

4. 图像控件（Image）

图像（Image）控件用来显示非交互式图像，可用作装饰、图标等。其他控件中也可以通过脚本控制来改变图像。图像控件需要 Sprite 类型的纹理，原始图像可以接受任何类型的纹理。图像控件面板如图 2-32 所示。图像控件的属性和功能见表 2-3。

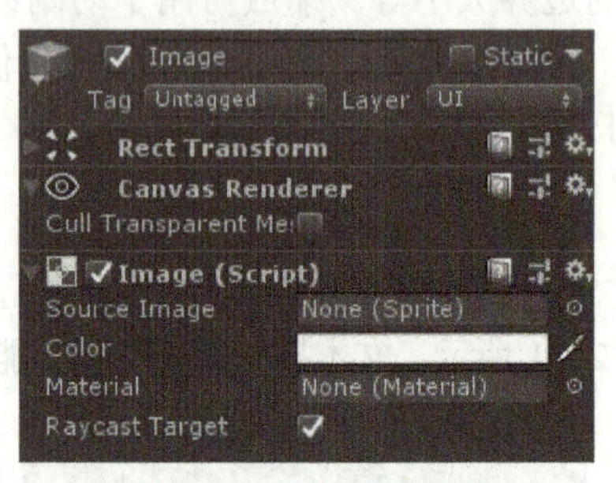

图 2-32 图像控件面板

表 2-3 图像控件的属性和功能

属性	功能
Source Image	表示要显示的图像纹理（类型必须为 Sprite）
Color	应用于图像的颜色
Material	图像着色所需的材质
Image Type	显示图像的类型，选择包括 Simple、Sliced、Tiled 和 Filled
Preserve Aspect（仅适用于 Simple 和 Filled）	图像原始比例的高度和宽度是否保持相同比例
Fill Center（仅适用于 Sliced 和 Tiled 模式）	是否填补图像的中心部分
Fill Method（仅适用于 Filled 模式）	用于指定动画中图像的填充方式，选项有 Horizontal、Vertical、 Radial90、Radial180 和 Radial360
Fill Origin（仅适用于 Filled 模式）	用于填充图像的起始位置，选项包括 Bottom、Right、Top 和 Left
Fill Amount（仅适用于 Filled 模式）	当前填充图像的比例（范围为 0～1）
Clockwise（仅适用于 Filled 模式）	填充方向是否为顺时针（仅适用于 Radial 填充模式）
Set Native Size	置图像框尺寸为原始图像纹理的大小

图像类型如下。

- Simple：默认情况下适应控件的矩形大小。如果启用“Preserve Aspect”选项，图像的原始比例将会被保存，剩余的未被填充的矩形部分会被空白填充。
- Sliced：图片被切成九宫格模式，图片的中心被缩放以适应矩形控件，周围八个图片仍然保持它的尺寸。禁用“Fill Center”选项后图像的中心将会被挖空。

- Tiled：图像会保持原始大小，如果控件大小大于原始图大小，图像会重复填充到控件中；如果控件大小小于原始图像大小则图像会在边缘处被截断。
- Filled：图像被显示为 Simple 类型，但是可以通过调节填充模式和参数使图像呈现出从空白到完整填充的过程。

5. 按钮控件（Button）

按钮控件（Button）响应来自用户的单击事件，用于启动或者确认某项操作。常见的包括 Web 表单中的“提交”和“取消”按钮。按钮面板如图 2-33 所示，其属性和功能见表 2-4，事件和功能见表 2-5。

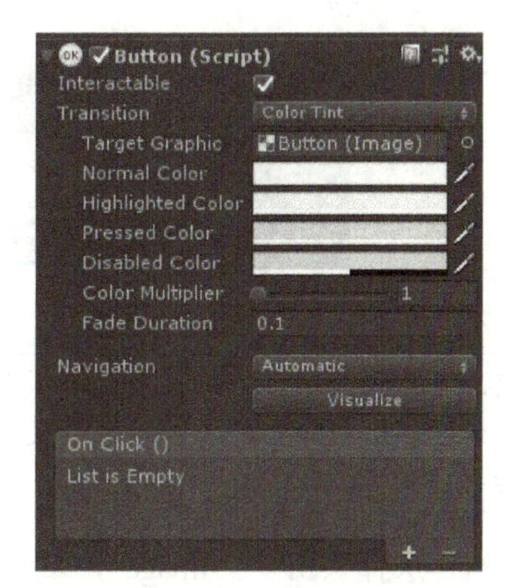

图 2-33　按钮面板

表 2-4　按钮控件属性和功能

属性	功能
Interactable	控制该组件是否接受输入。如果没有被选中,按钮则不能接受输入且动画过渡为不可用
Transition	用于控制按钮响应用户操作的方式（参考“过渡选项”）
Navigation	确定控件的顺序（参考“导航选项”）

表 2-5　按钮控件事件和功能

事件	功能
On Click	响应按钮的单击事件，当用户单击并释放按钮时触发

按钮控件被设计用来在单击并释放后启动一个动作。如果鼠标指针在单击释放之前离开按钮控件，则动作不会发生。按钮只绑定单一的单击事件，当单击完成时会响应该事件。典型的一些应用包括确定一项决定（如启动或者保存游戏）、开启子菜单、取消一个正在进行的动作（如加载一个新的场景）等。

2.3.2　UI 的制作

本小节任务结合技能大赛国赛的真题进行了整理，给出 UI 的制作过程。赛题文字描述第一部分：进入场景，屏幕左侧显示郑和宝船模型，右侧显示 3 个选择面板，选择面板中依次存放“郑和宝船”“宝船龙骨”“郑和”3 张图片，且 3 个选择面板从无到有逐渐变化。以上 3 个选择面板即为 UI 制作，具体步骤如下。

1）以“郑和”按钮为例，在“Hierarchy”面板的 zhxxy 场景中，单击鼠标右键，创建空对象，命名为“按钮组”，如图 2-34 所示。在“按钮组”下单击鼠标右键，选择“UI”|“Canvas”，并重命名为“郑和”，将渲染模式（Render Mode）改为 World Space，如图 2-35 所示。

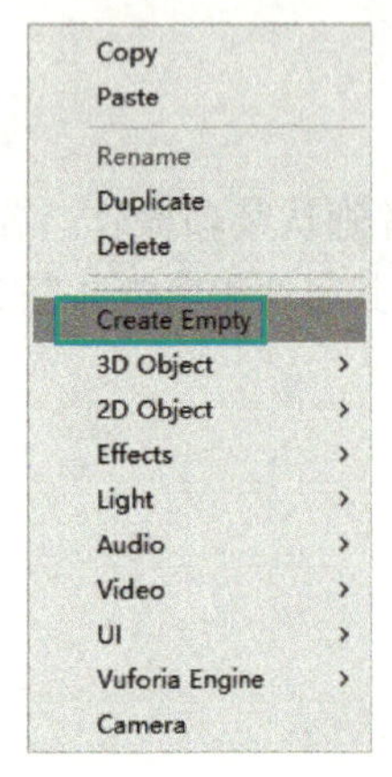

图 2-34　创建空对象

图 2-35　设置渲染模式

提示： World Space 选项使画布渲染于世界空间。该模式使画布在场景中像其他场景对象一样，可以通过手动调整它的 Rect Transform 参数来改变画布的大小，GUI 控件可能会渲染于其他物体的前方或者后方。

2）在“郑和”下单击鼠标右键，选择“UI”|“Image”，重命名为“圆环”，并在 Project 视图下的文件中找到“xuanfutai”对象将其拖入属性内，并设置 Image Type 参数，如图 2-36 所示。

图 2-36　circle 对象的参数设置

3）在“圆环”下单击鼠标右键，选择“UI”|“Image”，并在 Project 视图下的文件中找到“zhenghe”对象将其拖入属性内，并设置 Image Type 参数，如图 2-37 所示。

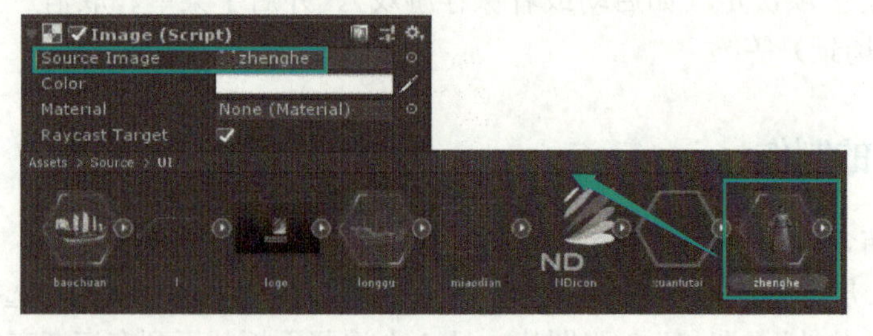

图 2-37　Image 组件赋值

依此类推，制作“宝船”和“龙骨”的 UI。最终 Unity 编辑器下的效果，如图 2-38 所示。

4）通过控制 Scale 属性从 0 到 1 值的逐渐改变，从而实现选择按钮的从无到有的渐变，如图 2-39 所示。

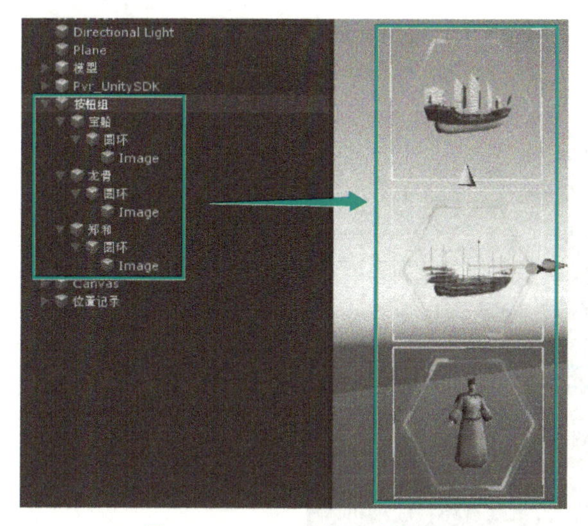

图 2-38 Unity 编辑器内效果

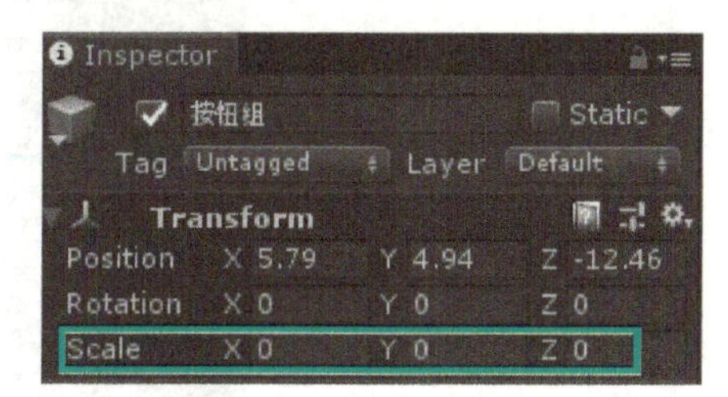

图 2-39 Scale 属性

任务 2.4 交互设计

2.4.1 获取 PicoVR SDK

微课 2-4
获取 PicoVR SDK

由于 VR 项目的输入方式会根据设备的不同而有很大区别，根据 VR 眼镜的不同，所需要的 SDK（软件开发工具包）也不一样。我们要在此任务中完成 Pico Neo3 手柄与 2.3.2 小节中三个选择按钮的交互，就需要用到 Pico Neo3 设备的专用 SDK。获取 PicoVR SDK 的方法如下。

1）在 PicoVR 官网 http://developer.pico-interactive.com/sdk 下载适合 Unity 的 Unity XR SDK，配套的有中英文的开发文档，如图 2-40 所示。

图 2-40 官网 PicoVR SDK 下载

提示： SDK 包括 PicoMobileSDK 和 Plugins 两部分，Plugins/Android 下的 Manifest 文件具体配置在官方文档中有详细说明，默认已经配置好了；PicoMobileSDK 文件夹包括：手柄控制、支付功能、核心 SDK 和音量电量等功能，基本的环境搭建只需 Controller 和 UnitySDK 两个部分，但在实际开发中可能需要对 SDK 进行部分自定义。

2）从官网获取 PicoVR SDK，双击导入后可在 Unity 的 Project 选项卡中找到相关内容，如图 2-41 所示。

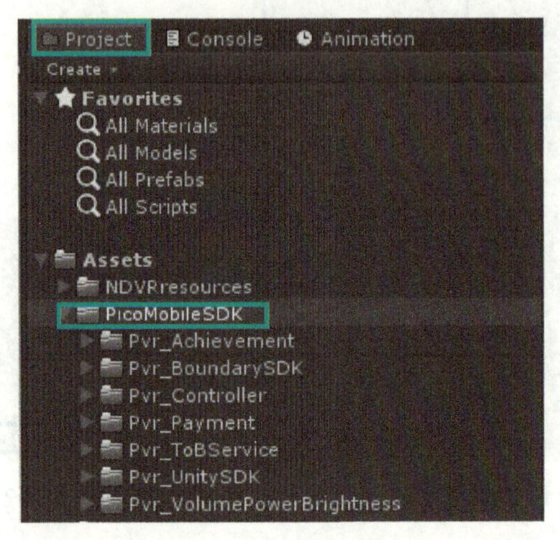

图 2-41　导入 PicoVR SDK

3）选择“Project”面板，单击“Assets”|“PicoMobileSDK”|“Pvr_UnitySDK”|“Prefabs”|“Pvr_UnitySDK”拖拽至“Hierarchy”面板的 zhxxy 场景中，如图 2-42 所示。

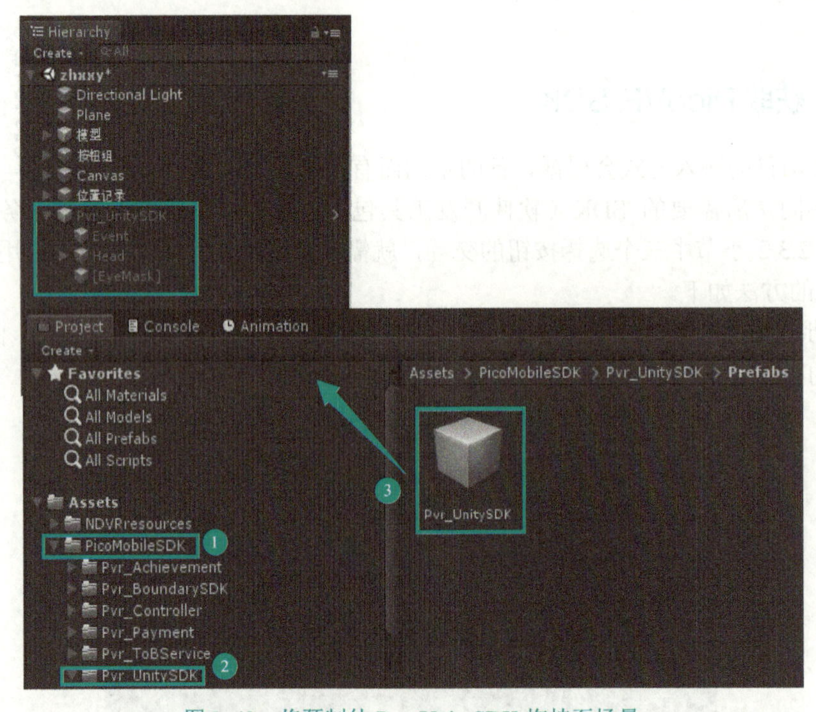

图 2-42　将预制体 Pvr_UnitySDK 拖拽至场景

4）选择“Project”面板，依次单击“Assets”|“PicoMobileSDK”|“Pvr_Controller”|“Prefabs”|“ControllerManager”拖至“Hierarchy”面板的 zhxxy 场景中，如图 2-43 所示。

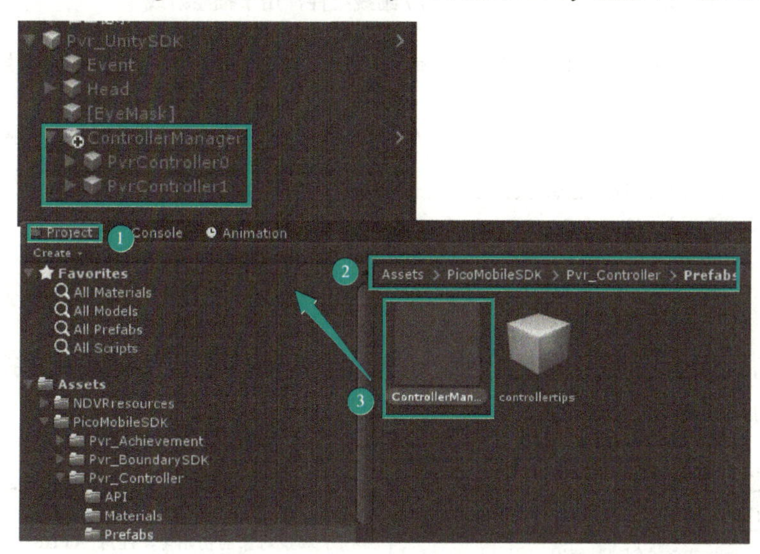

图 2-43　将预制体 ControllerManager 拖拽至场景

提示：图中 PvrController0 代表左手柄，PvrController1 代表右手柄。这是后期进行手柄交互时非常重要的一点。

2.4.2　手柄交互

微课 2-5
手柄交互

赛题文字描述第二部分：当选择“郑和”面板，且面板背景框准心进度条读取完毕后，右侧 3 个选择面板将消失，面板消失的同时，镜头移动到宝船舵楼位置观察郑和，郑和做伸手前指的动作。同理，当选择“宝船龙骨”面板或者“郑和宝船”面板，且面板背景框准心进度条读取完毕后，右侧 3 个选择面板也将消失，面板消失的同时屏幕左侧替换为相应模型。

第二部分的赛题任务主要是通过 PicoVR 一体机的手柄发出射线与选择面板发生碰撞，来达到交互的目的。实现思路: 通过获取射线的起点位置和瞄准目标点位置得到射线长度，通过碰撞检测实现交互的具体操作步骤如下。

1）在 Project 视图的 Scripts 文件夹中新建一个脚本，单击鼠标右键并执行“Create”|“C# Script”菜单命令，并将脚本命名为“RayCtrl”。对场景中射线对象的初始化场景定义脚本代码如下。

```
using System.Collections;
using System.Collections.Generic;
using UnityEngine;

public class RayCtrl : MonoBehaviour
{
    [Header("射线起始点")]
    public Transform StartPoint;
    [Header("射线瞄准目标点")]
    public Transform dot;
    [Header("射线材质球")]
```

```
    public Material GetMaterial;
    private LineRenderer line;//画线组件，用于描绘射线

    private RaycastHit hit = new RaycastHit(); //定义并存储射线碰撞信息

    public string HitName;     //定义用来存储射线碰撞信息的字符串变量

    public static RayCtrl intance;
    void Awake()
    {
        intance = this;
    }
```

以上是对场景中射线对象的初始化定义。Unity 中会有些特定的函数，这些特定的函数在一定条件下被自动调用，成为必然事件，常见的必然事件见表 2-6。

表 2-6 Unity 中常见的必然事件

名称	出发条件	用途
Awake	脚本实例被创建时使用	用于场景对象的初始化，注意 Awake 执行早于所有脚本的 Start 函数
Start	Update 函数第一次运行之前调用	用于场景对象的初始化
Update	每帧调用一次	用于更新游戏场景和状态（和物理状态有关的更新应放在 FixedUpdate 里）
FixedUpdate	每个固定物理时间间隔调用一次	用于物理状态的更新
LateUpdate	每帧调用一次（在 Update 调用之后）	用于更新游戏场景和状态，和相机有关的更新一般放在这里

表 2-6 中的 Start 和 Update 函数是 Unity 中最常见的两个事件，新建脚本时 Unity 会自动创建，RayCtrl 代码的核心部分如下。

```
void Start()
    {
        //画线组件初始化
        line = GetComponent<LineRenderer>(); //获取游戏物体上的画线组件
        line.material = GetMaterial;  //给画线组件绑定材质球
        //打开画线终点的物体
        dot.transform.gameObject.SetActive(true);
    }

void Update()
    {
        //定义射线{起始点：StartPoint 物体位置，角度：StartPoint 物体前方}
        Ray ray = new Ray() { origin = StartPoint.position, direction =
StartPoint.forward };
        line.SetPosition(0, ray.origin);//将射线起点作为画线组件的起点

        //判断射线是否发生碰撞
        if (Physics.Raycast(ray, out hit))//如果发生碰撞则返回射线，并将碰撞信息保存
在hit中
        {
            GetMaterial.color = Color.green;//更改画线组件的材质球颜色
            dot.position = hit.point;    //dot 的位置变更为碰撞发生的位置
```

```
            line.SetPosition(1, dot.position); //画线组件的终点变更为dot的位置
            HitName = hit.transform.name;  //获取碰撞物体的名称并保存到 HitName 中
        }

        //未发生碰撞
        else
        {
            GetMaterial.color = Color.red;//更改画线组件材质球颜色
            dot.position = ray.origin + ray.direction * 2;//dot 位置变更为射
线起始点+方向量*2
            line.SetPosition(1, dot.position); //画线组件的终点变更为dot的位置
            HitName = null;  //HitName 为空
        }
    }
}
```

2）射线交互代码完成，编译通过后将 RayCtrl 拖拽至“Add Component”下，如图 2-44 所示。并且设置“射线起始点”的参数为 start，“射线瞄准目标点”参数为 dot，射线材质球为 RayLine，如图 2-45 所示。

图 2-44　拖拽 RayCtrl 脚本

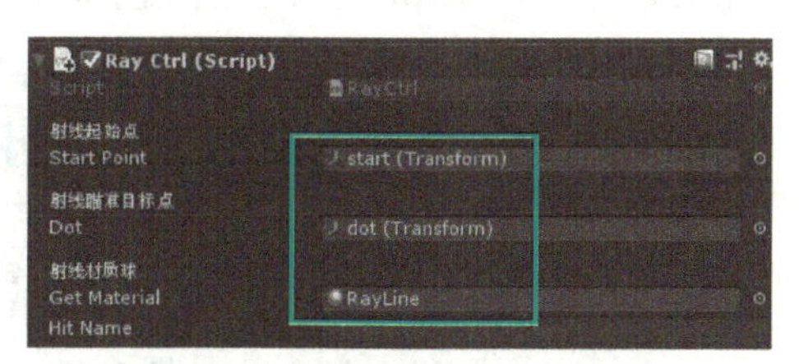

图 2-45　设置 RayCtrl 各参数

3）添加 Line Renderer 组件，在 Inspector 视图中单击“Add Component”，在弹出的对话框中输入关键词“Line”，选中“Line Renderer”，如图 2-46 所示。同时，将其中的“Width”值修改为 0.02，如图 2-47 所示。

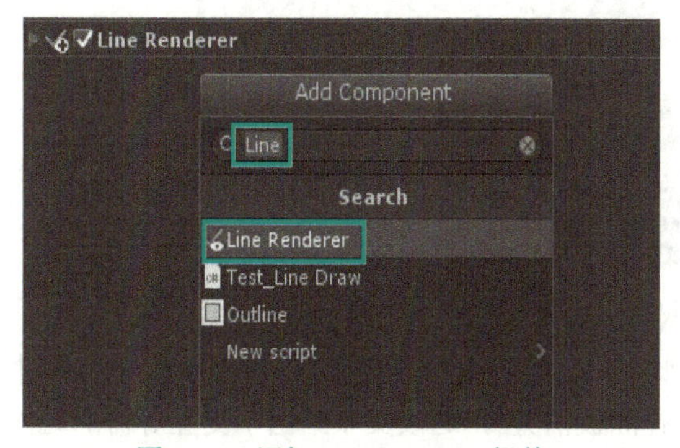

图 2-46　添加 Line Renderer 组件

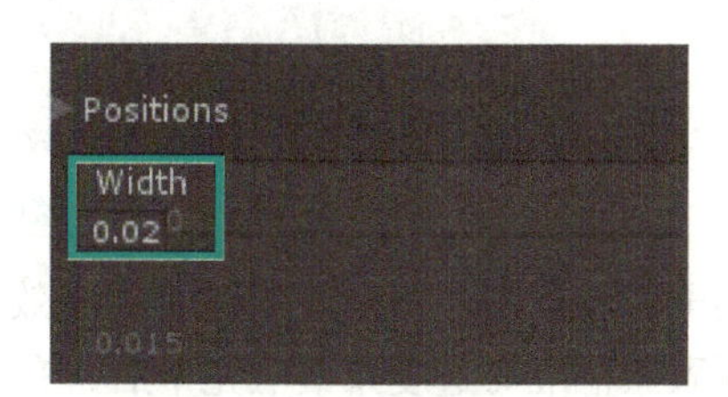

图 2-47　修改“Width”值

4）添加 Pvr_UI Canvas 组件，场景中选择“郑和”UI，在 Inspector 视图中单击“Add Component”，在弹出的对话框中输入关键词“Pvr”，选中“Pvr_UI Canvas”即可，如图 2-48 所示。

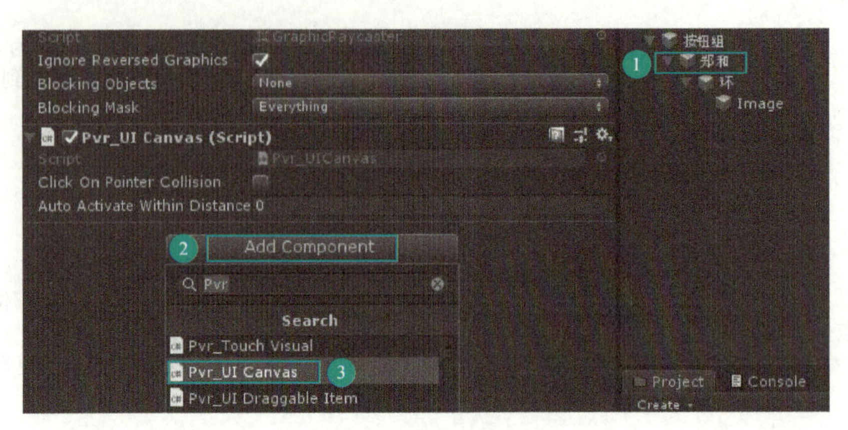

图 2-48　添加 Pvr_UI Canvas

提示：Pvr_UI Canvas 是 PicoVR SDK 自带的一个组件，可以为画布自动添加碰撞，省去为“郑和”UI 添加 Box Collision（盒型碰撞体）的操作。

5）为了便于后期戴上 PicoVR 眼镜的用户能够通过转头进行操作，需要将“郑和”UI 中的相机事件参数“Event Camera”设为“Head”，如图 2-49 所示。单击场景中的“Play”运行，在 PC 端测试的时候，按下〈Shift〉键同时按住鼠标左键滑动鼠标模拟用户的转头动作，可观察到手柄发出红色射线，当和“郑和”按钮发生碰撞时，手柄发出射线的颜色变成绿色，如图 2-50 所示。

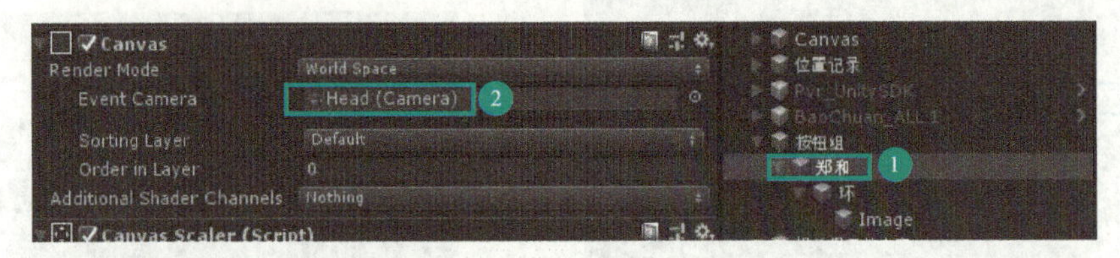

图 2-49　设置 Event Camera 参数

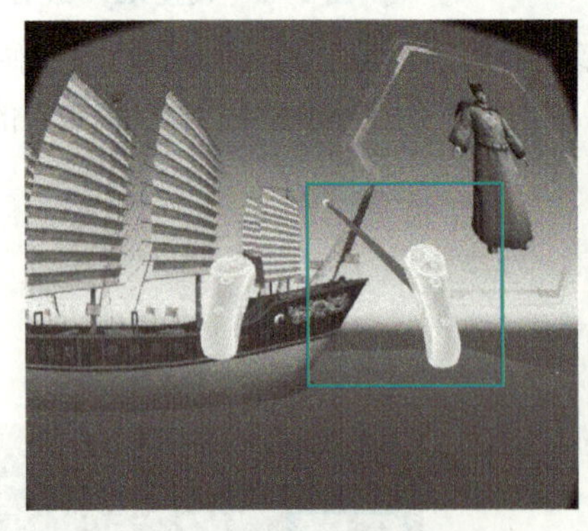
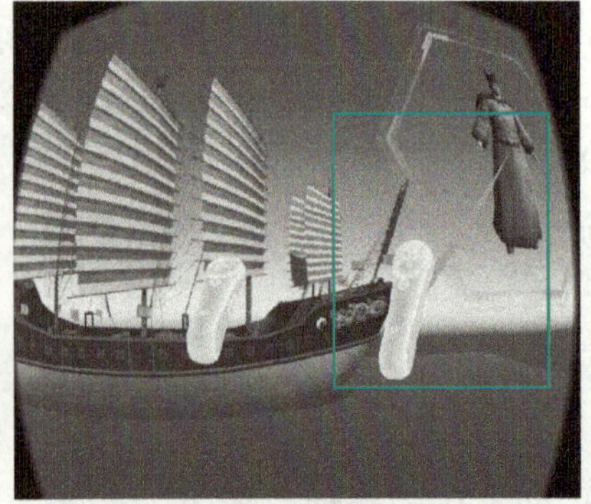

图 2-50　未发生碰撞时射线为红色（见左图），发生碰撞时射线变为绿色（见右图）

虽然运行的时候手柄出现了射线效果，但是此射线还不能起到交互作用，赛题文字描述中“面板背景框准心进度条读取完毕后，右侧 3 个选择面板消失”，这段文字给出了交互等待的时间为进度条读取完毕的时间，也给出了“选择面板消失”的一部分交互结果。具体实现代码如下。

① 在 Project 菜单下 Scripts 文件夹中新建一个脚本，单击鼠标右键并执行“Create”|“C# Script”菜单命令，并将脚本命名为“Fill Ctrl”。Fill Ctrl 核心脚本代码如下。

```
using System.Collections;
using System.Collections.Generic;
```

```
using UnityEngine;
using UnityEngine.UI;

    public class FillCtrl : MonoBehaviour {
    public Image GetRing; //获取填充环
    private RayCtrl Rc;  //声明全局唯一射线代码
    public GameObject MateTip, ButtonGroup;  //获取对应的文字提示用于开启，获取
唯一按钮组用于关闭
        void Start () {
          //代码获取 RayCtrl 代码组件，用来得到里面的碰撞标签信息
          //也可以将 RayCtrl 代码声明为公开的静态实例
          //声明为实例后可通过实例调用  RayCtrl.intance.HitName
          Rc = GameObject.Find("PvrController1").GetComponent<RayCtrl>();
          ButtonGroup = GameObject.Find("按钮组");
    }

      void Update () {
          //实时判断是否是击中自己
          if (Rc.HitName == transform.name)
          {
              GetRing.fillAmount += Time.deltaTime * 0.3f;
          }
          else
          {
              GetRing.fillAmount = 0;
          }
          //如果环填满，打开对应文字说明，关闭按钮组
          if(GetRing.fillAmount == 1)
          {
              GetRing.fillAmount = 0;
              MateTip.SetActive(true);
              ButtonGroup.SetActive(false);
          }
    }
```

② 代码完成并编译通过后挂载至“郑和”UI，如图 2-51 所示，并且设置“Get Image”的参数为“环”。

图 2-51　设置 FillCtrl 参数

③ 单击场景中“Play”运行，在 PC 端测试的时候，按下〈Shift〉键的同时按住鼠标左键滑动鼠标模拟用户的转头动作，可观察到手柄发出红色射线，当和“郑和”按钮发生碰撞时，手柄射线的颜色变成绿色，并且“郑和”按钮的外框填充橘红色环，如图 2-52 所示。

图 2-52　填充环效果

微课 2-6
摄像机视角处理

2.4.3　摄像机视角处理

再回到赛题的第二部分，文字描述中要求“选择面板消失的同时，镜头移动到宝船舵楼位置观察郑和，郑和做伸手前指的动作”。这一段内容需要通过 Unity 的摄像机视角变化来实现，具体步骤如下。

1）创建摄像机的两个位置，“初始位置”和“郑和位置”，以确定摄像机的行进路线。选择 Hierarchy 视图中的 zhxxy 场景，右键选择“Gameobject” | “Create Empty”命令，创建空对象并命名为“位置记录”，并将右侧“Inspector”面板中的 Position 参数设为 0，0，0，称之为归零操作。

2）在“位置记录”下继续创建两个空对象并命名为“初始位置”和“郑和位置”，将当前摄像机“Pvr_UnitySDK”的位置参数值复制到“初始位置”，如图 2-53 所示。

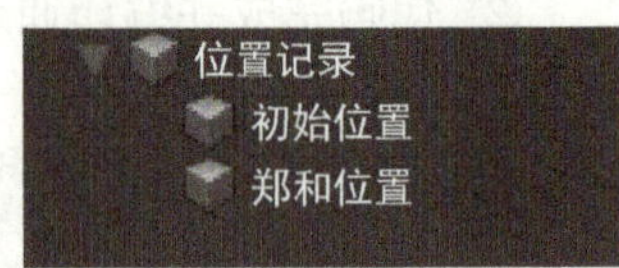

图 2-53　创建摄像机位置

3）设置“初始位置”和“郑和位置”在场景中的具体参数，可参考图 2-54 所示。当然这些参数并不是固定的，用户可根据船体的位置和观察习惯进行调整。

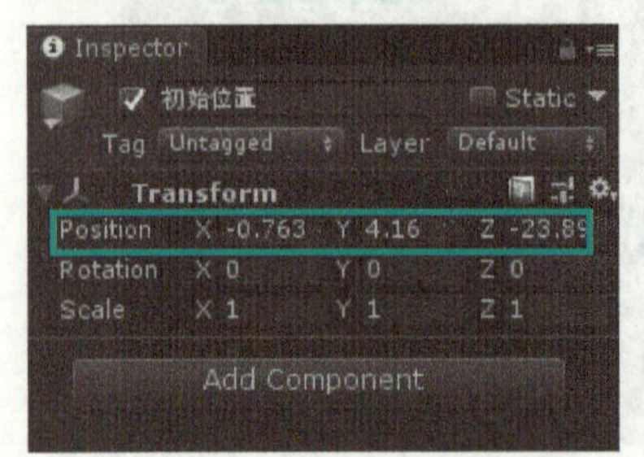

图 2-54　“初始位置”（左图）和“郑和位置”（右图）参数

4）在 Project 菜单下的 Scripts 文件夹中新建一个脚本，单击鼠标右键并执行“Create”|“C# Script”菜单命令，并将脚本命名为“ShowCtrl”。这里将脚本代码分成三个部分，首先是场景对象的初始化，具体代码如下。

```
using System.Collections;
using System.Collections.Generic;
using UnityEngine;
public class ShowCtrl : MonoBehaviour {
    public GameObject CloseGameObject, ButtonGroup;
    public GameObject  ChuanTi;
    private Transform OriPosition, GoalPosition, PicoSDK;
//郑和按钮所需要的三个位置，初始位置、目标位置、设备位置
    private bool isMove,isBack;
//郑和按钮移动所需要的控制变量 isMove 向目标位置移动，isBack 回到初始位置
void Start()
    {

        OriPosition = GameObject.Find("初始位置").GetComponent<Transform>();
        GoalPosition = GameObject.Find("郑和位置").GetComponent<Transform>();
        PicoSDK=GameObject.Find("Pvr_UnitySDK").GetComponent<Transform>();
    }  //代码获取相关实例
```

第二部分是定义了一些方法，这部分主要是自带的生命周期方法，当游戏物体被激活且代码可用或者不可用的时候自动调用。自带生命周期方法的代码如下。

```
void OnEnable () {  //自带的生命周期方法，当游戏物体被激活且代码可用的时候自动调用
    if (gameObject.name == "郑和交互")  //判断是否是郑和按钮
    {
        //关闭动画，项目中所涉及的动画都是当游戏物体开启时自动执行，没有涉及代码控制
        //不关闭动画组件，文字动画会和移动同步执行
        GetComponent<Animator>().enabled = false;
        isMove = true;  //开启移动
    }
}
void OnDisable()  //自带的生命周期方法，当游戏物体关闭或代码不可用的时候自动调用
{
    if (gameObject.name == "郑和交互")
    {
        ChuanTi.SetActive(true);
    }
}
```

第三部分是 ShowCtrl 代码的核心部分，给出了如何判断从初始位置到目标位置的移动，何时开启摄像机动画，以及动画结束后返回到初始位置，代码如下。

```
void Update () {  //判断是否朝目标位置移动
   if (isMove)
   {  //移动方法
    PicoSDK.position  =  Vector3.MoveTowards(PicoSDK.position,  GoalPosition.
position, Time.deltaTime * 3);
         // 判断两个位置间的距离
         if  (Vector3.Distance(PicoSDK.position,  GoalPosition.position)  <
0.1f)  //为真，代表移动到位，可以停止
```

```
            {
        GetComponent<Animator>().enabled = true; //开启动画，也就是展示说明文字
        isMove = false; //关闭移动
            }
        }
        //开始返回
       if (isBack)
       {
          PicoSDK.position = Vector3.MoveTowards(PicoSDK.position, OriPosition.
position, Time.deltaTime * 3); //移动方法
        if (Vector3.Distance(PicoSDK.position, OriPosition.position) < 0.1f)
//判断两个位置间的距离
          {
             isBack = false; //间距合适，停止移动
             ButtonGroup.SetActive(true); //开启按钮组
             CloseGameObject.SetActive(false); //关闭对应的说明文字
          }
        }
    }
    public void CloseAndOpen() //每个动画的最后一帧都会执行这个方法
        {
          if (gameObject.name != "郑和交互")
          {
             ButtonGroup.SetActive(true);
             CloseGameObject.SetActive(false);
          }
            else
            {
             isBack = true; //此时动画执行结束，也就是文本说明文字全部消失
              //此时打开 isBack 开始返回设备初始位置
          }
      }
    }
```

① 选择 Hierarchy 视图中的 zhxxy 场景，右键选择“UI”|“canvas”命令，创建画布并重命名为“交互”，将“Render Mode”参数设置为“World Space”，这样可以自行调整画布在场景中的位置。在“交互”下继续创建画布 canvas，命名为“郑和交互”，如图 2-55 所示。

② 代码完成并编译通过后挂载至“郑和交互”UI，如图 2-56 所示。并且设置“Close Game Object”参数为“郑和交互”，“Button Group”参数为“按钮组”，“Chuan Ti”参数为“BaoChuan_ChuanShen”。“Chuan Ti”参数代表移动到宝船船体的位置。

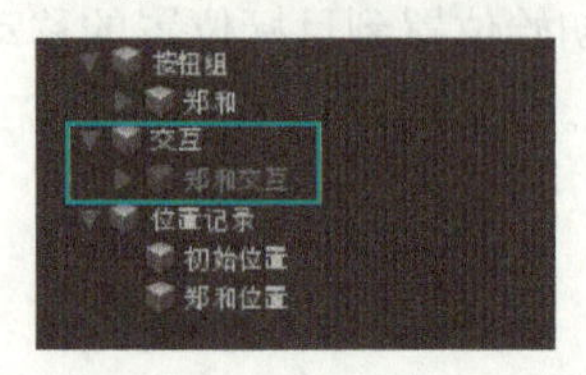

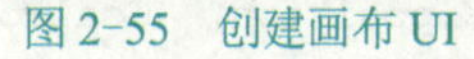
图 2-55 创建画布 UI

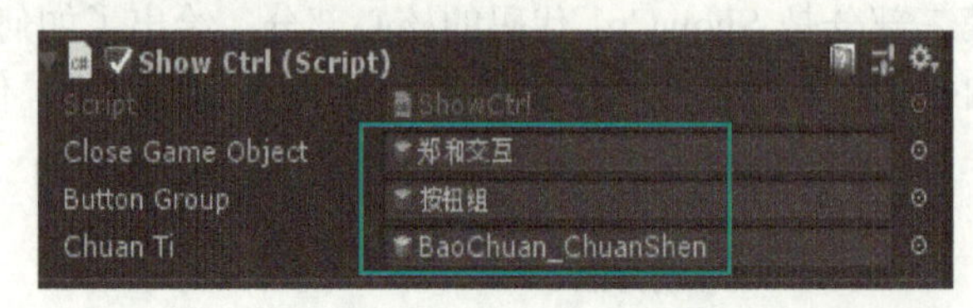

图 2-56 设置 ShowCtrl 参数

③ 单击场景中的“Play”进行阶段运行，在 PC 端测试的时候，按下〈Shift〉键的同时按住鼠标左键滑动鼠标模拟用户的转头动作，可观察到手柄发出红色射线，当和“郑和”按钮发

生碰撞时，手柄射线的颜色变成绿色，并且“郑和”按钮的外框填充橘红色环，此时摄像机位置发生变化，从初始位置移动至目标位置，如图 2-57 所示。

图 2-57 摄像机视角移动

2.4.4 录制动画

微课 2-7
录制动画

赛题文字描述第三部分：场景中逐步显示背景文本框，背景文本框全部显示完毕后，显示一段关于郑和生平的文字这一段文字内容需要通过 Unity 的动画系统来实现。

Unity 的动画系统基于一种名为 Animation Clip（动画剪辑）的资源，这些资源以文件的形式保存在工程中。这些文件内的数据记录了物体如何随着时间移动、旋转、缩放，以及物体上的属性如何随着时间变化。每一个 Animation Clip 文件都是一段动画。这些动画可以在 Unity 中直接制作，也可以由 3D 建模软件制作并导入到 Unity 中。

在 Unity 中制作动画需要用到 Animation 窗口，可以通过菜单栏“Window”|“Animation”来打开 Animation 窗口。通过这个窗口可以创建、编辑动画，也可以查看导入的动画。Animation 窗口同一时间只能查看、编辑同一段 Animation Clip 动画。Animation 适合单个物体（及其子物体）的动画编辑。例如，Timeline 系统适合同时对场景中多个物体制作复杂动画，还能包含音频和自定义的动画内容。

关于项目中的功能实现具体操作如下。

1）在 Hierarchy 视图的“郑和交互”UI 下创建两个“Image”UI（具体操作可参考 2.3.2 小节中的内容），分别命名为“线框 1”和“线框 2”。分别对应文字介绍出现时文本框的外观和位置。继续创建两个“Text”UI，分别命名为“白色文字”和“绿色文字”。对应文字介绍出现时的效果和字体颜色，目录结构如图 2-58 所示。

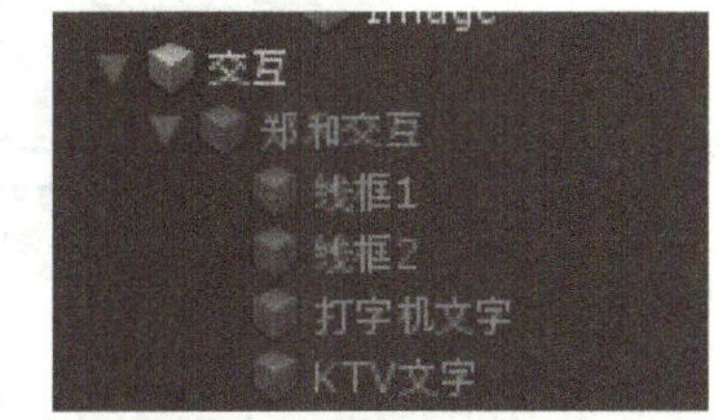

图 2-58 郑和交互 UI 目录结构

2）选中“线框 1”后，将 Inspector 中的“Source Image”参数设置成“line”，同时将“Image Type”设置为“Filled（填充）”，在“Color”选项中选择一种颜色。同理，“线框 2”的“Source Image”参数设置成“miaodian”，“Image Type”设置为“Filled（填充）”，在“Color”选项中选择一种颜色（和线框 1 颜色相同为宜）如图 2-59 所示。

图 2-59　线框的参数设置

3）选中“白色文字”后，将 Inspector 中的“Text”参数设置成赛题文字描述第三部分。同时，将“Font Size”设置为“5”（显示的字号大小），“Color”为白色。同理，“绿色文字”的参数同上，唯一的区别是将“Color”设置成绿色，如图 2-60 所示。

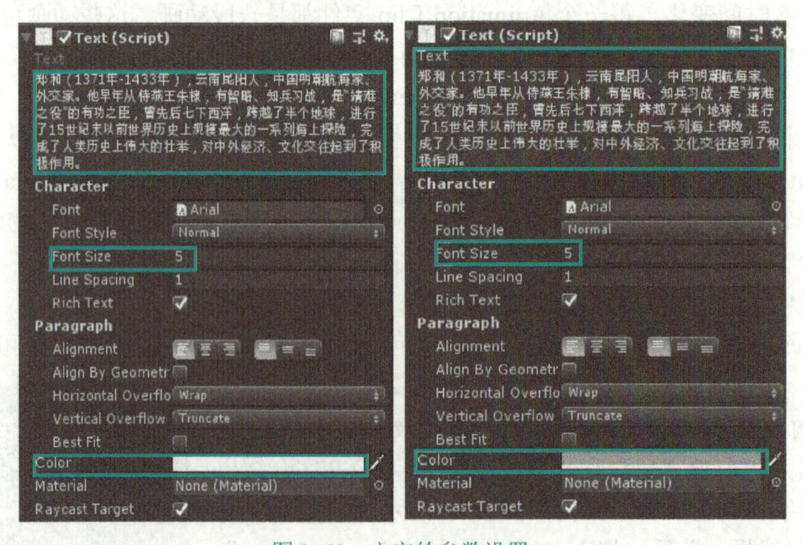

图 2-60　文字的参数设置

4）选中“郑和交互”，打开 Window 菜单，单击“Animation”，在 “Animation”视图中单击“Create”，创建 Animation Clip，重命名为“文字出现”，保存至弹出对话框的 Asset 文件夹下，如图 2-61 所示。

图 2-61　创建 Animation Clip

提示：“郑和交互”是这段动画中的主对象，每一个 Animation Clip（动画片段）都必须基于动画对象才能创建，因此一定要先选中动画对象。

5）单击“Add Property”添加需要动态变化的属性，对“线框 1”选择“Image”下的“Fill Amount”参数，单击右侧“+”添加属性，如图 2-62 所示。

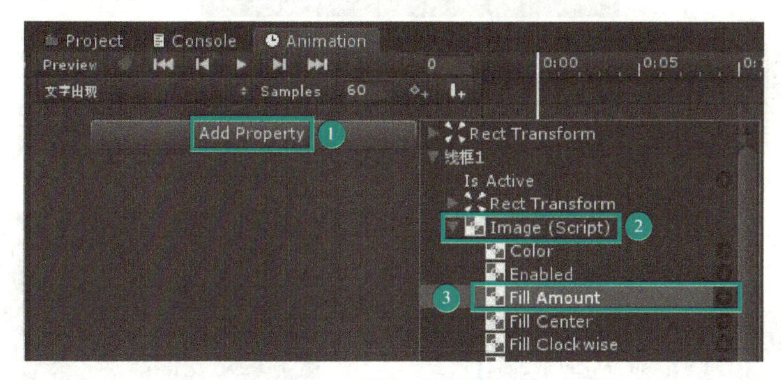

图 2-62　添加动画属性 1

6）同理，单击“Add Property”，添加需要动态变化的属性，对“线框 2”选择“Image”下的“Fill Amount”参数，单击右侧“+”添加属性。

7）对“白色文字”选择“Is Active”下的“Fill Amount”属性，单击右侧“+”添加属性，如图 2-63 所示。同理，“绿色文字”操作相同。

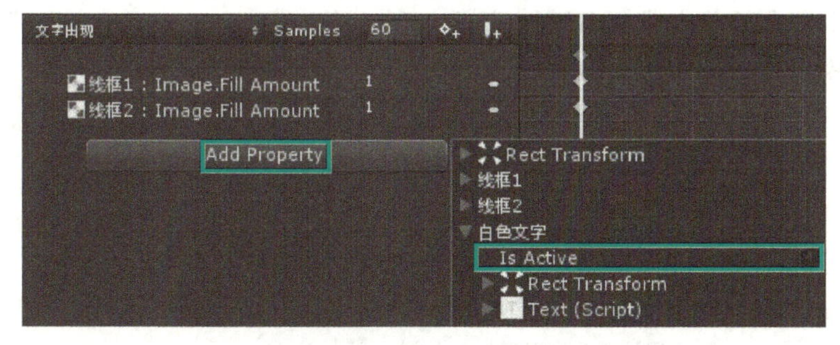

图 2-63　添加动画属性 2

8）通过录制来设置“文字出现”中的每一个动画对象的关键帧，如图 2-64 所示。

9）新建“文字消失”动画片段 Animation Clip。注意：此时一定要先选中“郑和交互”的动画对象。然后单击“文字出现”后选择“Create New Clip”创建，如图 2-65 所示。

10）参考步骤 5）～7），添加动态变化的属性，并动过录制动画的方式，设置“文字消失”中的每一个动画对象的关键帧，如图 2-66 所示。前述代码文件 ShowCtrl 中定义了一个

CloseAndOpen 方法，用于回流，此步骤中将其嵌入到“文字消失”动画的最后一帧。右击“文字消失”动画的最后一帧，选择“Add Animation Event”，并在“Inspector”面板中将 Function 属性设置为“CloseAndOpen”，如图 2-67 所示。

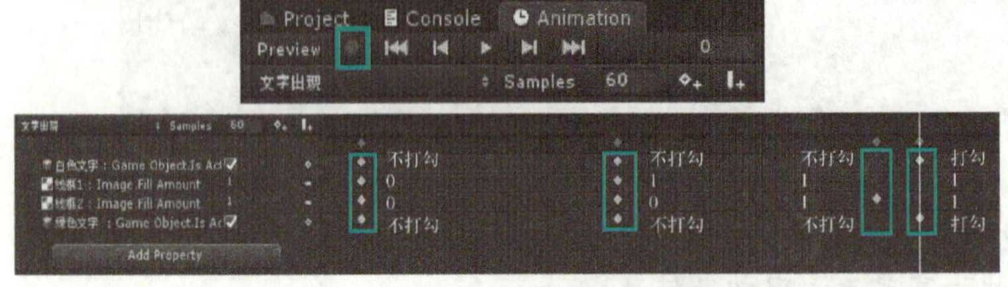

图 2-64 设置“文字出现”中的动画关键帧

图 2-65 创建新的 Animation Clip

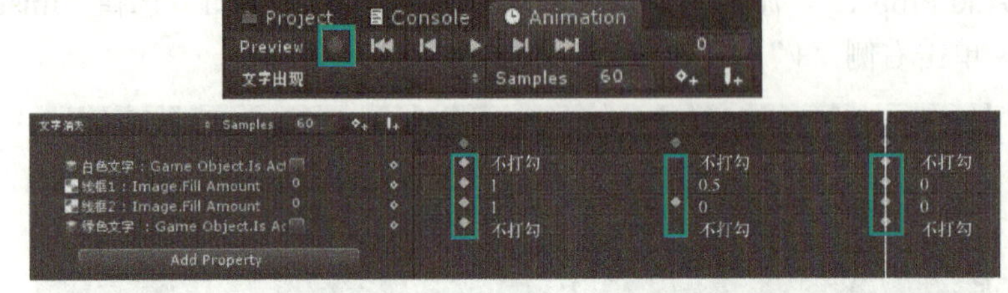

图 2-66 “文字消失”动画关键帧

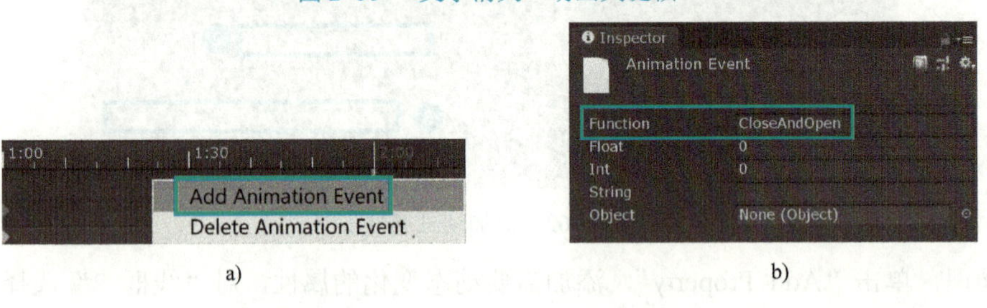

图 2-67 嵌入 CloseAndOpen 方法

11）新建动画控制器。Animation Clip 只是一段动画数据，可以把它类比成视频文件，而 Animator 组件是一个播放器，用来控制动画的播放、多个动画片段之间的切换等。在“Assets”面板中空白处单击鼠标右键，选择“Create”|“Animator Controller”创建动画控制器，重名为“控制文字”，如图 2-68 所示。

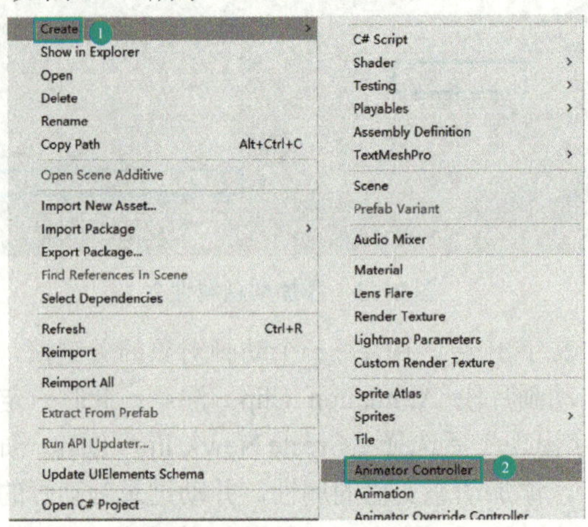

图 2-68 创建动画控制器

12）动画控制器“控制文字”包含两个动画片段“文字出现”和“文字消失”，按照顺序进行排列，如图 2-69 所示。单击鼠标右键“文字出现”，选择“Make Transition”即可从“文字出现”连接到“文字消失”，如图 2-70 所示。

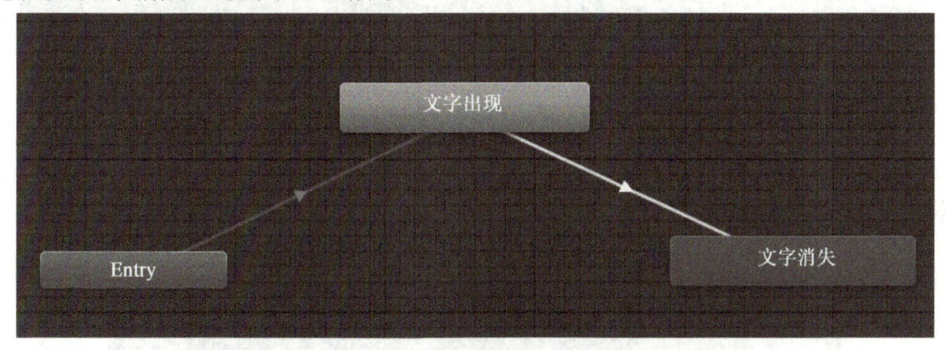

图 2-69　动画 Clip 排列

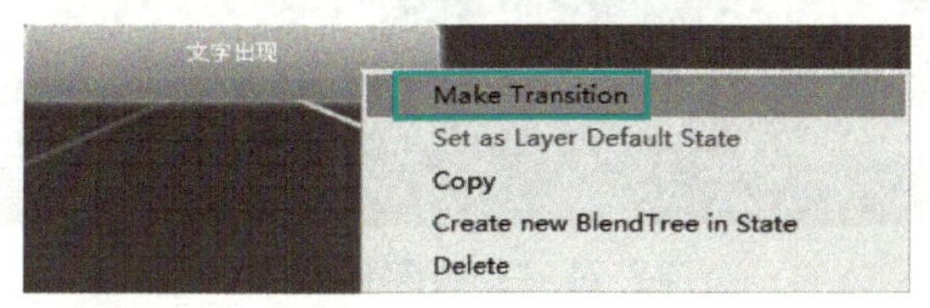

图 2-70　动画 Clip 连接

13）“郑和交互”对象的录制动画完成，将动画控制器“控制文字”挂载至“郑和交互”UI，如图 2-71 所示。

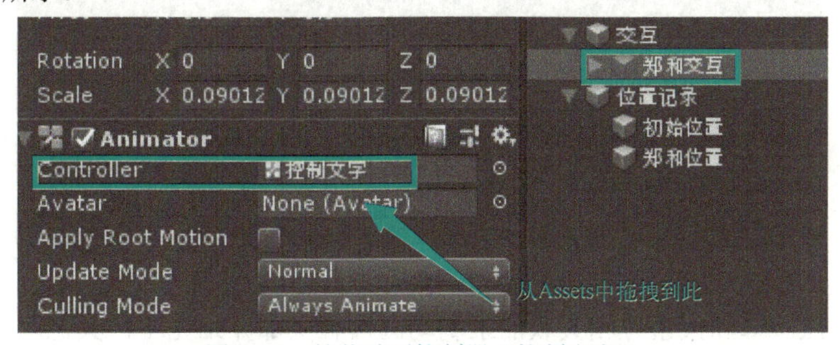

图 2-71　挂载动画控制器“控制文字”

14）完成项目最初阶段“郑和按钮”的动画录制。选中“按钮组”对象，打开 Window 菜单，依次单击“Animation”|“Animation”，在“Animation”视图中单击“Create”，创建 Animation Clip，重命名为“按钮变化”，保存至弹出对话框的 Asset 文件夹下。

15）添加动态变化的 Scale 属性，并通过录制动画的方式，设置“按钮变化”的动画关键帧，如图 2-72、图 2-73 所示。

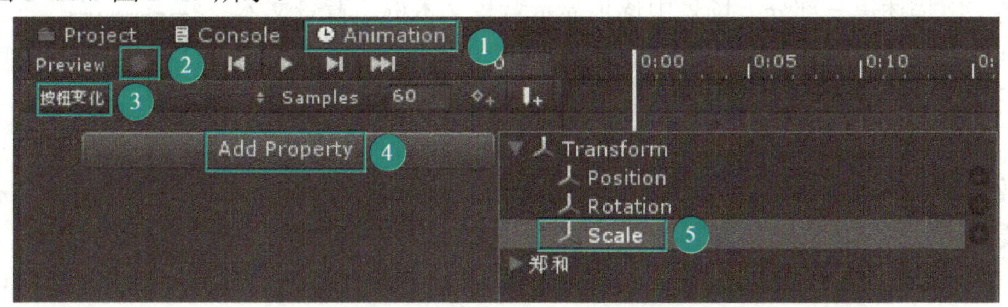

图 2-72　添加动画属性

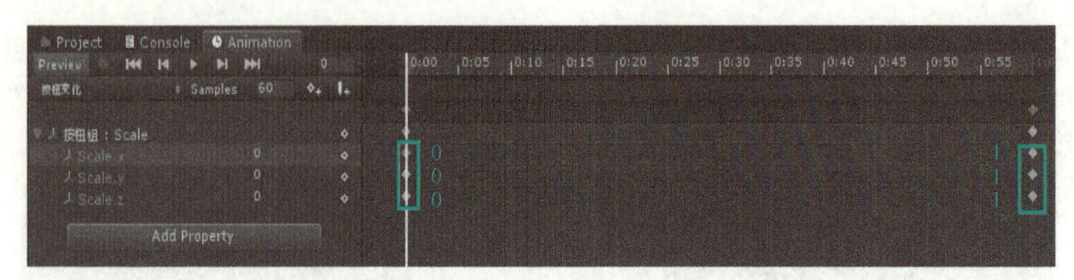

图 2-73　添加动画关键帧

16）参考步骤 11）新建动画控制器“控制按钮”。在“Assets”面板中空白处单击鼠标右键，选择“Create”|“Animator Controller”创建动画控制器，重命名为“控制按钮”。

17）动画控制器“控制按钮”包含一个动画片段“按钮变化”，如图 2-74 所示。

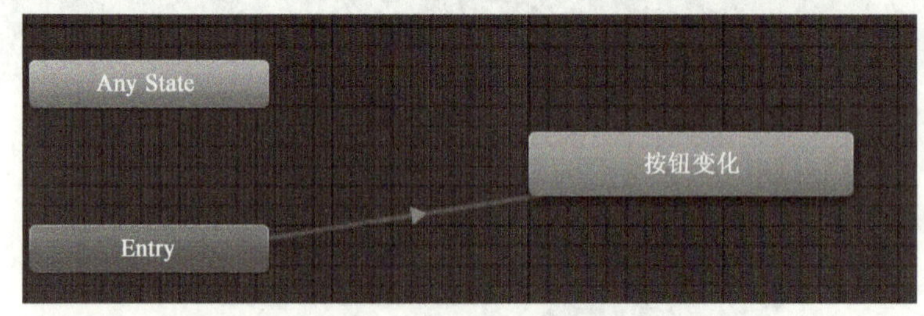

图 2-74　“控制按钮”列表

18）将动画控制器“控制按钮”挂载至“按钮组”UI，如图 2-75 所示。

图 2-75　挂载动画控制器“控制按钮”

到此为止，跟“郑和按钮”相关联的录制动画内容全部介绍完毕，其他两个按钮的相关动画录制操作步骤是类似的，读者可以尝试自行完成。

任务 2.5　添加文字特效

赛题文字描述第三部分：场景中逐步显示背景文本框，背景文本框全部显示完毕后，通过“打字机”叠加“KTV”模式显示一段关于郑和生平的文字。

微课 2-8
添加文字特效

这一部分主要是完成文字的特效，“打字机”和“KTV”特效是文字特效中最为基础的部分，近几年的技能大赛中每年都会在此基础上做一些更改，在 Unity 中也需要用代码来完成。具体操作如下。

1）在 Project 菜单下的 Scripts 文件夹中新建一个脚本，单击鼠标右键并执行“Create”|“C# Script”菜单命令，并将脚本命名为“TypeCtrl”。初始化变量的代码如下。

```
using System.Collections;
using System.Collections.Generic;
using UnityEngine;
using UnityEngine.UI;

public class TypeCtrl : MonoBehaviour {

    public  Text[ ] GetText;
    public  string GetString;
    public  Animator GetAnimator; // 定义动画组件。平拉显示出对话框，并在最后开
启两个带有文字组件的游戏物体
    void OnEnable() { //文字组件上挂载着此代码，当游戏物体已开启，就会执行此方法中的代码
        for (int i = 0; i < GetText.Length; i++)  //初始化文本框内容
      {
            GetText[i].text = "";
        }
        StartCoroutine(Typing()); //运行协程方法
    }
    void Update () {
    }
```

2）“TypeCtrl”核心代码主要是用到了“IEnumerator”的关键知识。“IEnumerator”称为“协程”，声明了 YieldInstruction 来作为所有返回值的基类，并且提供了几种常用的继承类，如 WaitForSeconds（暂停一段时间继续执行），WaitForEndOfFrame（暂停到下一帧继续执行）等。“TypeCtrl”的代码如下。

```
IEnumerator Typing()
    {
        for (int i = 0; i < GetText.Length; i++)
        {
            GetText[i].text = " ";
        }
        for (int i = 0; i < GetString.Length; i++)
        {
            GetText[0].text += GetString[i];
            yield return new WaitForSeconds(0.02f);
        }
        yield return new WaitForSeconds(0.3f);
        for (int i = 0; i < GetString.Length; i++)
        {
            GetText[1].text += GetString[i];
            yield return new WaitForSeconds(0.02f);
        }
        yield return new WaitForSeconds(0.3f); // 说明文字全部显示完毕之后，
打开 Next 进行下一个部分
        GetAnimator.SetTrigger("Next"); //此时动画部分结束
        }
}
```

3）代码完成后，编译通过后挂载至“KTV 文字”UI 上，并设置相关参数，如图 2-76 所示。其中，size 代表显示文字的大小，Get String 代表获取的字符串，Get Animator 代表获取的动画控制器。

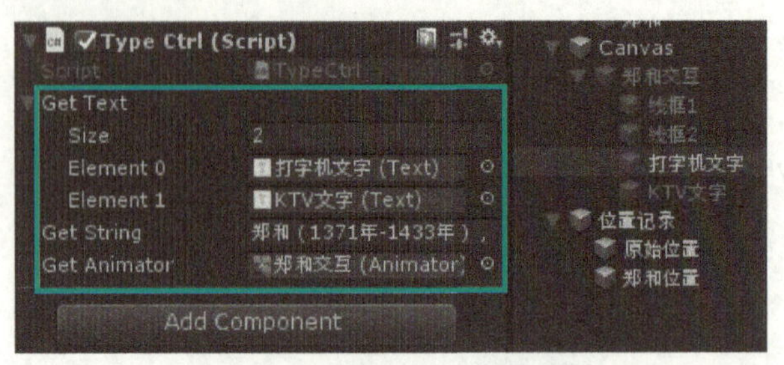

图 2-76 “TypeCtrl”参数设置

4）选中“文字出现”，在 Animation 选项卡中选中“Parameters”进行参数设置，为“文字出现”Clip 添加“Next”触发，如图 2-77 所示。

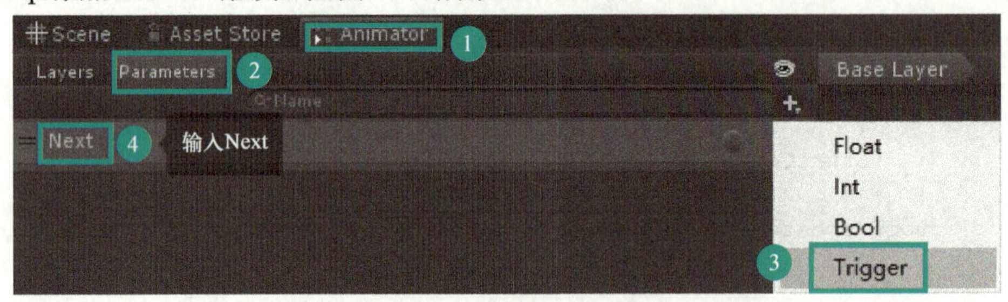

图 2-77 设置“Next”触发

5）选中“文字出现”Clip 继续修改参数。在 Inspector 视图中取消勾选“Has Exit Time”复选框，表示关闭。同时，在 Conditions 中添加“Next”触发，如图 2-78 所示。

图 2-78 设置“文字出现”参数

提示：参数“Has Exit Time”表示是否有退出时间。可简单理解为：开启此功能，则表示等待当前动画进行完才可进行下一个动画；关闭此功能，则表示可以立即打断当前动画并播放下一个动画。

6）单击场景中的“Play”运行，在 PC 端测试的时候，按下〈Shift〉键的同时按住鼠标左键滑动鼠标模拟用户的转头动作，可观察到文字先以白色字体的“打字机”特效显示，再以绿色字体覆盖在原有文字上，显示“KTV”效果，如图 2-79 所示。

图 2-79　文字特效

至此，选择面板中“郑和”按钮的整个交互过程全部介绍完毕，另外两个按钮的制作方法和制作流程都和“郑和”按钮类似，读者可以仿照完成，也可参考素材的工程文件（素材路径为“素材文件\学习情境 2\zhxxy.rar”）。

任务 2.6　添加场景音乐

VR 体验中，戴上 VR 头盔就可沉浸其中，其实身临其境的不只是视觉场景的体验，还有环绕在耳边的立体音乐。音频是 VR 场景必不可少的元素，可以用来创设情境、渲染气氛。本任务将完成场景音乐的添加。

微课 2-9
添加场景音乐

1）在“Project”面板中，右击“Assets”面板的空白处，在弹出的快捷菜单中选择“Import New Asset”命令，在打开的“Import New Asset”对话框中选择音频素材“素材文件\学习情境 2\Background.mp3”，再单击“Import”按钮，将会在“Asset”面板中导入音频资源，如图 2-80 所示。

2）在“Hierarchy”面板中选中“郑和下西洋”场景，空白处单击右键选择“Audio”|“Audio Source”添加音频组件，如图 2-81 所示。

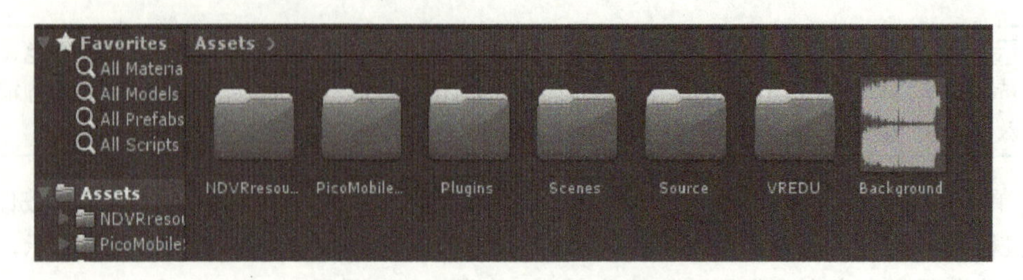

图 2-80　导入音频资源

3）将“Assets”中的“Background.mp3”拖拽到“Audio Source”组件下“Audio Clip”的编辑框中；其余参数保持默认状态即可；“Audio Source”组件的参数设置如图 2-82 所示，即完成了音效的添加。

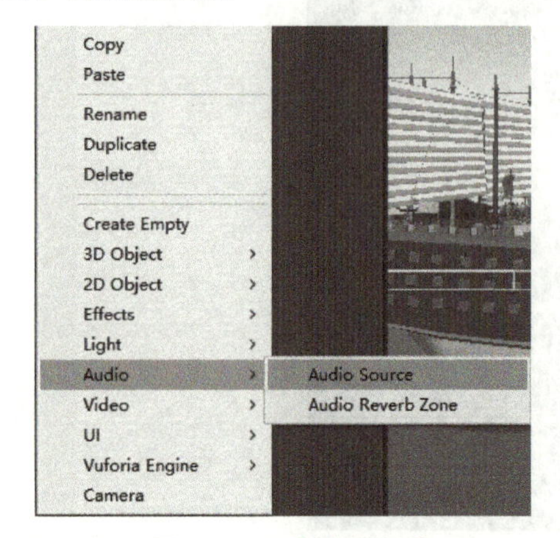

图 2-81　添加音频组件

图 2-82　设置音频参数

4）单击场景中的“Play”运行，在 PC 端测试的时候，一打开场景就能听到背景音乐。

任务 2.7　跨平台发布

发布项目之前，需要配置相关环境。此案例是在移动端中完成，需要进行移动端的环境配置，移动端一般采用 Android 操作系统，该系统具有界面友好、响应迅速等特点，可以使用户具有良好使用体验，大大缩短新用户对系统摸索的过程。本任务将详细介绍 Android 平台环境配置的操作流程。Android 平台环境配置主要是完成 Java JDK（简称 JDK）及 Android SDK（简称 SDK）的安装和设置。

2.7.1　Android 平台环境配置

JDK 是指 Java 平台标准版开发工具包，它是一个使用 Java 编程语言构建的应用程序，Applet 和组件的开发环境，主要用于移动设备、嵌入式设备上的 Java 应用程序。Android SDK 指的是 Android 操作系统专属的软件开发工具包，是软件开发工程师为特定的软件包、软件框架、硬件平台、操作系统等建立应用软件的开发工具的集合。

1. 下载 JDK

首先安装 Java JDK，本节中所用的 Java SDK 为 1.8.0 版本，可从 Oracle 的开发网站或者从国内相关的中文网站下载。双击文件名，根据提示，执行默认选项，即可完成 JDK 的安装，如图 2-83 所示。

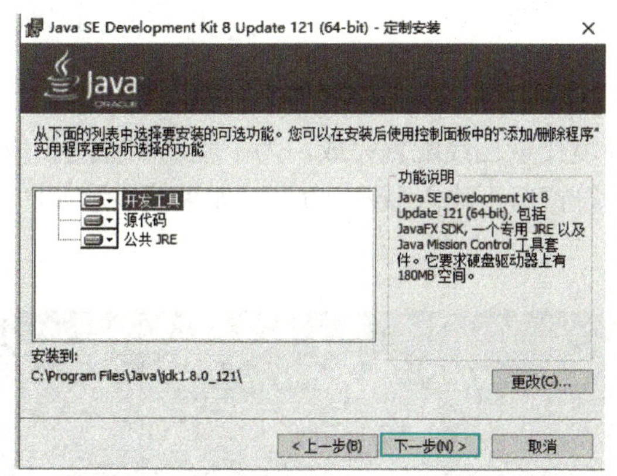

图 2-83　安装 JDK

提示：建议将 JDK 安装在系统盘。

2. 环境变量配置

1）在桌面"此电脑"或"计算机"图标上单击鼠标右键，在弹出的快捷菜单中选"属性"|"高级系统设置"|"环境变量"命令，打开"环境变量"配置对话框。

2）检查系统变量下是否有 JAVA HOME、PATH、CLASSPATH 这 3 个环境变量。在"系统变量"中单击"Path"变量，在弹出的"编辑系统变量"窗口中增加"C:\Program Files\Java\jdk1.8.0_121\bin;"（放在最前），如图 2-84 所示。

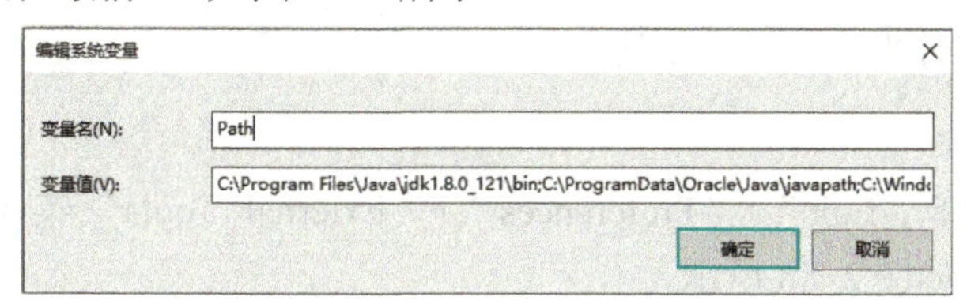

图 2-84　设置 Path 变量

3）在"系统变量"中单击"新建"按钮，在弹出的"编辑系统变量"对话框中增加"ClassPath"系统变量，变量值为"C:\Program Files\Java\jdk1.8.0_121\lib\"，单击"确定"按钮，表示 lib 文件夹下的执行文件，如图 2-85 所示。

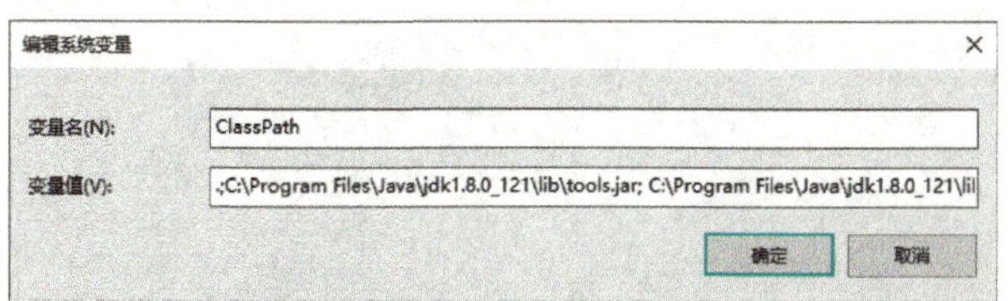

图 2-85　设置 ClassPath 变量

4）在"系统变量"中单击"新建"按钮，在弹出的"新建系统变量"窗口中增加"Java_Home"系统变量，变量值为"C:\Program Files\Java\jdk1.8.0_121"，单击"确定"按钮，表示所在的安装路径，如图 2-86 所示。

新建系统变量

变量名(N): Java_Home

变量值(V): C:\Program Files\Java\jdk1.8.0_121

确定　取消

图 2-86　设置 Java_Home 变量

5）通过上述步骤，环境变量已经配置完成，为了验证配置是否成功，可以打开系统的命令提示符，在 DOS 命令提示符窗口下输入 javac 命令，如果能显示如图 2-87 所示的内容，则说明环境变量已经配置成功。

命令提示符

```
用法: javac <options> <source files>
其中, 可能的选项包括:
  -g                         生成所有调试信息
  -g:none                    不生成任何调试信息
  -g:{lines,vars,source}     只生成某些调试信息
  -nowarn                    不生成任何警告
  -verbose                   输出有关编译器正在执行的操作的消息
  -deprecation               输出使用已过时的 API 的源位置
  -classpath <路径>            指定查找用户类文件和注释处理程序的位置
  -cp <路径>                   指定查找用户类文件和注释处理程序的位置
  -sourcepath <路径>           指定查找输入源文件的位置
  -bootclasspath <路径>        覆盖引导类文件的位置
  -extdirs <目录>              覆盖所安装扩展的位置
  -endorseddirs <目录>         覆盖签名的标准路径的位置
  -proc:{none,only}          控制是否执行注释处理和/或编译。
  -processor <class1>[,<class2>,<class3>...] 要运行的注释处理程序的名称; 绕过默认的搜索进程
  -processorpath <路径>        指定查找注释处理程序的位置
  -parameters                生成元数据以用于方法参数的反射
  -d <目录>                    指定放置生成的类文件的位置
  -s <目录>                    指定放置生成的源文件的位置
  -h <目录>                    指定放置生成的本机标头文件的位置
  -implicit:{none,class}     指定是否为隐式引用文件生成类文件
  -encoding <编码>             指定源文件使用的字符编码
  -source <发行版>              提供与指定发行版的源兼容性
  -target <发行版>              生成特定 VM 版本的类文件
  -profile <配置文件>            请确保使用的 API 在指定的配置文件中可用
  -version                   版本信息
  -help                      输出标准选项的提要
  -A关键字[=值]                  传递给注释处理程序的选项
  -X                         输出非标准选项的提要
```

图 2-87　环境变量配置成功

3. 下载 Android SDK

接着下载 Android SDK，可从谷歌的开发网站或者从国内相关的中文网站下载若路径中没有“Android_SDK”文件夹，请自行创建。

4. 配置参数

打开 Unity，选择“Edit”|“Preferences”|“External Tools”菜单命令，打开“Unity Preferences”对话框，如图 2-88 所示。

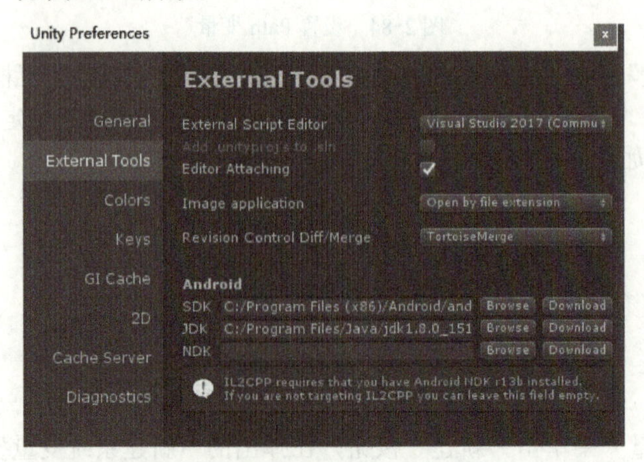

图 2-88　“Unity Preferences”对话框

2.7.2　项目的打包

1. Unity 设置

下面进行 Unity 配置。操作步骤如下。

1）选择“File”菜单，单击“Build Settings”。选择 Android 系统，单击“Player Settings”，如图 2-89 所示。

2）观察 Inspector 视图，选中“Other Settings”选项。将其中的“Color Space”设置为“Gamma”；取消勾选“Auto Graphics API”；“Minimum API Level”切换成“Android 8.0 ‘Oreo’（API Level 26）”；“Target API Level”可以设置为“Automatic”，并且设置好包名，如图 2-90 所示。

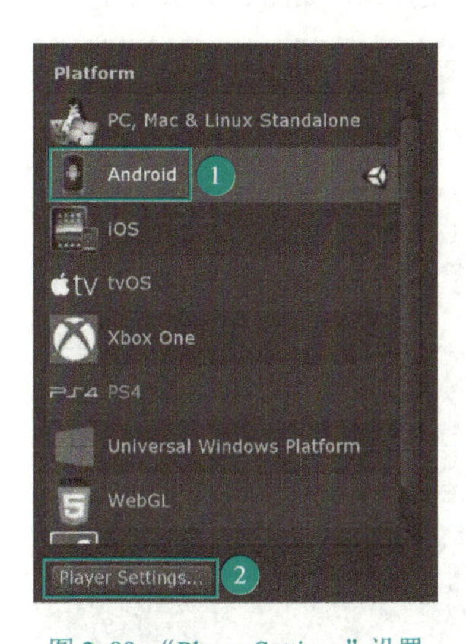

图 2-89　“Player Settings”设置

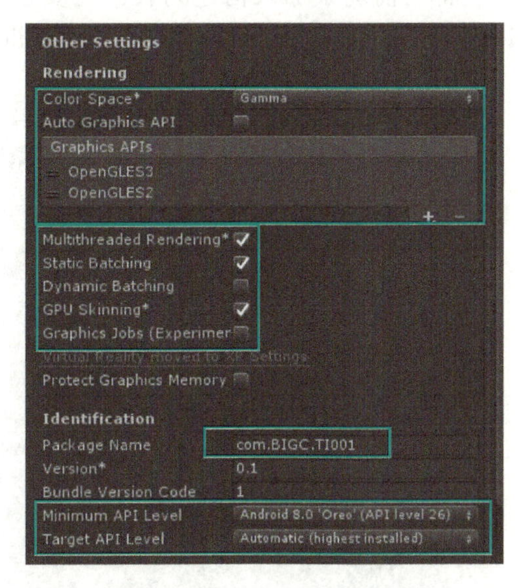

图 2-90　“Other Settings”设置

3）选择“Edit”菜单，单击“Project Settings”，打开对话框。选择“Quality”选项卡，在“Quality”下勾选“Medium”，如图 2-91 所示。观察“Other”选项部分，确保“V Sync Count”项为“Don’t Sync”，如图 2-92 所示。

图 2-91　Quality 参数设置

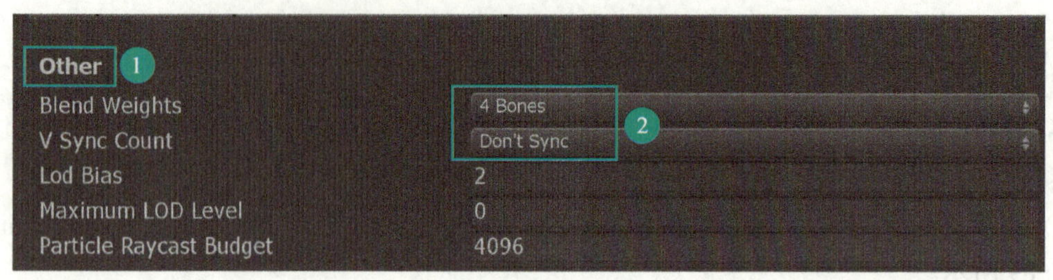

图 2-92　Other 参数设置

2. 打包

打包时首先保存当前场景，然后进入菜单“File”|“Build Settings”，单击“Add Open Scenes”，将当前场景加入构建列表。还要在“Platform”列表框中选中“Android”，其中“Build System”选择“Gradle”，最后单击“Build”即可完成打包，如图 2-93 所示。

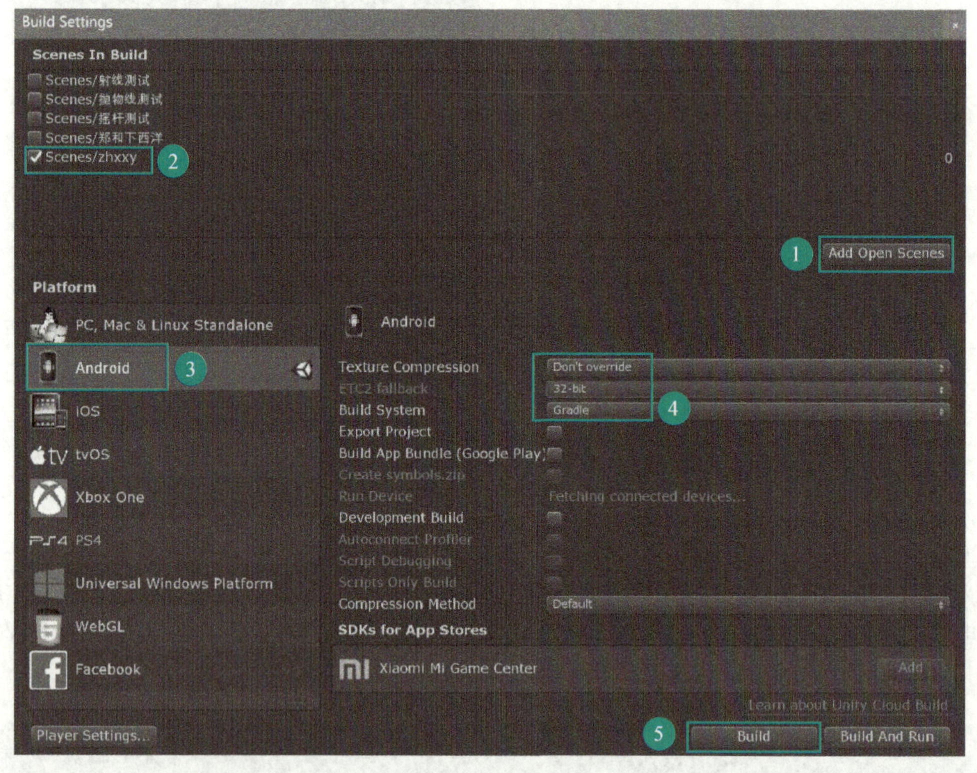

图 2-93　打包设置

自此，一个完整的打包流程就结束了。

提示： Gradle 为快速编译工具，该工具利用 Gradle 缓存来加快构建过程。它在编译时仅更新编译的增量，因此与 Unity 的编译相比，能将编译和部署时间减少 10%～50%，而最终的.apk 文件和 Unity 编译生成的完全一样。但是，要发布最终版本的.apk，必须使用 Unity 的编译功能。

项目小结

随着虚拟现实设备（如头戴式显示器等）的质量迅速提升、价格大幅降低，VR 开始普及化，从军事、航空航天等高端行业应用渐入大众生活。在这样的趋势下，VR 产业竞争十分激烈，使得 VR 技术进入了前所未有的快速发展时期。一项高新技术的诞生与发展，离不开市场需求的不断推动，而市场的形成又依赖于 VR 应用系统与内容的不断丰富与创新。项目基于虚拟现实技术，对郑和下西洋的部分情景进行还原，详细介绍了在 Unity 平台中如何制作 UI、如何进行射线交互、添加文字特效及场景音乐，最后介绍了如何进行跨平台测试与发布。

历史上郑和先后七次下西洋，将优秀的中华文化远播海外。作为中国“海上丝绸之路”最壮丽的诗篇，郑和下西洋也是新时代“丝路精神”的代表。项目通过重走海上丝绸之路的情景复现，让用户不仅感受到历史文化的魅力，更增加了对历史文化的认识。我们在 VR 科技的带领下，认识遥远的过去，感受中国文化的源远流长，使得历史在科技的照耀下展露生机，以崭新、鲜活的方式进入人们的视野。

课后练习

1．实现并掌握 Unity 平台 UI 的制作与使用。

2．学习《郑和下西洋 VR 项目》案例，寻找自己喜欢的历史文化场景利用 Unity 平台进行适当还原。

学习情境3　走近中国唐诗文化——静夜思VR项目

学习目标

【知识目标】

- 掌握头戴式设备HTC Vive的安装与环境搭建
- 掌握HTC Vive设备下的VR项目开发流程
- 掌握VRTK的概念和基本应用
- 掌握HTC Vive的交互实现方式
- 掌握HTC Vive应用程序的打包和发布

【能力目标】

能够在HTC Vive平台开发简单的VR案例。

【素养目标】

- 将文化与技术、诗词与美育融为一体，引导和启发读者感受中华诗词之美，践行中华优秀传统文化传承和发展的新途径。

项目分析

古诗词是中华民族最珍贵的文化遗产之一，是中华文化宝库中的一颗明珠，同时也对世界上许多民族和国家的文化发展产生了深远影响。本项目利用VR技术，将中华民族具有悠久历史的古诗词场景全方位地呈现出来，以完全沉浸的创新方式呈现历史，弘扬中华文化。

Vive是由HTC和Valve合作开发的首款虚拟现实系统，结合最先进的影音与动作捕捉技术，给用户带来完整的虚拟现实体验。Vive作为全球最受欢迎的虚拟现实头戴设备之一，占据着全球市场18%的份额，所以作为虚拟现实的学习者和开发人员，掌握HTC Vive平台项目的开发方式非常必要。

本项目采用HTC Vive设备结合Unity引擎工具以虚拟现实的形式走近唐代伟大诗人李白的世界。旨在用最少的代码实现在实际开发过程中所需的常用功能点，快速搭建一个让读者直观感受的解决方案。项目选取李白诗词代表作《静夜思》，让读者“进入”诗歌，身临其境地体会诗人的历程与心境，不仅能提高学生对诗歌学习的兴趣，更能加深其对诗歌以及传统文化的理解与欣赏。此外，在接受优秀传统文化熏陶的同时，亦能领略祖国的大好河山，回顾那个激昂的时代，重现唐诗的魅力和时代风采。

项目实现

《静夜思》是唐代诗人李白创作的一首五言绝句。此诗描写了秋日夜晚诗人于屋内抬头望月的所感。诗中运用比喻、衬托等修辞手法，表达客居思乡之情，语言清新朴素而韵味无穷，历来被人们广为传诵。《静夜思》诗句极富画面感，适合用 VR 技术进行艺术化呈现，图 3-1 给出了项目开发的流程。

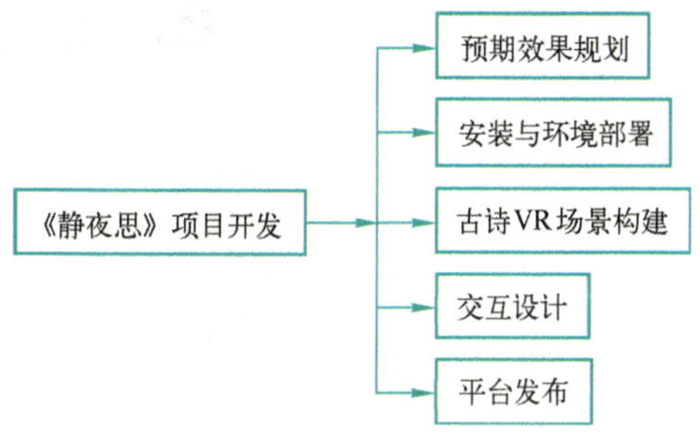

图 3-1 项目开发流程

（1）预期效果规划

项目构建之前首先要做需求分析，根据制作虚拟场景的目的，初步明确所做项目的制作精度、表现的艺术效果及软件平台的功能需求，这也为项目任务书的确定提供了保障。比如，古诗的虚拟场景更注重诗人所生活的时代背景和风貌，注重表现诗人的生活状态和情感状态，要有时代感和真实感。同时，也更强调诗歌内容中的景观要素和整体的意境氛围，要有审美性。其次是进行数据采集，数据采集是三维建模的主要依据。整个模型的精确性和整个场景的真实性都取决于数据采集的准确性。数据采集可以通过实地采集或查找历史文字、图片和视频等，也可以查找相关的实物照片等，来获取山脉、河流、亭台楼阁等具体数据。

（2）安装与环境部署

在市场上的诸多 VR 产品中，HTC Vive 无疑是体验最佳的设备之一，不过在享受高端硬件带来的美妙沉浸感之前，必须要对 HTC Vive 进行安装与环境配置。

（3）古诗 VR 场景构建

VR 场景的构建和制作是完成整个虚拟现实系统的关键步骤，更是整个项目的基础和重要工作。建模过程中要注意对模型的优化，通过减少模型的面数和贴图文件的大小来降低文件大小。此外，为增加模型和动画的感染力，本案例还将设计和制作必要的音频资源，可以由开发者通过音频采集软件进行录制，然后进行相应的处理（也可使用本书提供的素材）。

（4）交互设计

交互是 VR 项目区别于普通漫游的重点内容。项目对场景中 4 个道具进行了交互设计，比如触发宝剑和书籍能够显示文字，触发窗户能出现开关动画及音效等。

（5）平台发布

Unity 引擎支持 PC 端和移动端的多平台输出，项目采用 PC 平台进行测试、打包与发布。

任务 3.1 HTC Vive 设备的安装与配置

微课 3-1 HTC Vive 设备的安装与配置

3.1.1 HTC Vive 设备简介

HTC Vive 是由HTC与Valve联合开发的一款虚拟现实头戴式产品，于 2016 年 4 月发布。它是 Value 的 SteamVR 项目的一部分。

这款头戴式显示器的设计利用“房间规模”的技术，通过传感器把一个房间变成三维空间，在虚拟世界中允许用户自然地四处走动，并可以使用带有运动跟踪功能的手持控制器操纵物体，进行互动、交流和沉浸式的环境体验。

HTC Vive通过以下三个部分为使用者提供沉浸式体验：头戴式设备（一个）、操控手柄（两个）、空间定位追踪设置（两个），如图 3-2 所示。

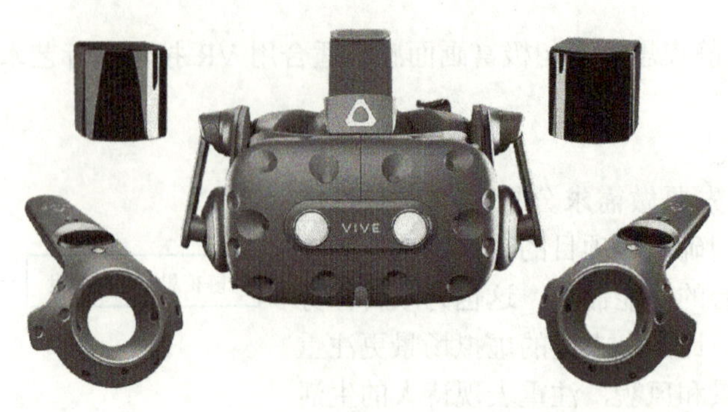

图 3-2 HTC Vive 设备

操控手柄是非常重要的交互工具，按钮布局如图 3-3 所示。

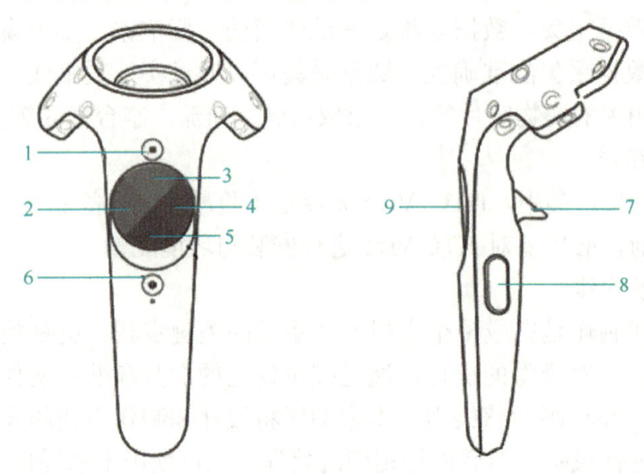

图 3-3 操控手柄按钮布局

1—菜单键 2—多功能触摸面板-左 3—多功能触摸面板-上 4—多功能触摸面板-右
5—多功能触摸面板-下 6—系统键 7—扳机 8—抓握键 9—多功能触摸面板-按下

3.1.2 HTC Vive 安装配置

1. HTC Vive 设备的最低计算机配置

使用 HTC Vive 设备的计算机最低系统配置要求如下。

GPU：NVDIA GeForce GTX970、AMD Radeon1MR9290 同等或更高配置。

CPU：Intel Core i54590/AMD FX1M8350 同等或更高配置。

RAM：4GB 或以上。

视频输出：HDMI1.4、DisplayPort1.2 或以上。

- USB 端口接口：1XUSB2.0 或以上。
- 操作系统：Windows 7 SP1、Windows 8.1 或 Windows 10。

2. 安装激光定位器

安装定位器之前要设定 HTC Vive 虚拟边界。体验者与虚拟现实物体的互动都将在一个空间区域中进行，空间尺度设置至少为 2m×1.5m 的区域。可以根据用户所处的空间特点，自行安装激光定位器。安装注意事项如图 3-4 所示。

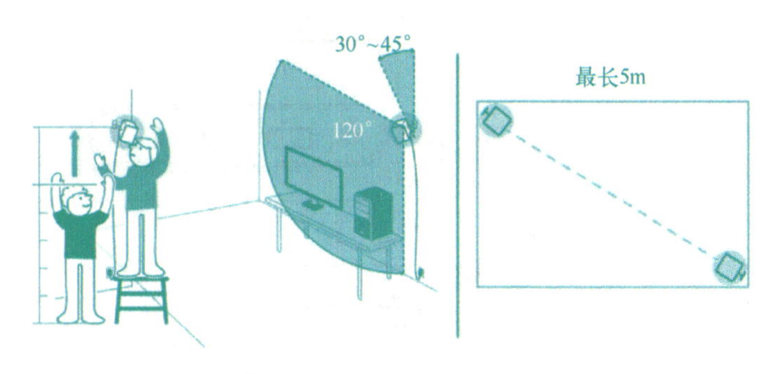

图 3-4　激光定位器安装注意事项

① 激光定位器应安装在不易被碰撞或被移动的位置，高于用户头部，安装高度最好在 2m 以上。

② 尽量将两个激光定位器安装在对角位置。

③ 每个定位器的视角为 120°，建议向下倾斜 30°～45° 安装，以完全覆盖游戏区域。

④ 确保两个激光定位器之间的距离不超过 5m，以获得最佳追踪效果。

3. 调试激光定位器

使用激光定位器时需要对两个激光定位器进行频道的设置。在定位器的背面有一个频道设置的按钮，按下按钮可以切换“a”“b”“c”三个频道。频道指示在激光定位器的正面显示。

激光定位器的频道设置有以下两种不同的方法。

- 如果使用同步数据线将两个定位器相连，可以增强定位的可靠性，如图 3-5 所示。这种情况下，应将一个定位器的频道设置为“a”，另一个定位器的频道设置为“b”。

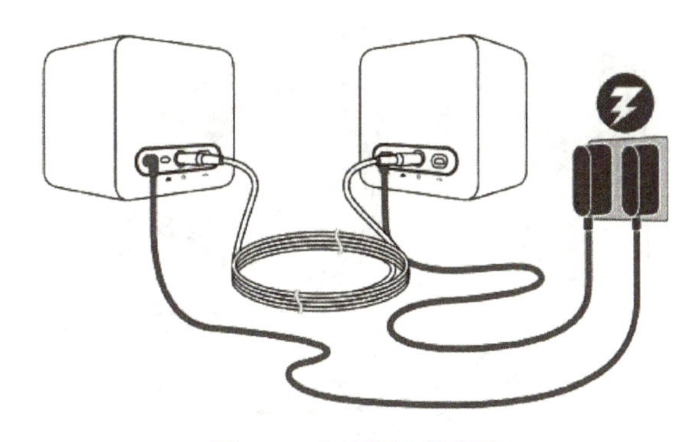

图 3-5　使用同步数据线

- 在不使用同步数据线的情况下，应将一个定位器的频道设置为“b”，另一个定位器的频道设置为“c”。

频道设置完成后，调整两个激光定位器的位置和角度，互相捕捉定位信息，当定位器状态指示灯为绿色常亮时表示两个定位器正常工作。如果状态指示灯为绿灯闪烁，则表示两个定位器发生了位置偏移。

4. 连接串流盒

将头戴式设备的三合一连接线（HDMI、USB 和电源）对准串流盒上的橙色面，然后插入。具体接连方法如图 3-6 所示。

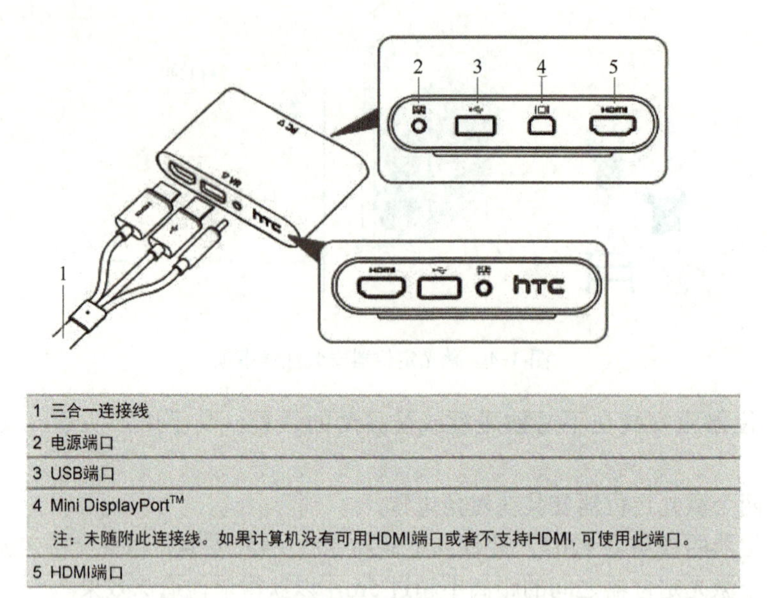

1	三合一连接线
2	电源端口
3	USB端口
4	Mini DisplayPort™ 注：未随附此连接线。如果计算机没有可用HDMI端口或者不支持HDMI, 可使用此端口。
5	HDMI端口

图 3-6　串流盒接口

① 将电源适配器连接线插入串流盒对应的端口，另一端接通电源插座，以开启串流盒。

② 用 HDMI 连接线将串流盒的 HDMI 端口与计算机显卡的 HDMI 端口相连。

③ 用 USB 数据线将串流盒的 USB 端口与计算机的 USB 端口相连。

④ 将头戴设备的三合一连接线（HDMI、USB 和电源）分别与串流盒橙色标志的三个端口相连，如图 3-7 所示。

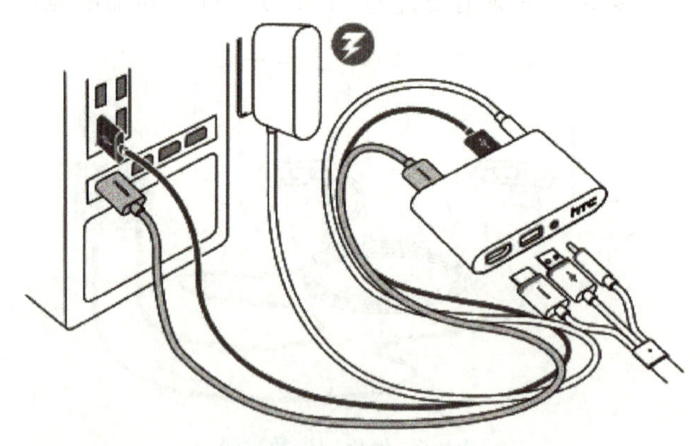

图 3-7　串流盒的连接

设备接入成功后，头戴设备的状态显示灯呈现绿色。

3.1.3　Steam 软件平台的安装与调试

1）在计算机上使用 VR 外设，用户需要在计算机上安装“Steam”客户端并注册。可以通过官网（https://store.steampowered.com/）下载并安装“Steam”客户端，如图 3-8 所示。

2）注册账号并登录 Steam 后，将 HTC Vive 手柄电源打开，确保头戴设备与计算机正确连接，红外线基站正常工作。在“Steam”客户端左侧单击“SteamVR”选项，如图 3-9 所示。“Steam”客户端会检查设备状态，根据客户端的检查提示，调试相应设备，直到客户端显示头戴设备、手柄、红外线基站设备正常并提示“就绪”状态，如图 3-10 所示。

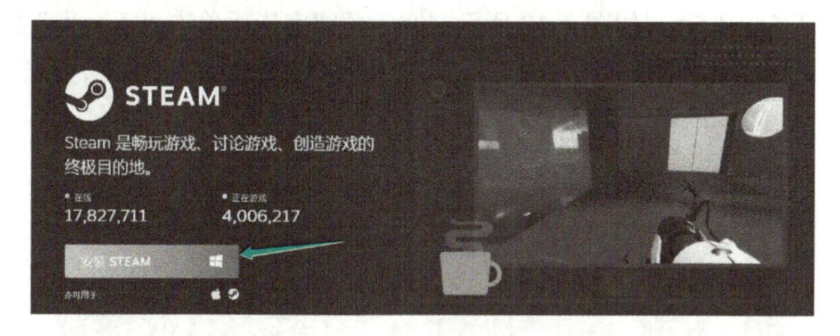

图 3-8　安装“Steam”客户端

图 3-9　安装 SteamVR

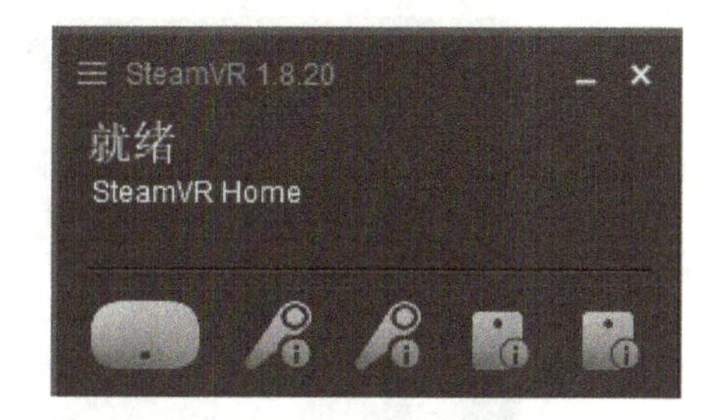

图 3-10　客户端就绪

提示： 第一次使用手柄时需要对其进行配对，同时按住“开关键”和“菜单键”来进行配对。

3）设备就绪后，单击客户端的“房间设置”选项，进行房间设置，以设定游戏范围。根据用户所处环境的实际情况选择“房间规模”及“仅站立”选项，如图 3-11 所示。

图 3-11　房间规模设定

4）确保在两个激光定位器之间留出一块空旷的自由空间，为了获得更好的用户体验，该空间的面积不应小于 2m×1.5m，如图 3-12 所示。空间预留完毕后单击“下一步”按钮。

图 3-12　空间要求

5）打开手柄控制器，并将手柄和头戴设备置于两个激光定位器能够捕捉的有效范围之内，以建立定位，如图 3-13 所示，单击“下一步”按钮。

图 3-13　建立定位

6）将两个手柄控制器放在两个激光定位器可见范围内的地面上，单击“校准地面”按钮，如图 3-14 所示。

图 3-14　校准地面

7）校准完毕后单击“下一步”按钮，进行空间测量，完毕后单击“下一步”按钮，如图 3-15 所示。

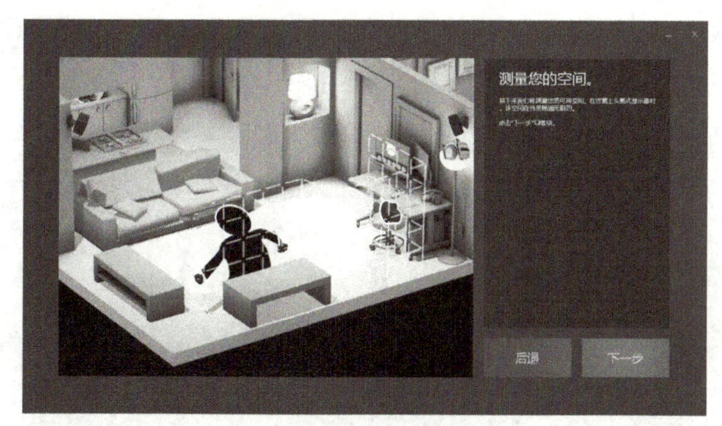

图 3-15　测量空间

8）按住手柄控制器的扳机，使用手柄控制器的尖端在实际场地中描绘出可用的行动空间，确保空间内空无一物，如图 3-16 所示。描绘完毕后，单击“下一步”按钮。

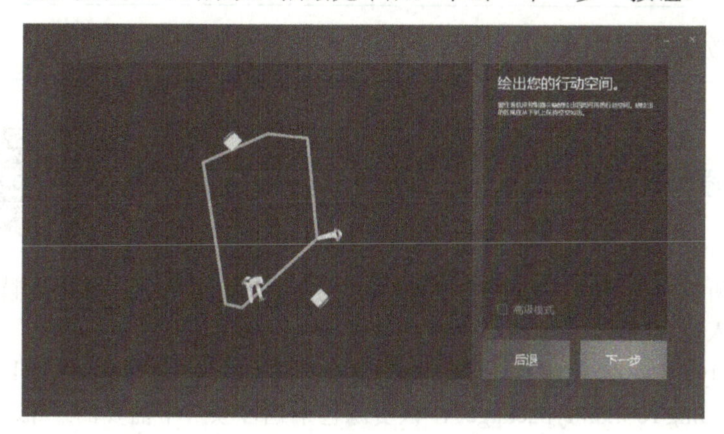

图 3-16　描绘行动空间

9）根据用户描绘出的行动空间，客户端会计算出用户体验时的游玩范围，如图 3-17 所示。如果用户接受此范围，则单击“下一步”按钮。

图 3-17　计算游玩范围

10）到此，房间设置完毕，单击“下一步”按钮可进入 SteamER 教程体验。用户可以使用头戴设备、耳机、手柄来进行虚拟现实场景的体验，提示如图 3-18 所示。

图 3-18　用户体验

任务 3.2　场景构建

3.2.1　资源导入

本项目主要介绍依托 Unity 引擎平台完成 HTC Vive 设备下的 VR 项目制作，所以对前期在三维软件中模型制作的环节不再赘述。本书给读者准备了相应素材资源，资源导入流程如下。

1）运行 Unity2018，新建项目，执行菜单命令“Assets”→“Import Package”→“Custom Package”，导入“JingYeSi.unitypackage”，该资源包中包含项目中需要的三维场景模型、角色动画、音效等资源，如图 3-19 所示。由于资源包内容比较多，导入的时间可能稍长。

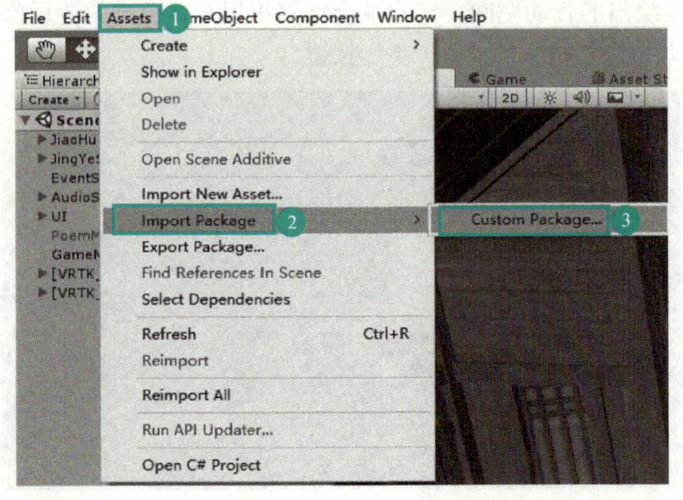

图 3-19　导入资源包

2）在“Project”面板中找到 Scene.unity，这是资源包提供的一个默认场景文件，后续操作都是在该默认场景文件的基础上进行添加和完善。

3.2.2 安装 VRTK 插件

VRTK 的全称是 Virtual Reality Toolkit，其前身是 SteamVR Toolkit，由于后续版本开始支持其他 VR 平台的 SDK，如 Oculus、Daydream、GearVR 等，故改名为 VRTK，它是使用 Unity 进行 VR 交互开发的利器，开发者可以在较短时间内完成大部分的 VR 交互开发内容。

VRTK 包含如下一些常见的解决方案:

- 虚拟空间内的多种运动方式。
- 互动性。例如，触摸、抓住并使用物体。
- 通过射线或触摸与 Unity 中的 UI 元素互动。
- 在虚拟空间内模拟身体的物理特性。
- 二维、三维的控制。例如，按钮、杠杆、门、抽屉等。

1）安装 VRTK 插件，通过官网 https://assetstore.unity.com，在 Unity 的资源商店搜索 VRTK 插件，下载安装，如图 3-20 所示。

2）导入 VRTK，可以在“Project”面板中选择“Assets”查看，结构目录如图 3-21 所示。如果能看到 VRTK 目录，就认为 VRTK 插件导入成功。

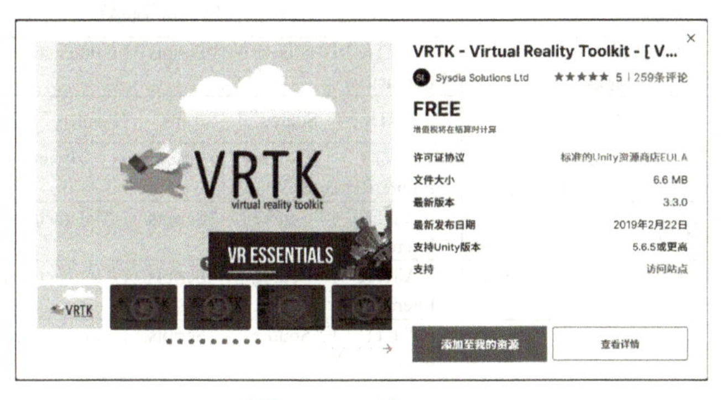

图 3-20　下载 VRTK

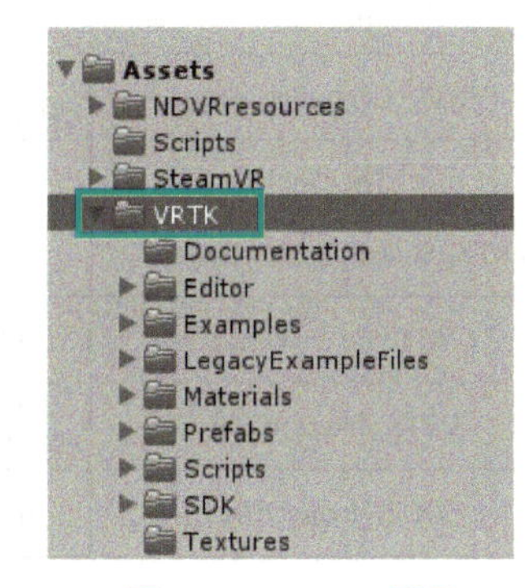

图 3-21　VRTK 目录

3.2.3 添加 HTC Vive 设备控制

1）执行菜单栏“Game Object”→“Create Empty”命令，创建一个空游戏对象，并在右侧“Inspector”面板中将其重命名为“[VRTK_Scripts]”。

2）选中“Hierarchy”面板下的“[VRTK_Scripts]”游戏对象，创建两个空游戏对象，分别命名为“LeftController”（左手柄）和“RightController”（右手柄），如图 3-22 所示。这两个对象分别用来配置左右手柄。

图 3-22　新建控制手柄对象

3）给 LeftController 和 RightController 两个游戏对象都添加 VRTK_ControllerEvents、VRTK_Pointer、VRTK_StraightPointerRenderer、VRTK_InteractTouch、VRTK_InteractGrab、VRTK_InteractUse 脚本组件。其中，VRTK_ControllerEvents 组件从 VRTK 插件包的路径“VRTK”|“Source”|“Scripts”|“Interactions”|“Interactors”中拖拽至右侧“Inspector”面

板，如图 3-23 所示。

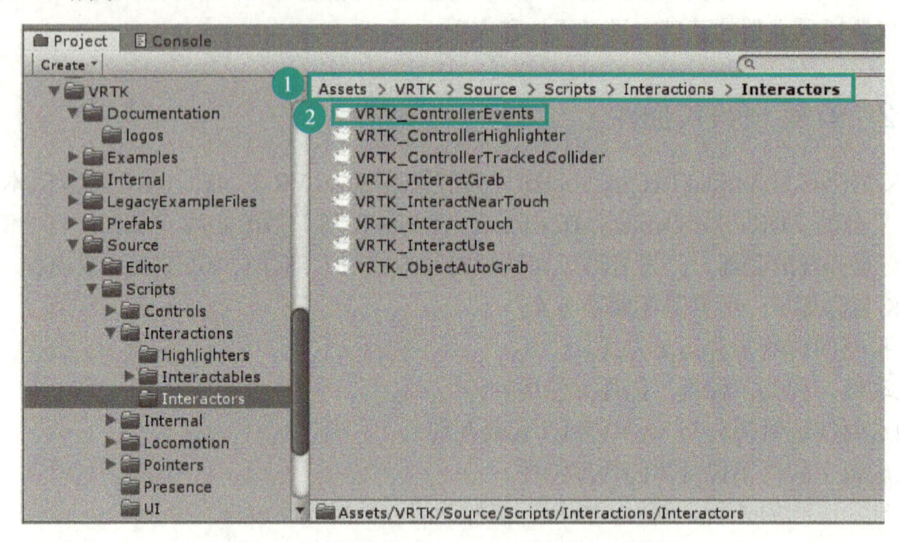

图 3-23 拖拽 VRTK_ControllerEvents 组件

表 3-1 列出了六个组件在 VRTK 插件包中的功能和路径位置。

表 3-1 VRTK 相关组件的功能和路径位置

组件名	功能	VRTK 插件包中路径位置
VRTK_ControllerEvents	定义了触发手柄按键的事件，只需要注册事件即可接收到按钮事件	“VRTK”|“Source”|“Scripts”|“Interactions”|“Interactors”
VRTK_Pointer	用于创建一个建议的激光指针	“VRTK”|“Source”|“Scripts”|“Pointers”
VRTK_StraightPointerRenderer	用于渲染激光指针，可以通过该组件来改变射线不同状态之间的颜色	“VRTK”|“Source”|“Scripts”|“Pointers”|“PointerRenderer”
VRTK_InteractTouch	手柄具备触碰功能	“VRTK”|“Source”|“Scripts”|“Interactions”|“Interactors”
VRTK_InteractGrab	手柄具备抓取功能，指定默认的抓取按键	“VRTK”|“Source”|“Scripts”|“Interactions”|“Interactors”
VRTK_InteractUse	手柄具备使用功能	“VRTK”|“Source”|“Scripts”|“Interactions”|“Interactors”

六个组件拖拽完成后，“Inspector”面板如图 3-24 所示。

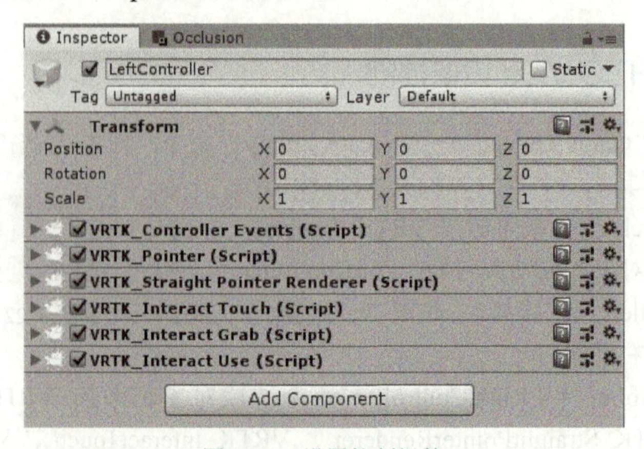

图 3-24 设置控制组件

4）执行菜单栏中的“Game Object”|“Create Empty”命令，创建一个空对象，并在

"Inspector"面板中将其重命名为"[VRTK_SDKManager]"。

5）选中"Hierarchy"面板下的"[VRTK_SDKManager]"对象，创建一个空对象并重命名为"SDKSetups"。在"SDKSetups"下面继续创建一个空对象并重命名为"SteamVR"，在"Project"面板中选择"Assets" | "SteamVR" | "Prefabs"，找到"[CameraRig]"和"[SteamVR]"，将它们拖拽至"SteamVR"游戏对象下，如图 3-25 所示。

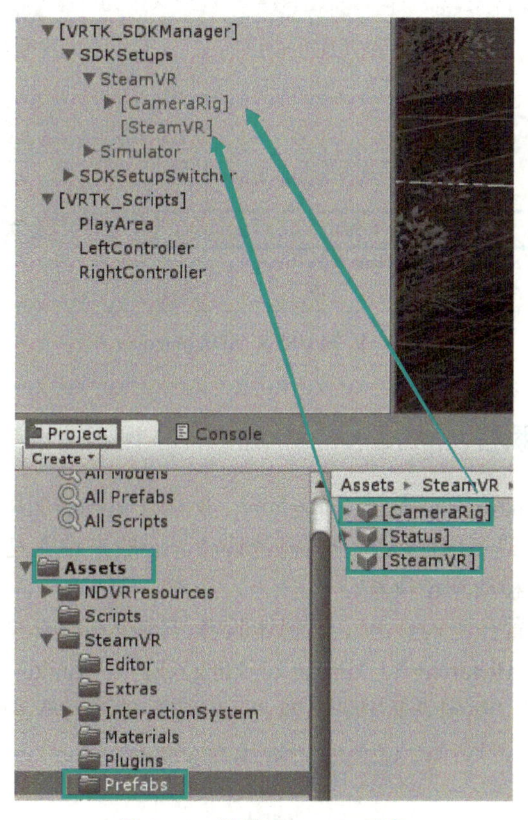

图 3-25　设置 SteamVR 对象

6）继续选中场景 Scene 中的"SteamVR"对象，从"Project"面板的 VRTK 插件包中选择路径"VRTK" | "Source" | "Scripts" | "Utilities" | "SDK"，找到"VRTK_SDKSetup"组件将其拖拽至"Inspector"面板，如图 3-26 所示。

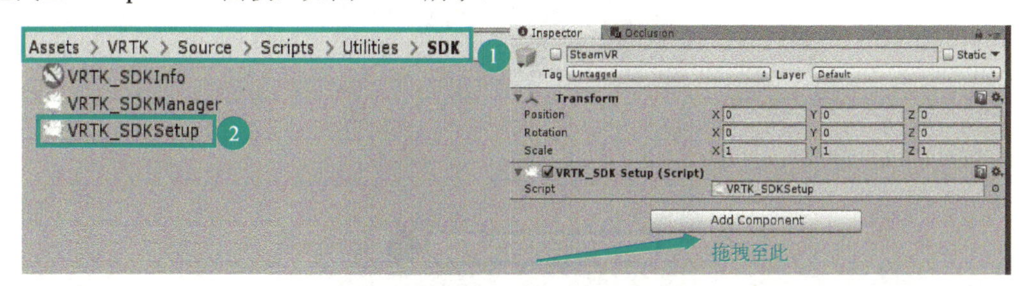

图 3-26　添加 VRTK_SDKSetup 组件

7）选中"[VRTK_SDKManager]"对象，从"Project"面板的 VRTK 插件包中选择路径"VRTK" | "Source" | "Scripts" | "Utilities" | "SDK"，找到"VRTK_SDKManager"组件将其拖拽至"Inspector"面板，如图 3-27 所示。设置组件的 LeftController 和 RightController 参数分

别为“[VRTK_Scripts]”对象下面的“LeftController”“RightController”对象。

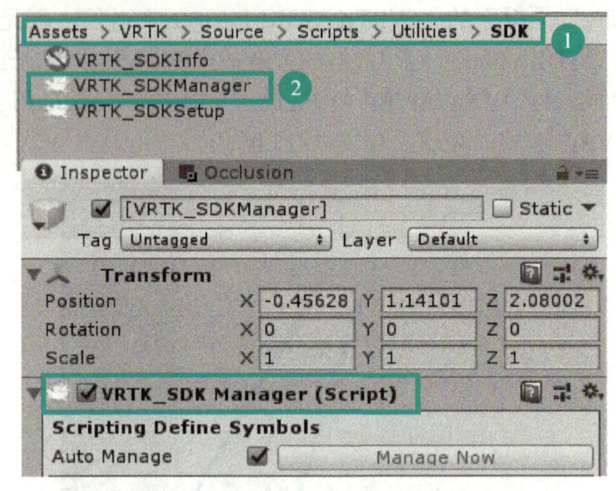

图 3-27 添加 VRTK_SDKManager 组件

3.2.4 实现场景瞬移

因为 HTC Vive 对活动范围有限制（3m×5m），所以在实际的使用中，为了更好地浏览和查看场景，会使用瞬移的方式实现在场景中的视野移动。一般来说就是手柄选取一个位置，通过扳机键确认，体验者瞬间移动到该位置。

1）本项目的场景设置在室内，为了限制体验者只能在室内瞬移，需要给室内地面 FloorCollider 预制体（路径为“Hierarchy”|“Scene”|“JingYeSi”|“Builds”|“FloorCollider”）添加一个 Box Collider 碰撞器组件。找到场景如图 3-28 所示。室外地面则不需要添加任何碰撞器组件。

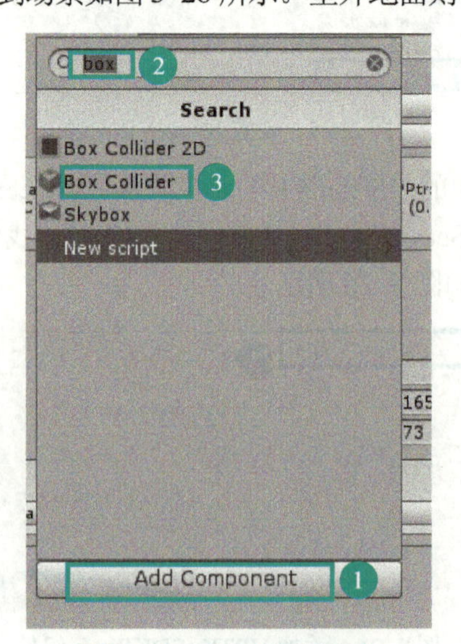

图 3-28 添加碰撞器组件

2）在“[VRTK_Scripts]”游戏对象下面添加一个空对象，重命名为“PlayArea”，给它添加“VRTK_BasicTeleport”组件，具体路径为“Project”|“Assets”|“VRTK”|“Source”|“Scripts”|“Locomotion”|“VRTK_BasicTeleport”，该脚本用于角色瞬移，如图 3-29 所示。

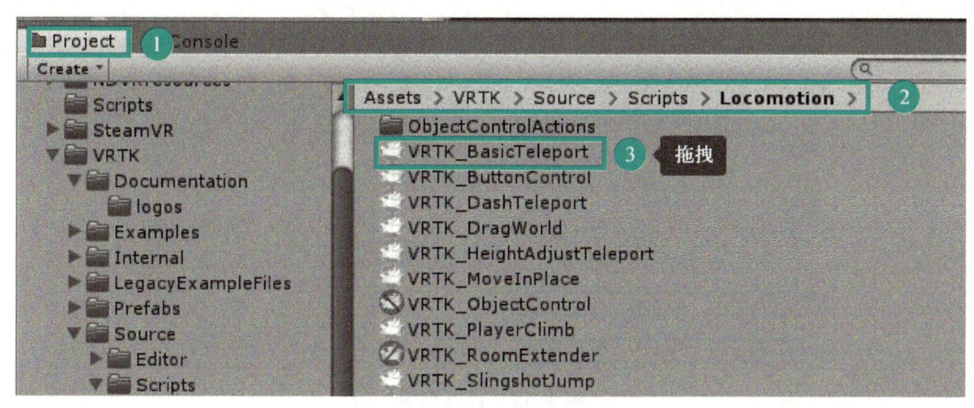

图 3-29　添加瞬移组件

3）添加“VRTK_PolicyList”组件，具体路径为“Project”|“Assets”|“VRTK”|“Source”|“Scripts”|“Utilities”|“VRTK_PolicyList”，拖拽至“PlayArea”对象。该脚本可以用来指定防止瞬移时穿过墙体，也可以用来排除能够产生穿墙效果的其他碰撞体，如图 3-30 所示。

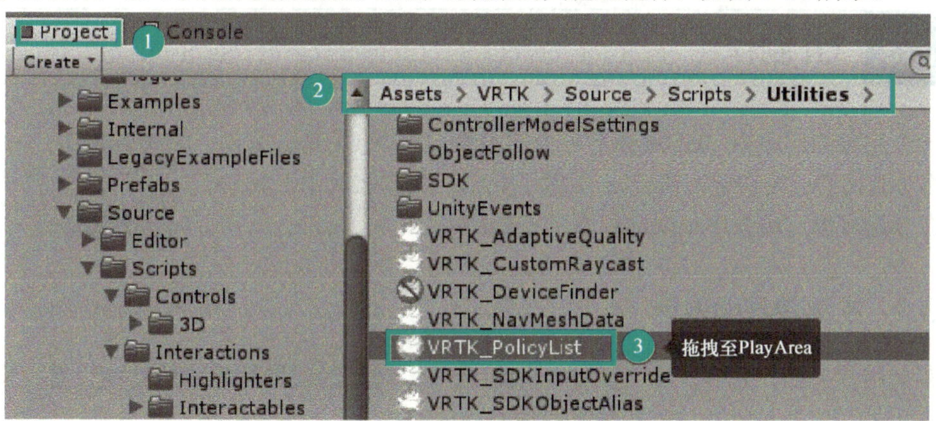

图 3-30　添加 VRTK_PolicyList 组件

4）新建一个“ExcludeTeleport”标签（Tag），该标签可以起到标识和区分的作用。可以根据需要将同一类的模型设置成统一的标签。在“Inspector”面板中，通过“Add Tag”菜单命令创建标签，如图 3-31 所示。把室外地面以及室内不能瞬移到的区域对象的标签都设置为“ExcludeTeleport”，同时把“ExcludeTeleport”加入到“VRTK_PolicyList”组件中，如图 3-32 所示。

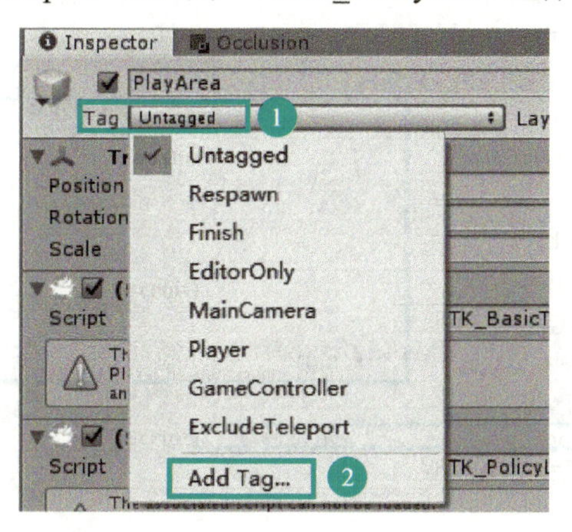

图 3-31　创建标签

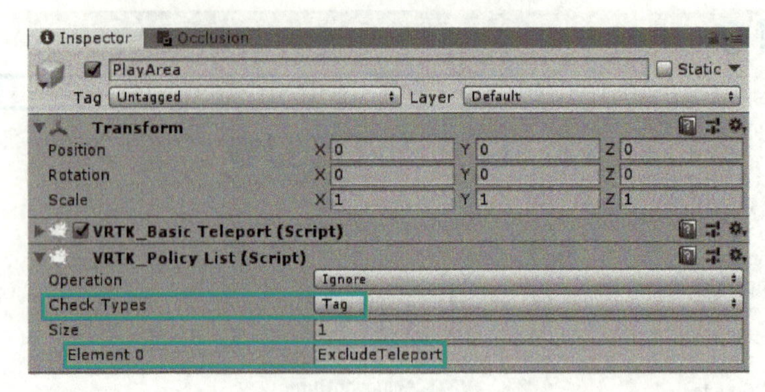

图 3-32 设置标签

5）完善上面的设置后，体验者只要朝室内的地面按下操控手柄的多功能触摸面板，就可以瞬移到相应位置。

任务 3.3 UI 制作

在一个完整的程序中，UI 是必不可少的因素。关于 UI 是什么以及 UI 的功能我们已经在学习情境 2 中做了介绍。在本案例中，我们将完成在《静夜思》场景中呈现给用户的 UI 元素。

3.3.1 主菜单界面设计

主菜单用户界面，包含一个“开始”按钮选项，对该选项进行相应的功能设置，实现当用户单击“开始”时进入情境。具体操作步骤如下。

1）在“Hierarchy”面板中新建一个 Canvas 对象，重命名为“UI”，在“Inspector”面板设置 PosX 为 0，PosY 为 2，PosZ 为 5，Width 为 100，Height 为 100，Scale 的 X、Y、Z 都为 0.01，Canvas 组件下面的 Render Mode 为“World Space”，如图 3-33 所示。

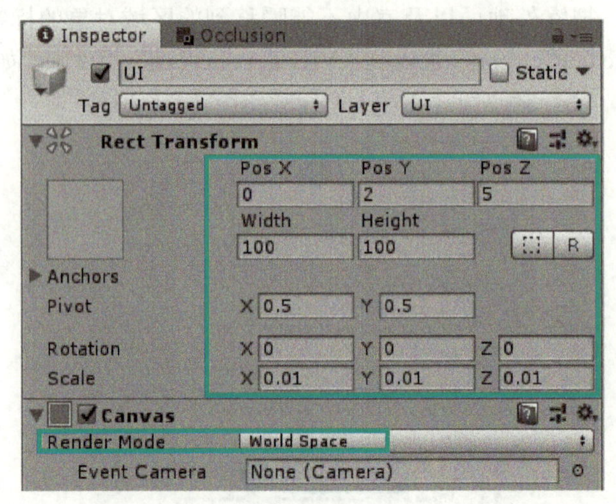

图 3-33 创建 UI

2）在“UI”下面新建一个 Image 对象，重命名“bg”，在“Inspector”面板设置 PosX 为 73，PosY 为 96，PosZ 为-441，Width 为 220，Height 为 110，Rotation 的 X、Y、Z 分别为 0、-42、0，Image 组件的 Source Image 设置为“selection”，如图 3-34 所示。

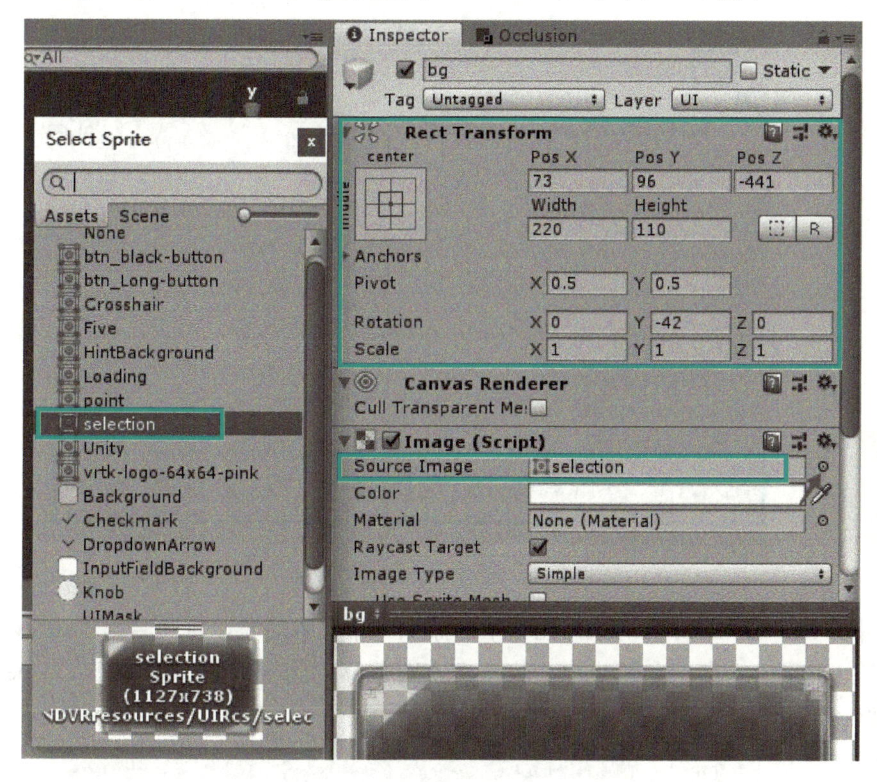

图 3-34 创建“bg”对象

3）选中“bg”对象，在它下面添加一个按钮对象（Button），重命名为“start”，设置文字为“开始”。选中“bg”对象，继续添加一个文本对象（Text），重命名为“title”，分两行输入文字“静夜思”和“李白”，如图 3-35 所示。

图 3-35 添加按钮与文本

4）选中“UI”对象，在它下面添加一个文本对象（Text），重命名为“txtBook”，输入对李白的介绍性文字。在场景中，把该文本对象移动到书籍的上面，在“Inspector”面板中不勾选“txtBook”，将其暂时隐藏，如图3-36所示。

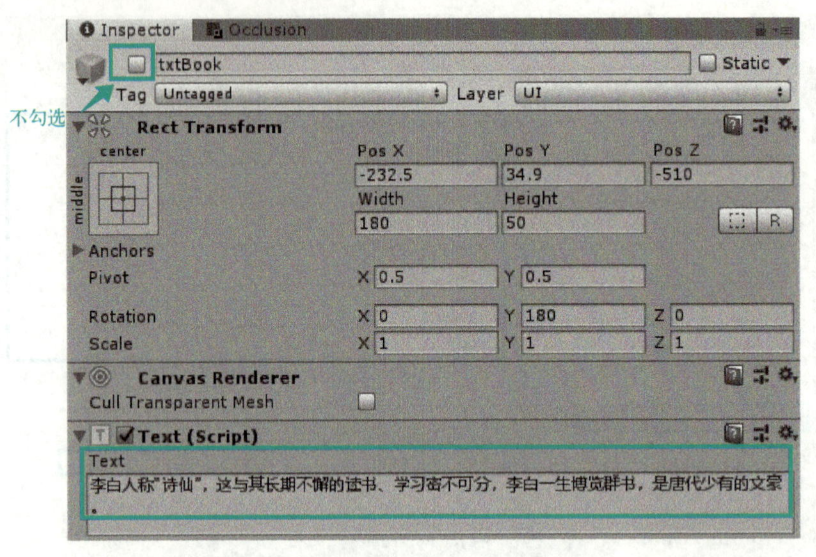

图3-36 创建“txtBook”文本

5）选中“UI”“txtBook”对象，在它下面添加一个文本对象，重命名为“txtSword”，输入一段关于李白生平的文字。在场景中，将该文本对象移动到宝剑的上面，在“Inspector”面板中不勾选“txtSword”，将其暂时隐藏，如图3-37所示。

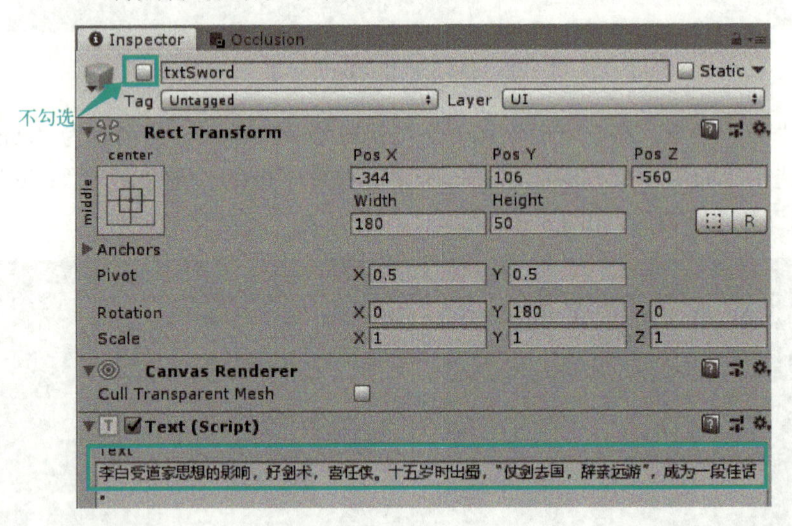

图3-37 创建“txtSword”文本

3.3.2 其他UI设计

在《静夜思》情境中，李白诗句的视觉化呈现是增强意境不可或缺的因素，具体操作步骤如下。

1）在“UI”对象下面新建一个Image组件，重命名为“poemBg”，在“Inspector”面板设置PosX为-51，PosY为175.5，PosZ为-557，Width为46.8，Height为135，Rotation的X、

Y、Z 分别为 0、140、0，Image 组件的 SourceImage 设置为“Five”，如图 3-38 所示。

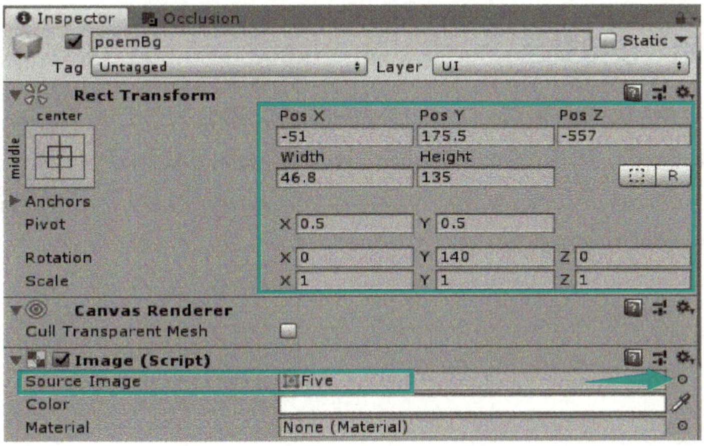

图 3-38　创建古诗 UI

2）在“poemBg”对象下面新建一个文本对象，重命名为“poem1”，输入文字“床前明月光”，在“Inspector”面板设置 PosX 为 0.9，PosY 为-9.8，PosZ 为 0，Width 为 20，Height 为 130，不勾选 Text 组件，如图 3-39 所示。

3）同理，再新建 4 个文本对象，分别命名为“poem2”“poem3”“poem4”“poem5”，分别输入文字“疑是地上霜”“举头望明月”“低头思故乡”“”。值得注意的是，我们将“poem5”的文本设置为空，不输入任何诗句。

4）再新建一个文本对象，命名为“poemText”，输入文字“床前明月光”，其他参数同上，如图 3-40 所示。

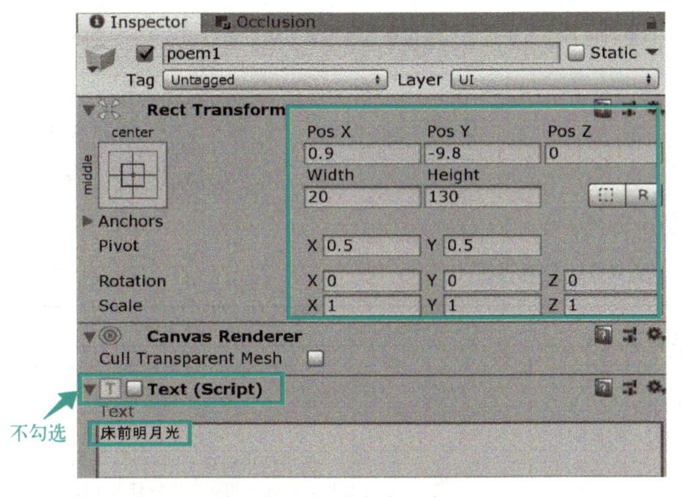

图 3-39　创建古诗文本

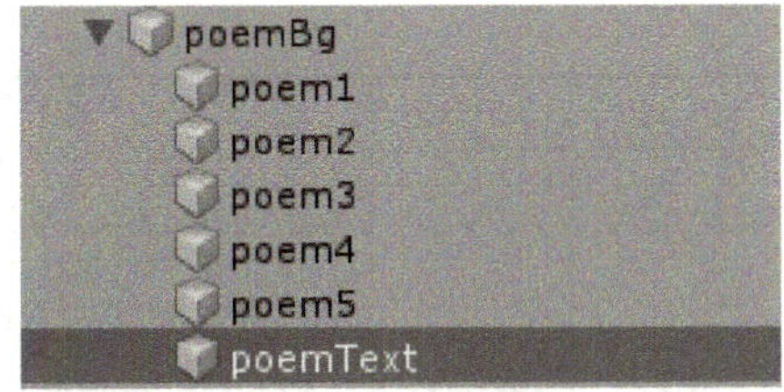

图 3-40　诗句 UI 组合

任务 3.4　交互实现

交互是《静夜思》情境中非常重要的环节。本项目中的交互分为用户主菜单的“开始”按钮及场景中的各种道具交互。

3.4.1 “开始”按钮交互

选中上一任务 UI 制作部分创建的“start”按钮对象，添加一个 C# 脚本“ControlStartButton”。打开 Visual Studio 2017，输入如下代码后保存。

```
using System.Collections;
using System.Collections.Generic;
using UnityEngine;
using VRTK;
public class ControlStartButton : VRTK_InteractableObject
{
    public GameObject bg;
    public override void StartUsing(VRTK_InteractUse usingObject)
    { base.StartUsing(usingObject); }
     // 初始化对象
    void Start () {
    protected override void Update()
      {
          base.Update();
          bg.SetActive(false);//调用 SetActive 方法隐藏 bg 对象
          GameManager.Instance.StartPlay();
      }
    }
}
```

通过添加组件“Add component”将脚本代码“ControlStartButton”挂载至“Scene”|“UI”|“bg”|“button”对象。

3.4.2 室内道具交互

项目中的室内道具交互设计，如表 3-2 所示。

表 3-2 交互设计

交互物体	手柄按键	操作	是否能重复触发	功能说明
窗户	触摸板	1. 打开窗户 2. 李白行走 3. 显示《静夜思》诗句 4. 播放相应的《静夜思》朗诵声音	否	当手柄指向闪烁的窗户，并按下触摸板时，李白边走边朗诵《静夜思》诗句
书籍	触摸板	显示文字 10s 后消失	是	当手柄指向桌上的书籍，按下触摸板时，显示相应文字并延迟 10s 消失
宝剑	触摸板	显示文字 10s 后消失	是	当手柄指向墙上的宝剑，按下触摸板时，显示相应文字并延迟 10s 消失

从上述表格设计的功能来看，实现交互之前首先要添加场景的主要角色：李白。具体步骤如下。

1）在“Project”面板中找到预制体“LiBai”，具体路径为“Assets”|“NDVResources”|“SceneRcs”|“Jiahu”|“LiBai”|“Prefab”。把它拖到“Hierarchy”面板的“JingYeSi”对象下面，在场景中把它移动到窗口的书桌旁，如图 3-41 所示。

图 3-41 添加角色李白

2）为交互道具添加碰撞器。选中场景中的窗户，选择“Inspector”面板中的“Add Component”，添加一个碰撞体组件（Box Collider），具体做法可参考前述内容的图 3-28。

3）在“Project”面板新建一个 C#脚本“animationCtl”，打开 Visual Studio 2017，输入如下代码后保存。

```
using UnityEngine;
using System.Collections;
public class animationCtl : MonoBehaviour {
    public GameObject child;//定义目标物体
    void Update()
    {
    }
    public void SetTrigger(string name)
    {
        child.GetComponent<Animator>().SetTrigger(name);//获取物体的动画控制器属性并触发动画效果
    }
}
```

4）将脚本代码“animationCtl”挂载至“Project”面板中的“Scene”|“JingYeSi”|“LiBai”对象，并设置 Child 参数为“libai_libai_rig”，如图 3-42 所示。

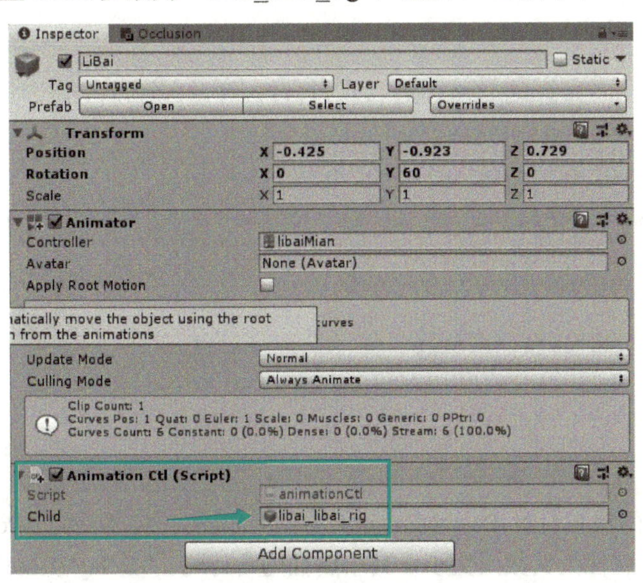

图 3-42 设置 Child 参数

提示：因为“LiBai”对象的动画控制器绑定在“libai_libai_rig”上，所以需要设置 Child 参数。

5）在“Hirerarchy”面板中新建一个空对象，重命名为“PoemManager”，为它添加一个 C# 脚本“PoemManager”，打开 Visual Studio 2017，输入的关键代码如下。

```
public class PoemManager : MonoBehaviour {
    public Text[] poems;                    // 声明公有文本类型数组：古诗
    public float[] delayTime;               // 声明公有浮点类型数组：延迟时间
    public GameObject poemBg;               // 声明公有古诗背景对象
    public Text poemText;                   // 声明公有文本对象：古诗文字
    public AudioClip[] audioPoems;          // 声明公有音频对象数组：古诗朗诵
    public AudioSource audioPlayer;         // 声明音频播放的组件对象
    void Start()
    {
        poemBg.SetActive(false);            //使古诗背景消失
        if (poems.Length == delayTime.Length)//如果一句古诗结束就开始下一句古诗
        { StartCoroutine("DisplayPoemAndAudio"); }
    }
    void Update()
    { }
    IEnumerator DisplayPoemAndAudio()
    {
        for (int i = 0; i < poems.Length; i++)
        {
            yield return new WaitForSeconds(delayTime[i]);//延迟
            poemText.text  = poems[i].text;    //更新古诗句子内容
            poemText.enabled = true;
            if (i != poems.Length - 1)
          {
                poemBg.SetActive(true);
                PlayAudio(i);        //播放音频
            }
            else
            {
                poemBg.SetActive(false);
            }
        }
    }
    public void PlayAudio(int i) //根据顺序播放古诗音频的函数
    {
        if (audioPoems[i] != null)
        {
            audioPlayer.clip = audioPoems[i];
            audioPlayer.Play();
        }
    }
}
```

在“Inspector”面板中设置 PoemManager 参数，如图 3-43 所示。“Poems”对象是关于古诗句的数组，“size”属性为其数组大小，其余属性为古诗句。“Delay Time”对象为古诗播放延迟时间的数组，“size”属性为其数组大小，其余为各个古诗段需要延迟的时间。“Audio

Poems”对象是古诗音频数组，用于存储古诗音频。

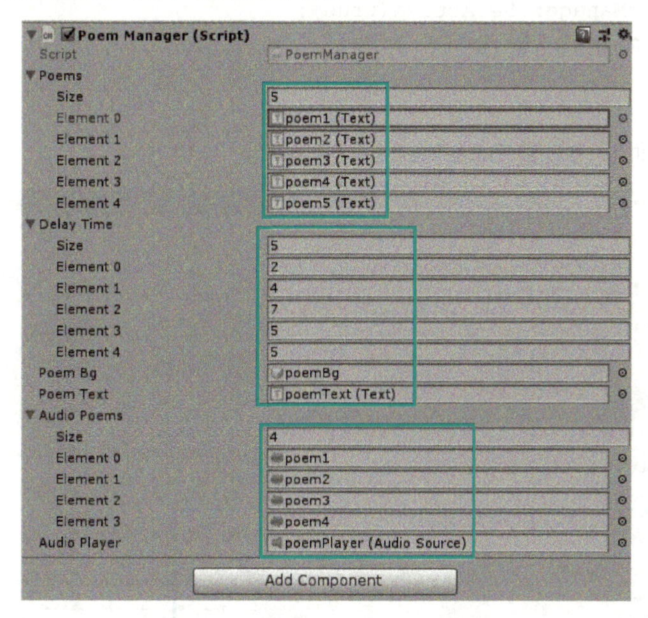

图 3-43　设置 PoemManager 参数

6）在“Hirerarchy”面板中新建一个空对象，重命名为“GameManager”，为它添加一个 C#脚本“GameManager”，打开 Visual Studio 2017，输入如下代码后保存。

```
public class GameManager : MonoBehaviour {
public static GameManager Instance; //声明静态公有实例
    public Animator animWindow;         // 声明公有动画对象：窗户动画
    public Animator animLibai;          // 声明公有动画对象：李白动画
    public GameObject window;           // 声明公有对象：窗户
    public GameObject poemManager;      // 声明公有对象：古诗播放控制器
    void Awake()
    {instance = this; }                 //实现单例模式
        void Start()
    {
        animWindow.enabled = false;     //禁用窗户的动画
        poemManager.SetActive(false);//禁用古诗控制器物体
        window.SetActive(false);        //禁用窗户物体
        animLibai.enabled = false;      //禁用李白的动画控制器
    }
    public void StartPlay()
    {
        animWindow.enabled = true;      //窗户动画控制器启用
        window.SetActive(true);         //窗户出现
    }
    public void OpenWindow()
    {
        animWindow.SetBool("Open", true);//触发窗户的动画
        StartCoroutine("LibaPoems");
    }
    IEnumerator LibaPoems()             //控制古诗的出现与李白对象动画控制器的启用
    {
```

```
            yield return new WaitForSeconds(4);
            poemManager.SetActive(true);
            animLibai.enabled = true;
        }
    }
```

在“Inspector”面板中设置 GameManager 参数如图 3-44 所示。

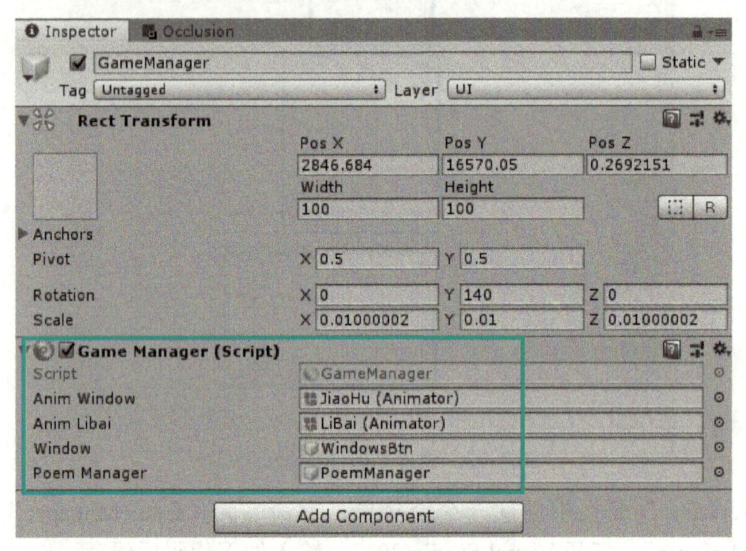

图 3-44 设置 GameManager 参数

7）在“Project”面板中新建一个 C#脚本，重命名为“ControlWindow”，打开 Visual Studio 2017，输入如下代码后保存。

```
using System.Collections;
using System.Collections.Generic;
using UnityEngine;
using VRTK;
public class ControlWindow : VRTK_InteractableObject
{
    public override void StartUsing(VRTK_InteractUse usingObject)
    {
        base.StartUsing(usingObject);
    }
    protected void Start()
    { }
    protected override void Update()
    {
        base.Update();
        GameManager.Instance.OpenWindow();//调用开窗动画函数
    }
}
```

8）将脚本代码“ControlWindow”挂载至“Project”面板中“Scene”|“Jiaohu”|“WindowsBtn”对象上，如图 3-45 所示。在需要触发窗户动画的物体上挂载窗户动画控制脚本。

9）继续为交互道具添加碰撞器组件。选中场景中桌上的书籍，选择“Inspector”面板中的“Add Component”，添加一个碰撞器组件。

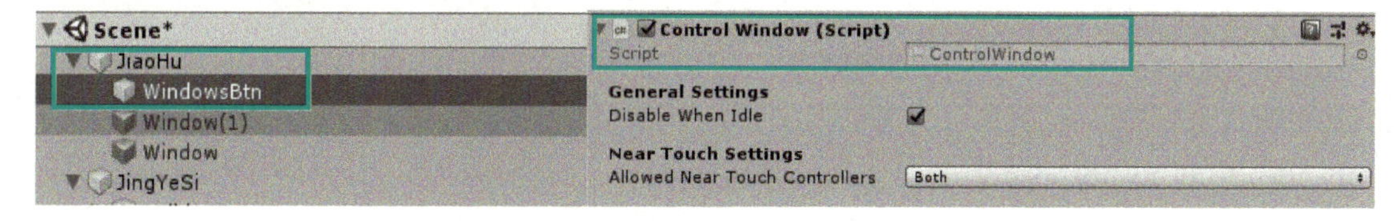

图 3-45　将脚本代码挂载至对象

10）在“Project”面板中新建一个 C#脚本“ControlBook”，打开 Visual Studio 2017，输入如下代码后保存。

```
using System.Collections;
using System.Collections.Generic;
using UnityEngine;
using VRTK;
public class ControlBook : VRTK_InteractableObject
{
    public GameObject txtBook;    // 声明公有对象：书
    public override void StartUsing(VRTK_InteractUse usingObject)
    {  base.StartUsing(usingObject); }
 protected void Start()
    {
    }
    protected override void Update()
    {
        base.Update();
        txtBook.SetActive(true);  //激活对象：书
        GetComponent<BoxCollider>().enabled = false;//禁用本身的碰撞体
        StartCoroutine(Countdown());  //开启线程
    }
    IEnumerator Countdown()               //10 秒后禁用书
    {
        yield return new WaitForSeconds(10);
        txtBook.SetActive(false);
        GetComponent<BoxCollider>().enabled = true;//启用本身的碰撞体
    }
}
```

11）将脚本代码“ControlBook”挂载至“Scene”|“JingYeSi”|“Book”对象上。运行程序时，当用户手柄指向桌上的书籍，并按下触摸板时，显示相应文字并延时 10s 消失。

12）选中场景中墙上的宝剑，添加一个碰撞器组件。在“Project”面板中新建一个 C#脚本“ControlSword”，打开 Visual Studio 2017，输入如下代码后保存。

```
using System.Collections;
using System.Collections.Generic;
using UnityEngine;
using VRTK;
public class ControlSword : VRTK_InteractableObject
{
    public GameObject txtSword;// 声明公有对象：剑
    public override void StartUsing(VRTK_InteractUse usingObject)
    {
        base.StartUsing(usingObject);
```

```
        }
        protected void Start()
        {
        }
        protected override void Update()
        {
            base.Update();
            txtSword.SetActive(true);//启用剑
            GetComponent<BoxCollider>().enabled = false;//禁用本身的碰撞体
            StartCoroutine(Countdown());//开启协程
        }
        IEnumerator Countdown()//10s 后禁用剑
        {
            yield return new WaitForSeconds(10);
            txtSword.SetActive(false);
            GetComponent<BoxCollider>().enabled = true;//启用本身的碰撞体
        }
    }
```

13）将脚本代码“ControlSword”挂载至“Scene”|“JingYeSi”|“Baojian”对象。程序运行时，当手柄指向墙上的宝剑，并按下触摸板时，显示相应文字并延时 10s 消失。

至此，项目中的交互功能全部完成。

任务 3.5 项目发布

1）项目完成后进行打包发布，执行菜单命令“File”→“Build Settings”，在弹出的对话框中添加需要打包的场景，这里只需要把“Project”面板中的 Scene.unity 场景文件拖到对话框中即可，Platform 为发布的目标平台，选择默认的 PC 平台，其余参数保持默认值，如图 3-46 所示。

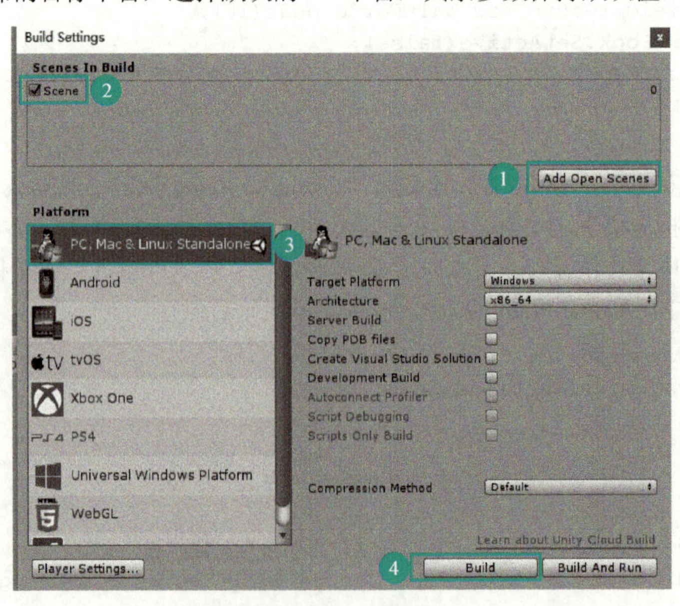

图 3-46　打包设置

2）单击“Build”按钮，弹出一个名为“Build Facebook”的对话框，默认是把项目发布到项目文件夹下面，也可以重新设置，把项目发布后的可执行文件保存到硬盘的其他位置，输入文件名“JingYeSi”后，单击“保存”按钮，经过一段时间的打包操作，会在指定位置生成 JingYeSi.exe 文件和同名的 JingYeSi 文件夹。

3）运行 JingYeSi.exe 文件查看完成后的效果，如图 3-47 所示。

图 3-47　项目运行效果

项目小结

项目利用 VR 技术，将中华民族具有悠久历史的古诗词进行艺术化呈现，意义深远。

只有深入挖掘中华优秀传统文化蕴含的思想观念、人文精神、道德规范，结合时代要求继承创新，才能让中华文化展现出永久魅力和时代风采。唐诗是中华文化宝库中一颗璀璨的明珠，以李白、杜甫、王维和孟浩然等为代表的一批唐代诗人，创造了大量脍炙人口的诗歌，取得了极高的艺术成就。而在传统的诗歌学习中，学生们只能通过诵读与教师讲解去领略其风采，诗中的自然与社会气象无法再现，这会使学生对诗歌内涵与意蕴的体悟有所局限。本项目针对唐诗的教学和学习，以弘扬中华优秀传统文化为目标，把基于 VR 技术的沉浸性体验与唐诗的文化基因相结合，旨在让读者领略中国诗歌文化，接受传统文化的熏陶。

课后练习

一、选择题

1. 在 Unity 脚本中的最先执行（　　）方法。

A. Start()　　B. Awake()

C. FixedUpdate()　　D. Update()

2. 若要查看场景中物体对象的详细信息，需要在 Unity（　　）视图中查看。

A. Scene　　B. Game

C. Project　　D. Inspector

3. Unity 支持两种脚本编程，一种是 JavaScript 脚本，另一种是（　　）脚本。

A. C#　　B. C++

C. Java　　D. Python

二、简述题

1．如何自定义 Unity 界面布局并保存？

2．简述 Unity 脚本生命周期有哪些。

三、实践题

使用 Unity 创建 3D 项目，然后写一个 C#脚本程序，完成对一个物体（如 Cube）沿着 X 轴坐标轴不停旋转的程序。

学习情境 4 领略工匠精神——现代风格客厅样板间 VR 项目

学习目标

【知识目标】

- 掌握 UE4 的安装方法。
- 理解 UE4 的常用术语。
- 熟悉 UE4 关卡编辑器界面及基本操作。
- 掌握简单的蓝图制作。
- 掌握创建碰撞外壳的方法。
- 熟悉打包输出的设置与技巧。

【能力目标】

- 能够在 UE4 平台开发简单的 VR 漫游项目。

【素养目标】

- 在技能实践操作中积极发扬精益求精的工匠精神。

项目分析

虚拟现实技术在国内的商业实践逐渐铺开，其影响在房地产行业引人侧目，如 VR 样板间。VR 样板间是指 VR 技术与房地产的结合产生的虚拟样板间，是房地产营销的新模式。交互式虚拟现实样板房是利用 VR 技术，再根据真实样板房的比例及设计制作而成的场景，它的核心是 VR 技术，载体是 VR 眼镜，只要戴上 VR 眼镜，就仿佛走进了“真实样板房”一样，可以进入房间虚拟体验户型。这是一种新的表现形式，突破时间和空间的限制，超越实体的看房体验，有别于传统静态效果图，还原真实的光照，与场景互动、自由漫游，优势不言而喻。VR 样板间克服了房地产开发商的传统样板间建造成本高的缺陷，还提供营销新方式并增强了用户体验感。

本项目主要介绍现代风格客厅样板间的 VR 效果表现，具体包括总体设计、引擎选择、场景搭建、材质表现、蓝图交互、打包输出。

项目实现

结合 VR 虚拟样板间开发所需考虑的因素，项目以面向房地产开发的现代风格起居室 VR 样板间为例介绍项目实现过程。下面将按照图 4-1 所示的项目进度规划，阐述 VR 虚拟样板间案例设计的开发流程。

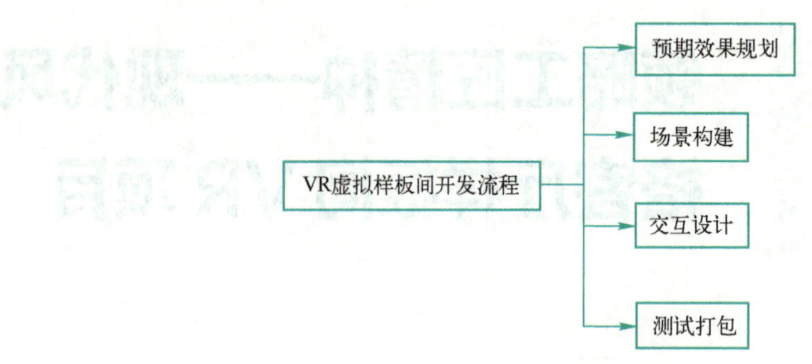

图4-1 VR虚拟样板间开发流程

1）预期效果规划。本项目是虚拟样板间的客厅效果表现，客厅采用硬装墙体分隔，延展了客厅的长度，扩大了视觉感受，提高了客厅的采光。白天在太阳光和天光的大环境下，通过部分点光源保障客厅有足够的光照，使灯光效果更加丰富，增强表现力和层次感。本场景设计的是现代装修风格，以白色为主调，用少量的蓝色和橙色作点缀，引入淡米色地板协调色彩；同时将金属元素引入客厅设计，将金属的刚硬、闪亮与质感进行完美诠释，给空间带来惊喜。

2）场景构建。建模过程中要注意对模型的优化，通过减少模型的面数和贴图文件的大小来降低文件大小。场景效果制作包括灯光的处理、材质的渲染。灯光处理环节更多的是为了表现光影效果以及场景的氛围，需要根据实际的情况进行处理，更考验设计者的美术功底。材质的渲染更多的是对材质的把握和理解，做出更真实的材质才更能打动人心。

3）交互设计。建好模型之后，需要完成一系列交互功能，如物体碰撞、触发式开关门、按键式开关灯、播放视频功能等。

4）测试打包。测试是找出瑕疵的并进行修复的环节，如物体是否缺少碰撞处理、摆件是否出现跳动等问题就需要在此环节中找出。测试环节结束后，即可进行打包，得到最终的效果后，就可以将一个完整的项目进行交付，VR样板间项目到此结束。

任务4.1 初识虚幻引擎UE4

本次案例中的VR样板间需要创建一个逼真的虚拟三维环境，让体验者身临其境，场景注重图像表现，对引擎渲染性能方面有着极高的要求，最后呈现高端的视觉效果，基于这个原因，本书选用虚幻引擎UE4作为本次VR样板间制作的平台。

4.1.1 UE4软件简介

虚幻引擎由美国Epic Games公司出品。虚幻引擎第四代，称之为虚幻引擎4，简称UE4。虚幻引擎的使用范围涵盖了游戏、动画、教育、建筑、电影视觉化、虚拟现实等。虚幻引擎4一直在更新与完善，不断将新功能和新技术包含进去，虚幻编辑器的设计理念是“所见即所得”，很好地弥补了3DS MAX和Maya的不足。虚幻引擎4有着高端的视觉效果、蓝图可视化脚本、编辑器的全面集成套件，以及完整的C++函数和源代码。源代码的开放是对程序员最大的吸引，程序员可以随意扩展引擎功能，浏览游戏角色和物体上的C++函数，设计自己想要的引擎。对于一个不会编程技术的开发者，蓝图就是最好的福音，蓝图可视化脚本可以快速创建关卡、对象及游戏行为，修改调整界面和控件等，通过这一系列操作，同样也可以做出一个精美的场景。

4.1.2　UE4 工作环境

在运用 UE4 进行开发时，对软硬件有以下基础要求，详细见表 4-1 和表 4-2。

表 4-1　Windows 操作系统要求

硬件与软件	最低配置要求
操作系统	Windows 10/64-bit
处理器	2.5GHz 或更快的 Intel 或 AMD 处理器
内存	8GB RAM
显卡/DirectX 版本	支持 DirectX 11 的显卡
Visual Studio 版本	Visual Studio 2015 Pro

表 4-2　macOS 操作系统要求

硬件与软件	最低配置要求
操作系统	macOS X10.9.2
处理器	2.5GHz 或更快的 Intel 或 AMD 处理器
内存	8GB RAM
显卡/DirectX 版本	支持 OpenGL 4.1 显卡

4.1.3　UE4 的下载与安装

UE4 支持 Windows 和 macOS X 这两个主流平台系统，用户可以根据自己的计算机平台进行选择，接下来以 Windows 系统环境为例对其下载和安装进行说明。

1）进入 UE4 官方网站 https://www.unrealengine.com/zh-CN/，单击“下载”按钮，如图 4-2 所示。

图 4-2　UE4 中文官网

2）创建 Epic Games 账户。在弹出的页面中按提示填写个人信息，勾选“我已阅读并同意服务协议”复选框，单击“继续”按钮，如图 4-3 所示。

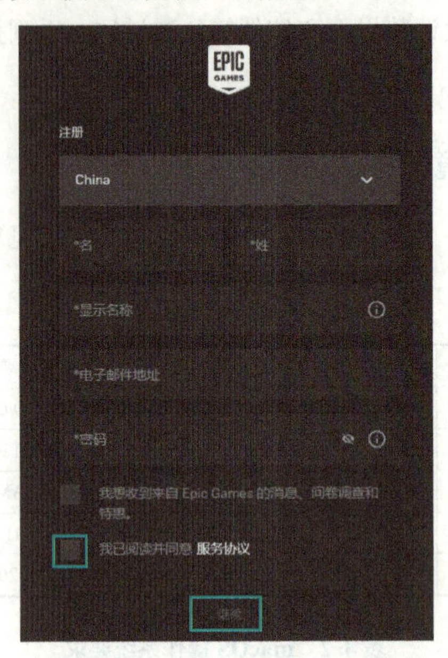

图 4-3　创建账户

3）创建好账户后，下载相应的版本，如单击 Windows，下载 Epic Games Launcher，如图 4-4 所示。

4）Epic Games Launcher 下载完毕后运行安装程序，如图 4-5 所示。

图 4-4　下载 Epic Games Launcher

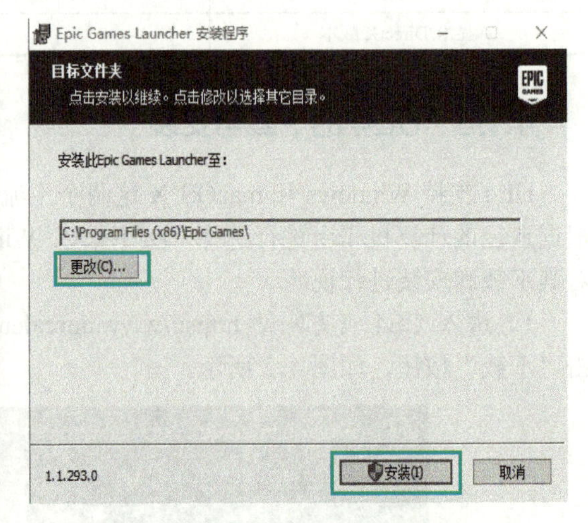

图 4-5　安装 Epic Games Launcher

5）输入账户信息，单击“现在登录”按钮，如图 4-6 所示。

6）Epic Games Launcher 登录成功后，单击“库”选项卡，在右边相应的页面中单击“添加版本”按钮，选择 4.25.3 版，单击“安装”按钮，如图 4-7 所示。

7）在弹出的页面中单击“浏览”按钮，选择 Unreal Engine 的安装位置，单击“选项”按钮，勾选 Unreal Engine 中要安装的选项，然后单击“安装”按钮，如图 4-8 所示。

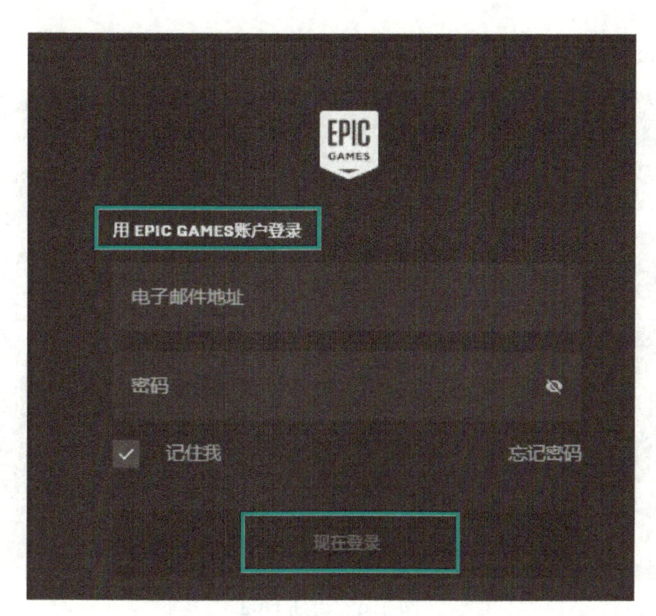

图 4-6 Epic Games Launcher 登录

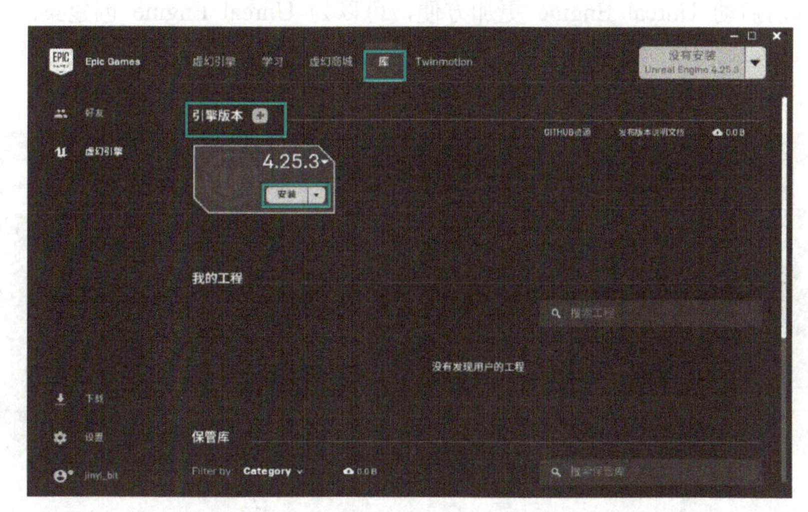

图 4-7 选择 Unreal Engine 版本

选择安装位置

文件夹：C:\Program Files\Epic Games 浏览

路径: C:\Program Files\Epic Games\UE_4.25 选项

创建快捷方式

安装 取消

没有发现用户的工程

保管库

图 4-8 安装

8）Unreal Engine 安装完毕后，单击“启动”按钮，如图 4-9 所示。

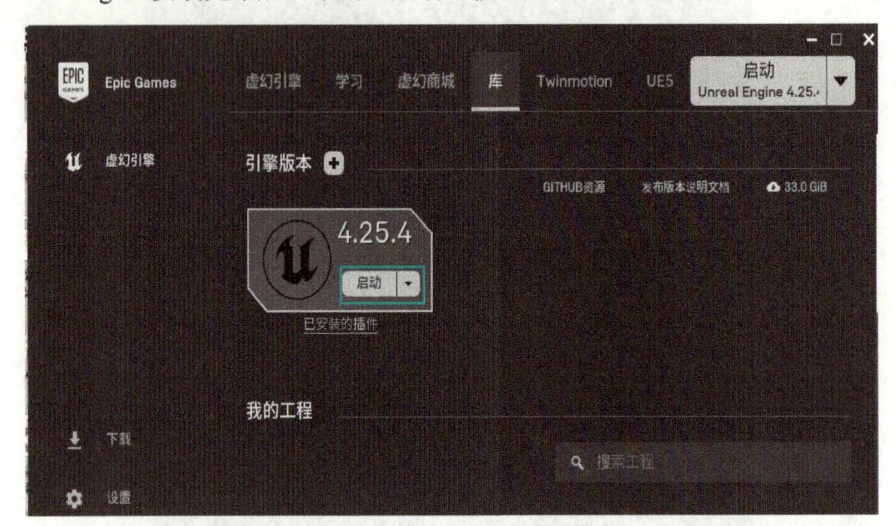

图 4-9　启动 UE4

9）为了以后启动 Unreal Engine 更加方便，可以为 Unreal Engine 创建桌面快捷方式。在 Epic Games Launcher 中，单击版本号右下角下拉按钮，在弹出的下拉列表中选择“创建快捷方式”选项，如图 4-10 所示。

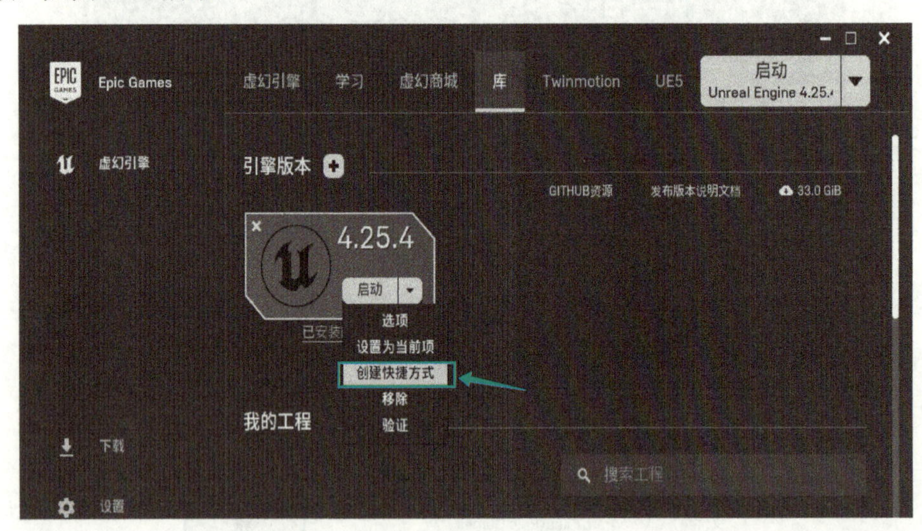

图 4-10　创建快捷方式

任务 4.2　场景搭建

每一个样板间在虚幻引擎中代表着每一个关卡。关卡（Level）是虚幻引擎定义的交互区域，即交互环境，也被称为地图。用户可以通过放置、变换及编辑 Actor 对象的属性来创建、查看及修改关卡。在虚幻编辑器中，每个关卡都被保存为单独的“.umap”文件。本任务就从创建项目入手，带领大家搭建样板间中最基本的场景。

4.2.1 创建项目

创建项目时，可以根据自己的需求选择一个模板。虚幻引擎 4 使用项目管理的方法，每个项目（Project）会由一个“.uproject”文件所引用，用于创建、打开或保存文件的参考文件，项目中包含了所有与其关联的文件和文件夹。项目负责保存、管理所有组成游戏或制作任务的各种资源，虚幻引擎中项目的目录结构与计算机硬盘上保存该项目的目录设置是一致的，如图 4-11 所示。

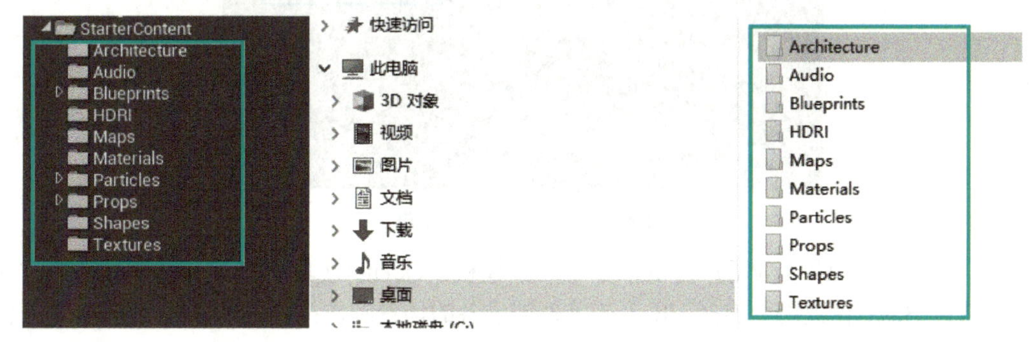

图 4-11　目录对比

创建项目时，可以根据自己的需求选择一个模板。在本案例中使用 Bank（空白）模板，创建一个完全空白的、通用的项目。具体操作如下。

1）单击“新建项目”选项卡，选择“空白”模板，并选择“具有初学者内容”选项，该选项包含了许多通用资源，可以帮助初学者快速构建场景。在“新建项目”选项卡中，设置项目的存储路径和项目名称，项目名称可以设为“project01”，如图 4-12 所示。

图 4-12　新建项目

提示： 项目名称和路径目录不能使用中文，因为 UE4 无法正确理解中文路径，虽然创建时用中文路径无障碍，但是在使用的过程中就会出现种种问题。

2）单击右下角的“创建项目”按钮，引擎会布置项目环境，打开初始关卡编辑器。在

UE4 编辑器中，每个关卡都会被保存为单独的“umap”文件。在关卡编辑器菜单栏的“文件”菜单中，选择“空关卡”模板创建新的关卡，如图 4-13 所示。

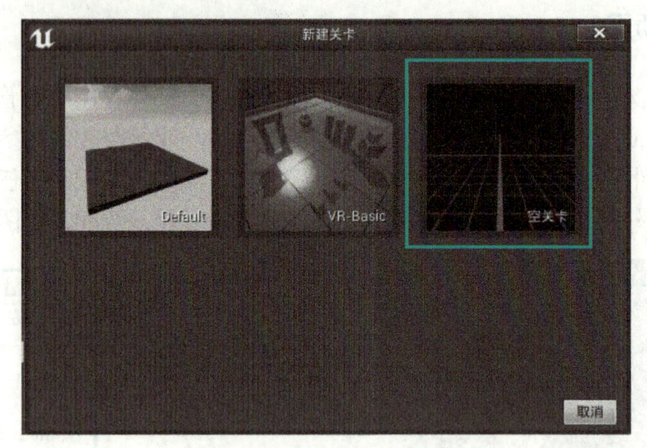

图 4-13　新建关卡对话框

在默认情况下，UE4 为用户提供了 3 个关卡模板：Default（默认）关卡模板具有非常简单的场景；VR-Basic 模板用于连接 VR 头盔等外部设备的场景制作；空关卡（Empty Level）模板完全是空白的。

4.2.2　放置对象

新建关卡后，用户就可以根据自己的需求在关卡中放置对象。放置对象有两种方式。第一种是将外部三维软件的建模制作完成后的对象导入到 UE4 的关卡场景；另外一种是在 UE4 的关卡中直接进行搭建。由于本书的内容主要是针对相关专业的在校大学生、行业从业人员，所以三维模型的基础制作部分在此不做详述。本任务主要介绍在虚幻引擎中如何进行场景的搭建。

1）在 UE4 官方商城中有很多免费的资源，根据不同的类别（建筑可视化、材质、特效等）、收费需要、引擎版本来选择场景，添加到项目中。每一个项目场景都有一个预览场景，里面包含了制作该场景的全部模型和材质，可以利用这些资源来搭建一个用户自己的场景，如图 4-14 所示。

图 4-14　官方商城

也可以利用 UE4 所给模板新建一个场景，为场景添加对象，再进行必要的编辑修改。UE4 提供了适合不同要求的多种模板，每种模板包含了针对各种常见类型而搭建的基本功能模块。在“模式”面板中，单击“放置”模式，虚幻引擎提供了包含几何体、光照、视觉效果等在内的常用对象模型。选择“几何体”类别，按住鼠标左键拖动“盒体”几何体，将其放置到关卡中，如图 4-15 所示。

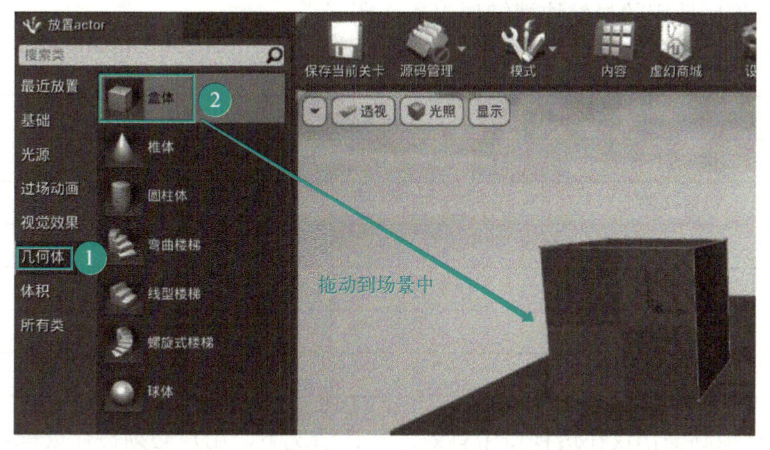

图 4-15　放置对象

2）在 UE4 的“内容浏览器”的道具文件夹 Props 中，有引擎平台自带的一些模型，它们被称为静态网格物体。静态网格物体（Static Mesh）是由一组多边形构成的几何体，这些多边形可以缓存到显存中并由显卡进行渲染。静态网格物体是虚幻引擎中创建关卡时所使用的基础单元，通常是在外部建模软件中创建的 3D 模型，例如 3DS MAX、Maya 等。使用鼠标左键拖动模型到关卡场景的指定位置上，如图 4-16 所示。

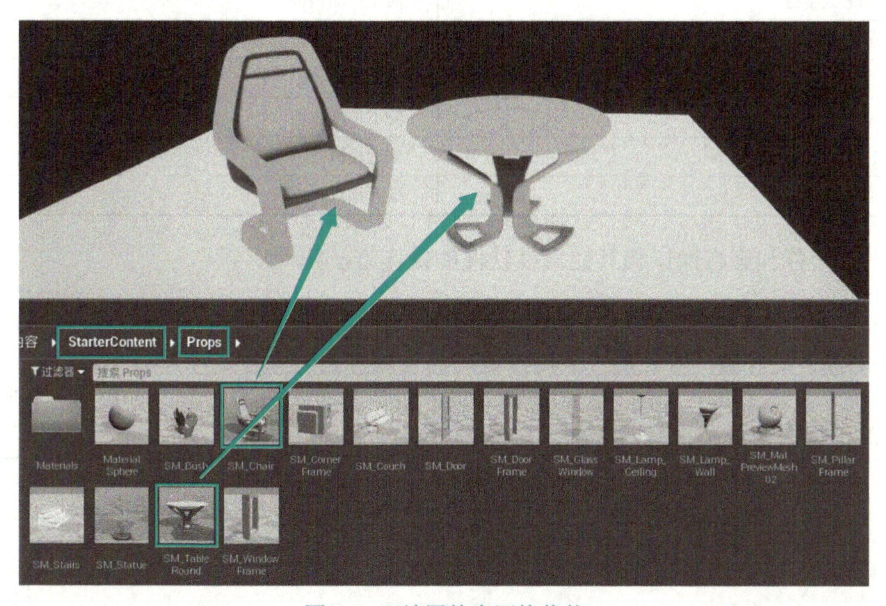

图 4-16　放置静态网格物体

当拖动一个静态网格物体到关卡场景中时，引擎就创建了一个对内容浏览器中原始模型资源的引用。同一个原始模型可以在关卡场景中被多次引用，而且每个被放置到关卡中的物体都拥有独立的移动、旋转、缩放等属性，这些属性会出现在关卡编辑器的“细节”面板中，用户可以根据自己的需求进行修改，修改其中一个物体的属性，并不会影响其他相同模型。

3）放置对象的变换。UE4 中，视口导航操作有以下常用方法：标准视口操作、WASD 飞行模式操作。

标准视口操作所使用的导航快捷键如表 4-3 所示。

表 4-3　标准视口操作方法

适用视口	操作方法	效果
透视口	鼠标左键拖动	前后移动相机、左右旋转相机
	鼠标右键拖动	旋转视口相机
	鼠标左键+右键一起拖动	上下移动
正交视口	鼠标左键拖动	创建一个选择区域框
	鼠标右键拖动	平移视口相机
	鼠标左键+右键一起拖动	拉伸视口相机镜头

WASD 飞行控制操作仅在透视口中有效，默认情况下，用户必须按住鼠标右键，才能使用 WASD 游戏风格控制。飞行模式使用的导航快捷键如表 4-4 所示。

表 4-4　WASD 飞行模式操作方法

操作方法	效果
W / ↑上方向键 / 数字键 8	向前移动相机
S / ↓下方向键 / 数字键 2	向后移动相机
A/←左方向键/数字键 4	向左移动相机
D/→右方向键/数字键 6	向右移动相机
E/Page up/数字键 9	向上移动相机
Q/Page down/数字键 7	向下移动相机
Z/数字键 1	拉远相机
C/数字键 3	推近相机

UE4 中的平移和旋转操作和其他三维软件的操作方法相同。

提示：

① 平移、旋转、缩放三个按钮之间的切换可用键盘上的空格键实现。

② 在视口变换工具的右侧有控制旋转和缩放最小单位的设置工具，如图 4-17 所示，可以通过改变后面的数值来修改旋转或缩放的最小单位。

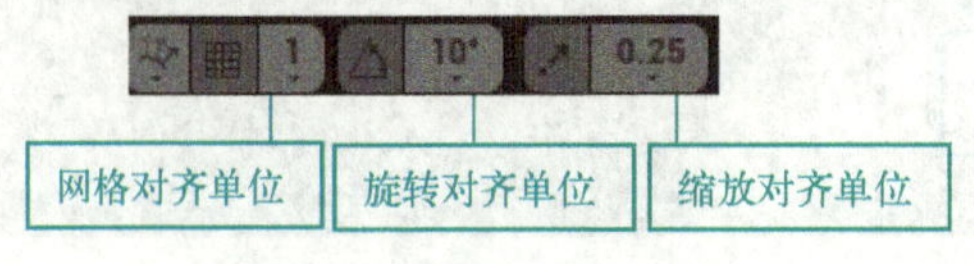

图 4-17　视口变换工具

4）在本次 VR 样板间项目制作过程中，会需要大量的静态网格物体模型，这些模型资源前期通过 3DS MAX 制作软件创作完成，需要利用软件将其导出成“FBX”文件，然后将模型资源导入到 UE4 中即可使用。为了便于管理外部资源，建议在内容浏览器中新建一个文件夹，并为其重命名为“FBX”，如图 4-18 所示。

图 4-18　新建“FBX”文件夹

双击打开该文件夹，选择素材路径（“素材文件\学习情境 4\Cannon_Base.fbx”及“素材文件\学习情境 4\Cannon.fbx”）在内容浏览器上端工具栏单击“导入”按钮，如图 4-19 所示。

图 4-19　“导入”按钮

此时，会弹出“导入”对话框，如图 4-20 所示。在对话框中找到并选择要导入的模型文件。

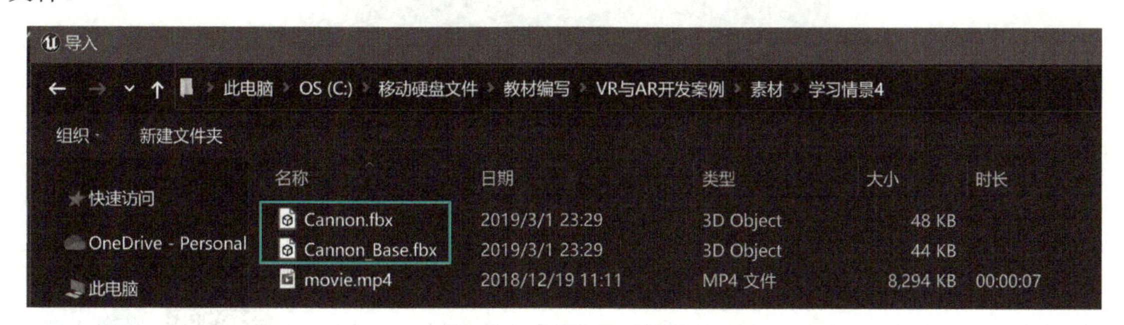

图 4-20　“导入”对话框

单击“打开”按钮，弹出“FBX 导入选项”对话框，在“FBX 导入选项”对话框中可以对导入的模型资源进行常规设置，包括是否将模型导入为骨骼网格物体、位置及旋转角度设置、缩放比例，以及是否导入材质贴图等参数。需要注意的是，虚幻引擎 4 使用的单位为“厘米”，由于一些模型在三维模型制作软件中使用的单位不确定，会导致模型导入到虚幻引擎中出现过大或过小的现象，用户可以根据情况调整“FBX 导入选项”对话框中的单位缩放参数，即“导入统一缩放”，如图 4-21 所示。

参数设置完毕，单击“导入”按钮即可实现将外部模型导入到虚幻引擎中，根据微课指导，读者可以自行选择模型文件搭建起居室环境。

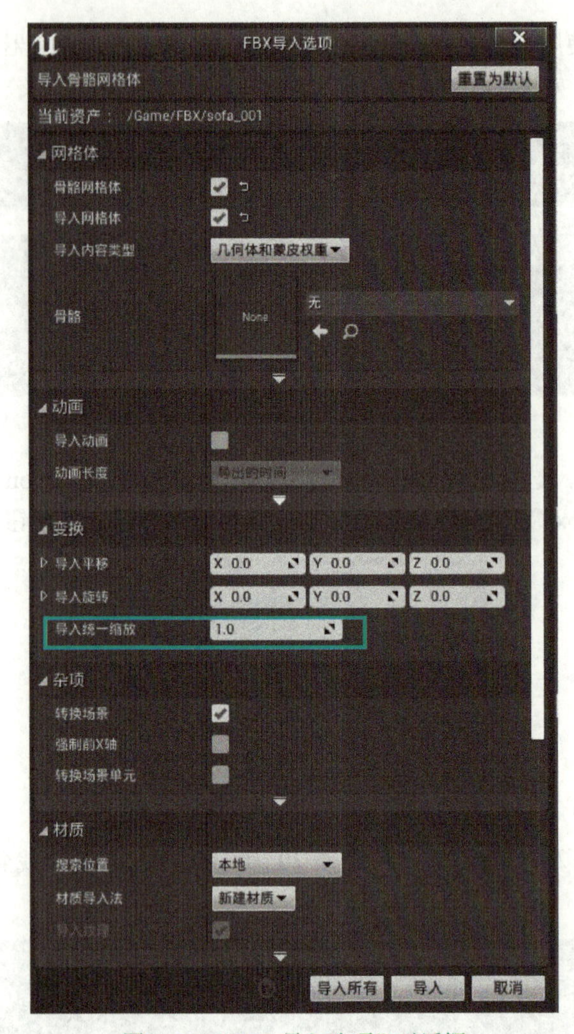

图 4-21 “FBX 导入选项”对话框

4.2.3 赋予材质

微课 4-3
赋予材质

材质，通俗讲就是物体看起来是什么质地。材质可以应用到网格物体上，用来控制场景的可视外观。材质可以看成是材料和质感的结合，当场景中的光照接触到物体表面后，材质的属性可以被用来计算该光照如何与该表面进行互动。在渲染程式中，它是表面的各种可视属性的结合，这些可视属性是指表面色彩、纹理、光滑度、透明度、反射率、折射率、发光度等。本任务是以虚拟样板间的客厅为例，在 UE4 中赋予模型高拟真度的客厅材质效果，如地板材质、乳胶漆面板、沙发材质等。

在 UE4 中，一个材质是指一个由贴图、向量和其他数学计算组成的、为资源创建表面类型和属性的组合，用户看到的材质只是简单部分，复杂部分已封装起来了。UE4 中有两种赋予模型材质的方式，第一种可以采用 UE4 编辑器提供的材质。UE4 编辑器中自带的材质非常有限，当场景中的模型对象比较复杂时，就需要使用外部贴图、纹理等资源创建材质，并将材质应用于场景中的物体，这是赋予材质的第二种方法。贴图（Textures），指可以在材质中使用的图像，这些图像将被映射到应用材质的表面。计算机图形学中的纹理既包括通常意义上物体表面的纹理（即物体表面呈现凹凸不平的沟纹），同时也包括物体光滑表面上的彩色图案，通常被称之为花纹。对于虚拟现实项目来说，贴图和纹理的大小及使用情况是影响内存的重大因素之一。UE4 能够对项目中的所有贴图和纹理进行没有破坏性的缩减。UE4 提供了很多设置功能来管理渲染贴图。大多数情况下，贴图等资源是在如 Photoshop 这样的外部图像编辑软件中创建的，对于这些资源，UE4 需要将其导入到编辑器中才能使用。本节以客厅地板、沙发的材质为例，介绍赋予材质的两种方法。

1. 使用 UE4 编辑器自带材质

1）打开项目。首先打开 VR 样板间的客厅场景，教材提供了案例文件，可参考“素材文件\学习情境 4\Livingroom_Vol_1”。打开场景文件之前，需要将 Livingroom_Vol_1 文件夹整体复制到 project01 项目（任务 4.2.2 中已经创建）的 content 文件夹下，再打开 UE4 编辑器，单击“项目”选项卡，选择 project01，如图 4-22 所示。

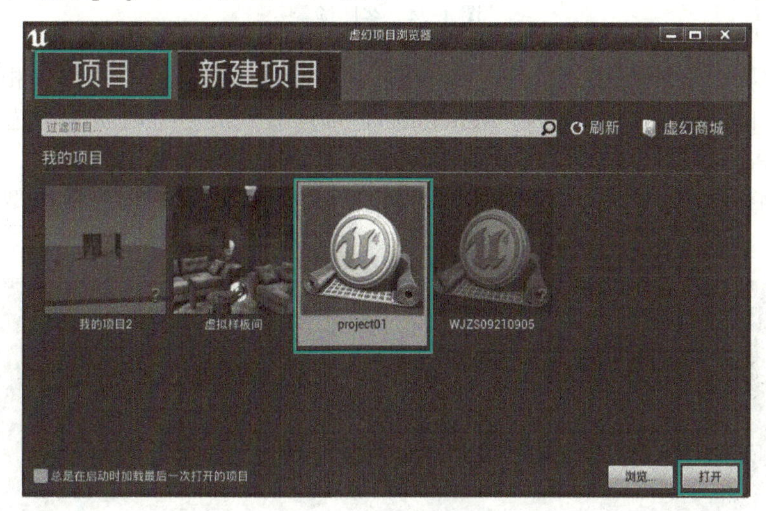

图 4-22　打开项目

2）打开场景文件。如图 4-23 所示，选择 UE4 编辑器中的“内容浏览器”|“Livingroom_Vol_1”|“living_3”|“Scene”，打开“Living_3”场景文件，即可看到客厅样板间，但是该场景中只有模型对象，没有材质和灯光，如图 4-24 所示。

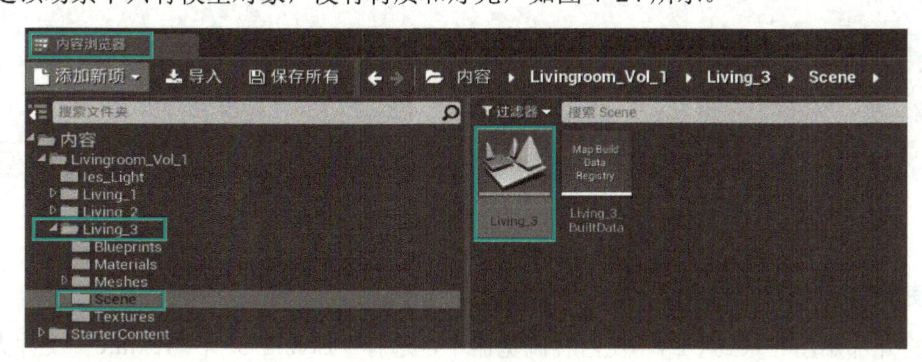

图 4-23　打开场景

图 4-24　客厅场景

3）赋予材质。以地板材质为例，用 UE4 编辑器提供的自带材质操作相对简单，打开“内容浏览器”|“StarterContent”|“Materials”，即可看到若干个材质球，选择“M_Wood_Floor_Walnut Polished”，拖动至场景中的地板模型，即给地板赋予了材质，当然也可选择别的材质进行修改，如图 4-25 所示。使用相同方法，可以对客厅其他模型进行材质赋予或修改。

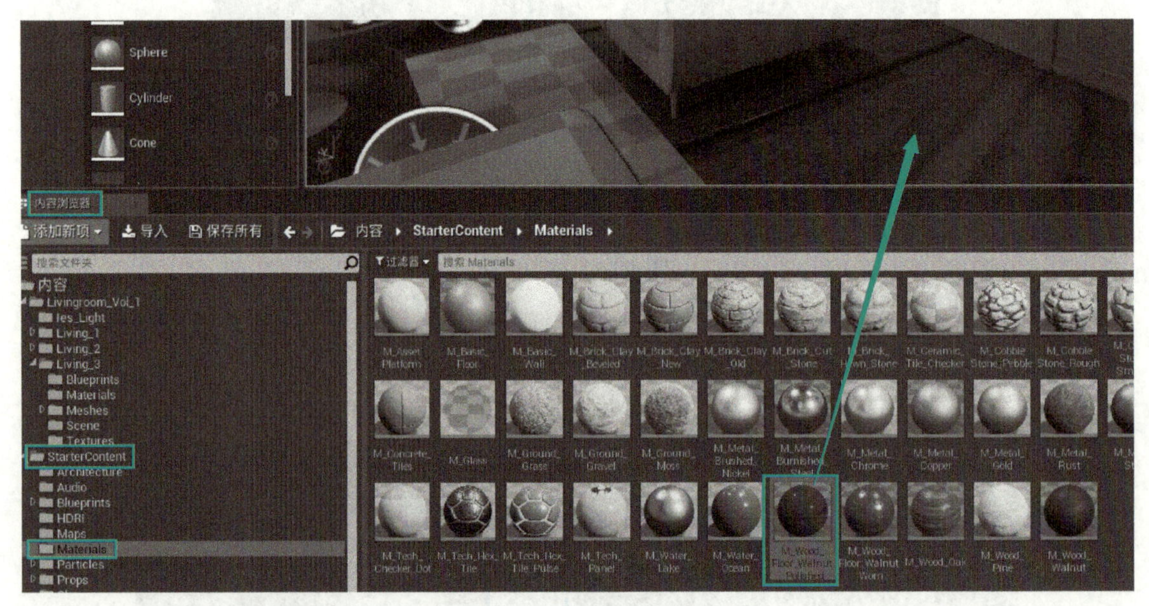

图 4-25　赋予地板材质

2. 使用贴图纹理创建材质

1）将外部贴图导入到 UE4。在内容浏览器中，选择“Living_3”|“Texture”文件夹，单击内容浏览器的“导入”按钮，打开“导入”对话框，找到“素材文件\学习情境 4\皮

革”，选择“皮革”贴图导入，如图 4-26 所示。

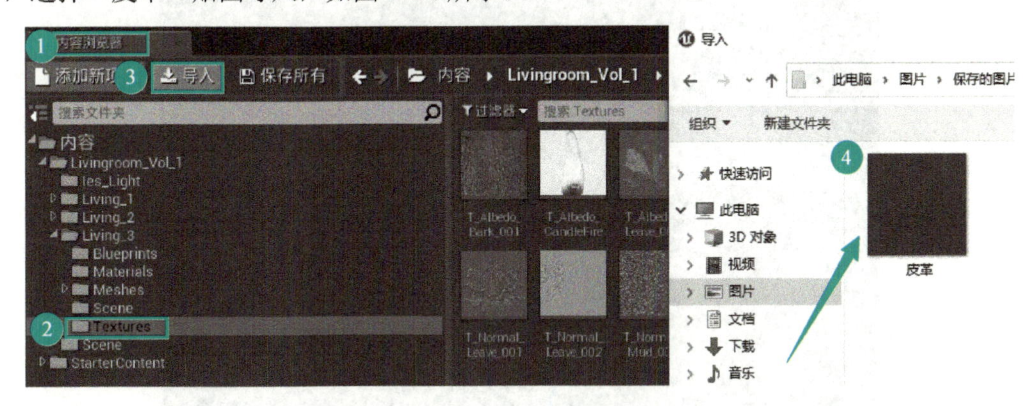

图 4-26　导入贴图

2）选择要导入的贴图的路径及贴图文件，单击“打开”按钮。UE4 支持以下贴图格式：.bmp、.float、.pcx、.png、.psd、.tga、.jpg、.dds。

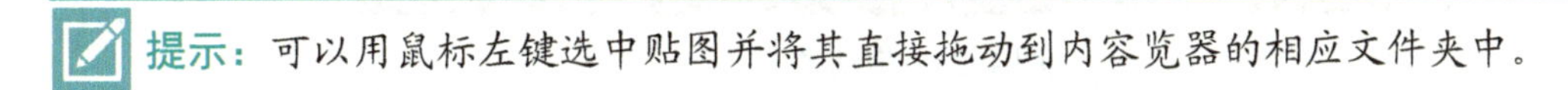

提示：可以用鼠标左键选中贴图并将其直接拖动到内容览器的相应文件夹中。

3）在内容浏览器中相应的文件夹下创建一个新的材质球，并将其重命名为“M_sofa”，双击新创建的材质，打开材质编辑器，如图 4-27 所示。

图 4-27　新建材质球

4）在内容浏览器中找到“皮革”贴图文件，选中后将其拖动到新建的材质编辑器的编辑窗口中，这时可以看到贴图文件生成一个节点“TextureSample”，我们把这张贴图作为沙发皮革的纹理，如图 4-28 所示。

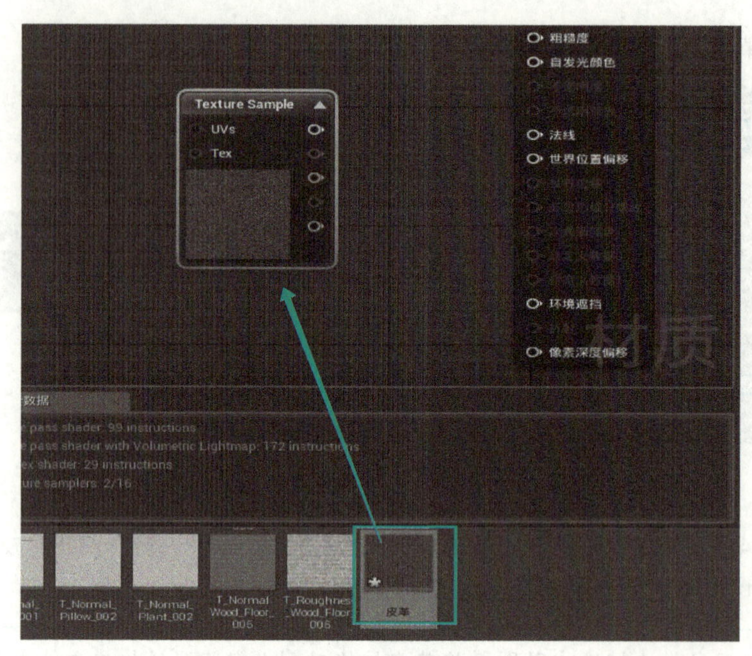

图 4-28　拖动贴图

5）右击空白处，选择“常量”|“Constant3Vector”（常量三矢量），可以在拾色器上为沙发设置一个偏蓝的主颜色（R：0.0399，G：0.336，B：0.396）。右击空白处，选择“计算”|“Multiply”，或者在材质编辑器的空白处按下 M+鼠标左键，也可创建一个 Multiply 节点，Multiply 节点接收两个输入，并将其相乘，然后输出结果，类似于 Photoshop 的多层混合。将主颜色的节点连接至 Multiply 节点的 A 上；将纹理的 Texture Sample 节点连接到 Multiply 节点的 B 上，如图 4-29 所示。

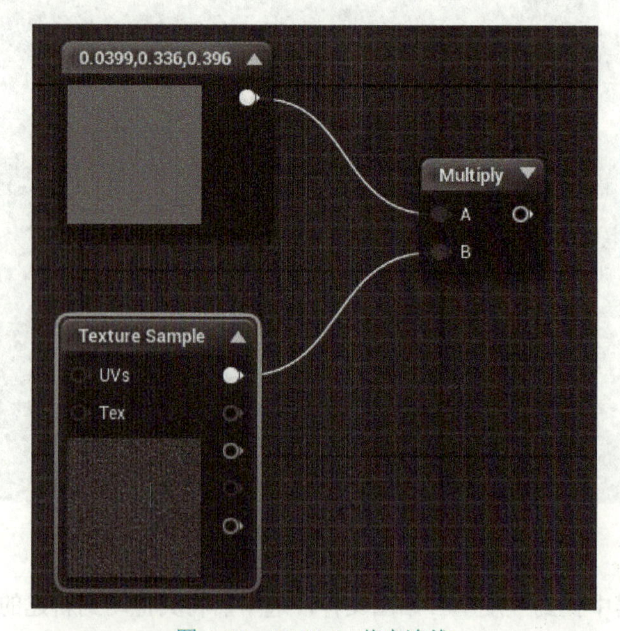

图 4-29　Multiply 节点连线

6）创建 LinearInterpolate（线性插值）节点。右击空白处，选择工具“LinearInterpolate”并将

其拖动到材质编辑器窗口中，或者在材质编辑器的空白处按下 L+鼠标左键，也可以创建一个 LinearInterpolate 节点，简称 Lerp。此节点可以接收三个输入值，分别是 A、B、Alpha，在这三个输入值中，A 和 B 两个参数进行混合后，通过 Alpha 可以从中获得颜色的比例。用主颜色节点连接 Lerp 节点的 A，Multiply 的输出节点连接 Lerp 节点 B，Lerp 节点的输出点连接 sofa 材质的基础颜色节点，如图 4-30 所示。

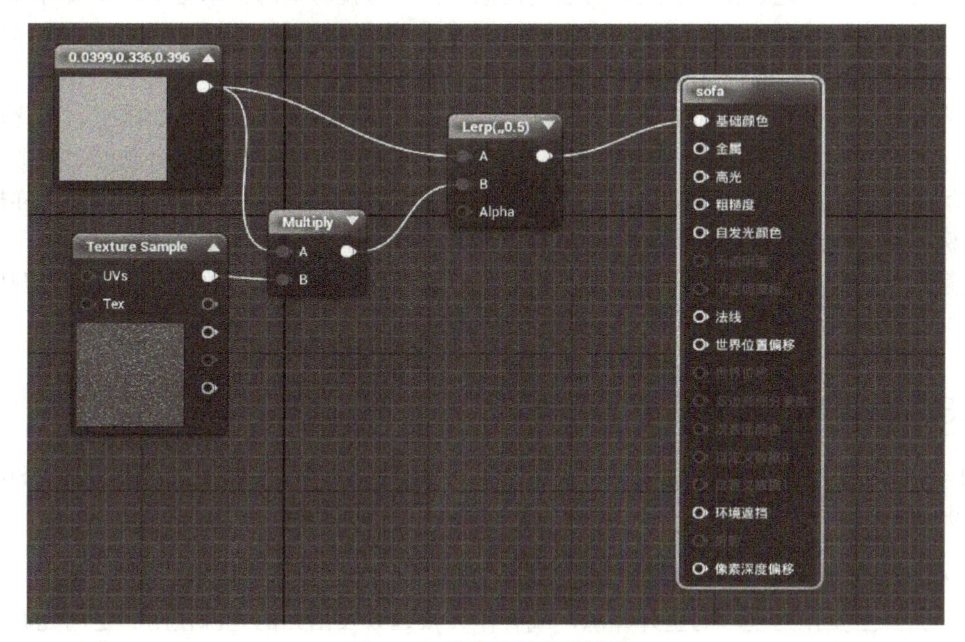

图 4-30　模拟沙发皮革材质

7）沙发的皮革材质调整结束后，对其进行保存。选中场景的沙发对象，将材质 M_sofa 拖动至对象，即可在关卡编辑器中观察到沙发皮革材质的效果，如图 4-31 所示。对客厅场景中其他对象的材质调整可参考微课。

图 4-31　沙发材质效果

任务 4.3 光效处理

光效是指对自然光线作用于主体的经验模拟。根据影视特效的艺术特点，光效可解释为借助对自然光的模拟，通过艺术的加工，运用特效等手段实现光影的造型。把握光效的本质，是熟练运用光效进行制作的基础和前提。

灯光是影视特效表现中的重要元素，灯光可以造就模型的立体感及表面质感，强化环境的时空感，提高画面的观赏性。在 UE4 中，通过使用各种灯光模型和相应的设置，模拟物理光源，使场景产生明亮区域和阴影区域，提升画面质感，突出视觉重点。本任务以虚拟样板间的客厅为例，进行场景的灯光设置，使用定向光源来模拟太阳光、天空光源来模拟天光，为表现晴朗的氛围，还需使用聚光源模拟筒灯，保障足够的光照，丰富灯光效果；使用点光源模拟灯带，增加层次感，增强表现力。

4.3.1 认识虚幻的光源

UE4 中有四种可用光源类型，定向光源（Directional）、点光源（Point）、聚光源（Spot）及天空光源（Sky）。

1. 定向光源

定向光源主要作为基本的室外光源，或者作为极远处发出光的光源使用。定向光源的光线效果都是平行的，这使得它成为模拟太阳光的理想选择。定向光源的可移动性可以设置为“静态”“固定”“可移动”三种类型的任意一种。当定向光源的可移动性被设置为“静态”时，在场景中的显示如图 4-32 所示，意味着在场景运行时，该光照无法被修改，这是渲染效率最高的一种形式，并能采用烘焙光照。当定向光源的可移动性设置为“固定”时，意味着光照产生的阴影及通过“Lightmass”计算的由静态物体反射的光线为固定生成的，其他的光照效果则是动态的，在场景中的显示图如图 4-32 所示。这个设置能让光照在场景运行过程中修改光照的颜色或强度。固定的定向光源无法移动位置，但是允许使用一部分预烘焙光照。

当定向光源的可移动性被设置为“可移动”时，意味着光照完全是动态的，允许有动态阴影。在场景中的显示图标如图 4-33 所示，这个设置使得渲染效率很低，但在光效使用中最灵活。

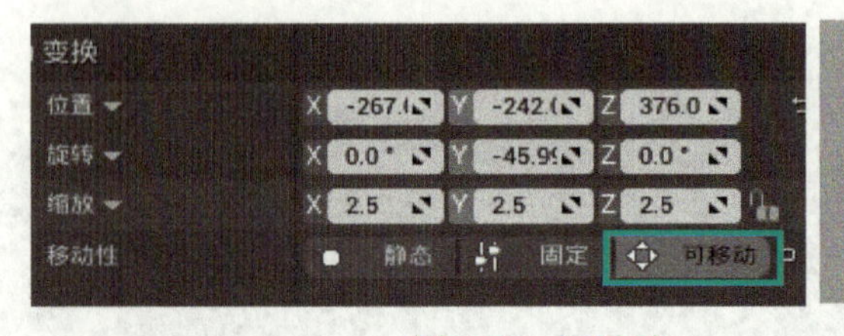

图 4-32 静态与固定

图 4-33 可移动

定向光源属性栏中的参数绝大部分是不需要修改的，UE4 的默认设置已经是模拟真实阳光的最优方案。更多属性的含义可以查阅官方文档，光照的设置大多来源于视觉感受，读者可以多尝试不同参数，通过对比积累经验。

2. 点光源

点光源用于模拟传统的像“灯泡”一样的光源，从一个单独的点向各个方向发光。点光源和现实世界中灯泡的工作原理类似，景观点光源从空间的一个点发光，没有形状，但是 UE4 为点光源提供了半径和长度属性，以便在反射及高光中使用，从而使点光源更加真实，点光源在关卡场景中的图标如图 4-34 所示。

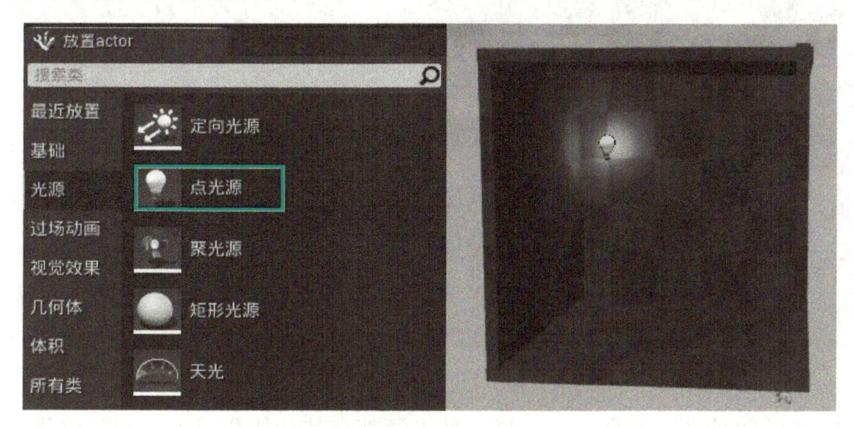

图 4-34　点光源

3. 聚光源

聚光源也是从一个单独的点向外发光，在关卡中的图标如图 4-35 所示。聚光源为用户提供了两个锥体来塑造光源，即内锥角和外锥角。在内锥角中，光源达到最大亮度，形成一个亮盘；而从内锥角到外锥角，光照会发生衰减，并在亮盘周围产生半阴影区域（或者称为软阴影区域）。光源的半径定义了圆锥体的长度。简单地讲，聚光源的工作原理与手电筒或舞台聚光灯类似。

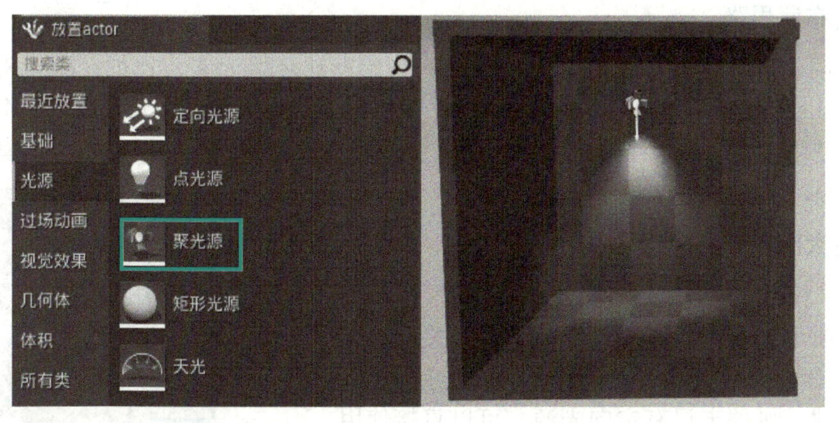

图 4-35　聚光源

4. 天空光源

天空光源是环境光，由所有光线经过大气层漫反射、折射混合而成，产生的光照和反射都将会与天空的视觉效果进行匹配。天空光源在场景中的图标如图 4-36 所示。天空光源的移动性设置可以被设置为“静态”或者“固定”属性。具有“静态”设置的天空光照会完全烘焙到静态物体的贴图中，因为在运行时没有任何开销，这是移动平台上唯一支持的一种天光效果，需要构建光照后才能看到。具有“固定”设置的天空光照采用“Lightmass”生成的烘焙阴影，一旦在场景中摆放一个固定天空光源，就必须构建一次光照才能看到效果，之后再修改天空光源光照的属性即可。

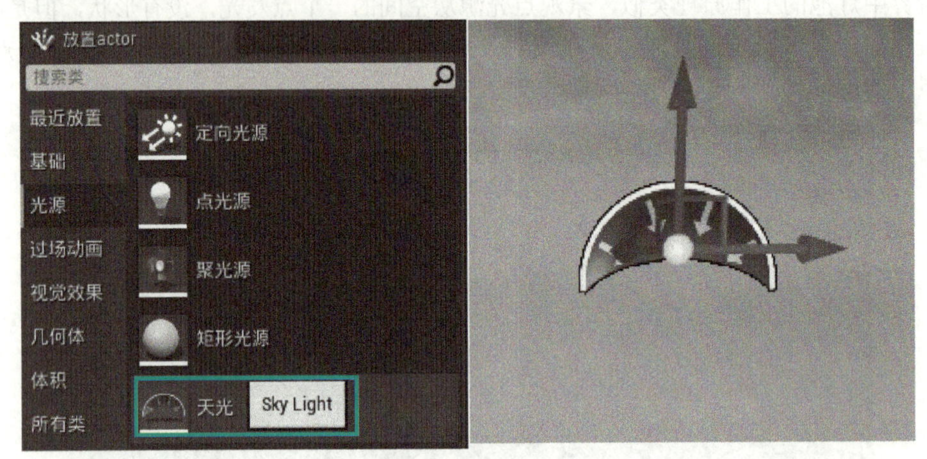

图 4-36　天空光源

以上是 UE4 的四种光源类型简介，每一种光源都有其功能和用处，利用这些特点便能轻松模拟出任何场景。

4.3.2　室内灯光布置

本节以现代风格客厅为例，讲解室内场景的灯光布置方法和流程以及技巧的分享。UE4 的布光手法需要考虑更多因素。为了真实地模拟室内光线，就要多观察现实中的真实光线。

微课 4-4
室内灯光布置

1. 灯光布置思路

通常在创建一个项目场景时，会自带一些初始默认环境元素，比如：Sky Sphere（天空球）、Atmospheric Fog（环雾）、Light source（光源）等，若没有这些元素，场景将呈现一片黑暗。我们将使用定向光源来模拟太阳光，用天空光源来模拟天光，使用点光源来模拟筒灯，保障足够的光照，丰富灯光效果。

2. 创建太阳光

1）在“模式”面板中，单击“放置”模式，再单击“光照”选项卡，将“定向光源”拖动到关卡中模拟太阳光，如图 4-37 所示。如果创建新项目时选择“具有初学者内容”来创建，则关卡已有定向光源，可以直接使用。

2）在视图中选定“定向光源”，将其摆放到室内合适的位置，以便调节时观察效果。旋转“定向光源”的照射方向及角度直到产生满意的光照效果。然后在“细节”面板中展开“光源”卷展栏，设置“强度”为 3.5、光源颜色为（R：1.0，G:0.947307，B:0.768151），勾选“影响场景”和“投射阴影”复选框，如图 4-38 所示。

图 4-37　定向光源

图 4-38　设置定向光源参数

3. 设置天光

1）在“模式”面板中，单击“放置”模式，再单击“光照”选项卡，将“天空光源”拖动至关卡中模拟天光，如图 4-39 所示。同样，如果创建新项目时选择“具有初学者内容”来创建，则关卡已有天空光源，可以直接使用。

2）在视图中选定“天空光源”，然后在“细节”面板中展开“光源”卷展栏，设置“强度”为 15、“光源颜色”为（R：1.0，G：1.0，B：1.0），勾选“影响场景”和“投射阴影”复选框，如图 4-40 所示。

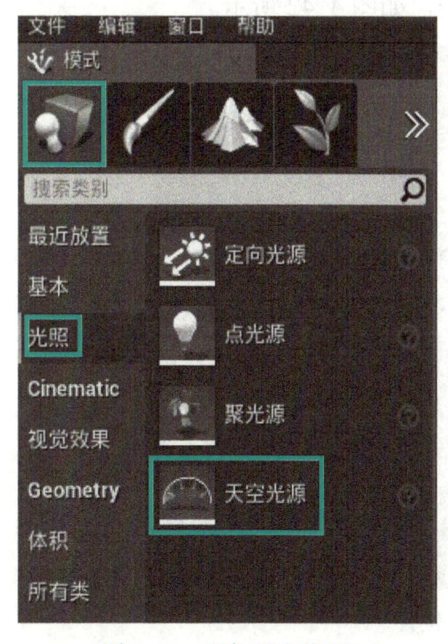

图 4-39　添加天空光源

图 4-40　设置天空光源参数

4. 设置灯带

当自然光线的氛围设置好以后，需要在室内添加一些灯光以保障客厅有足够的光照，同时也使灯光效果更加丰富。下面用点光源来模拟筒灯，按照真实的灯光位置在天花板给筒灯布光。

1）切换到顶视图，在“模式”面板中单击“放置”模式，再单击“光源”选项卡，选择“点光源”并将其拖动到视图中客厅天花筒灯处，如图 4-41 所示。

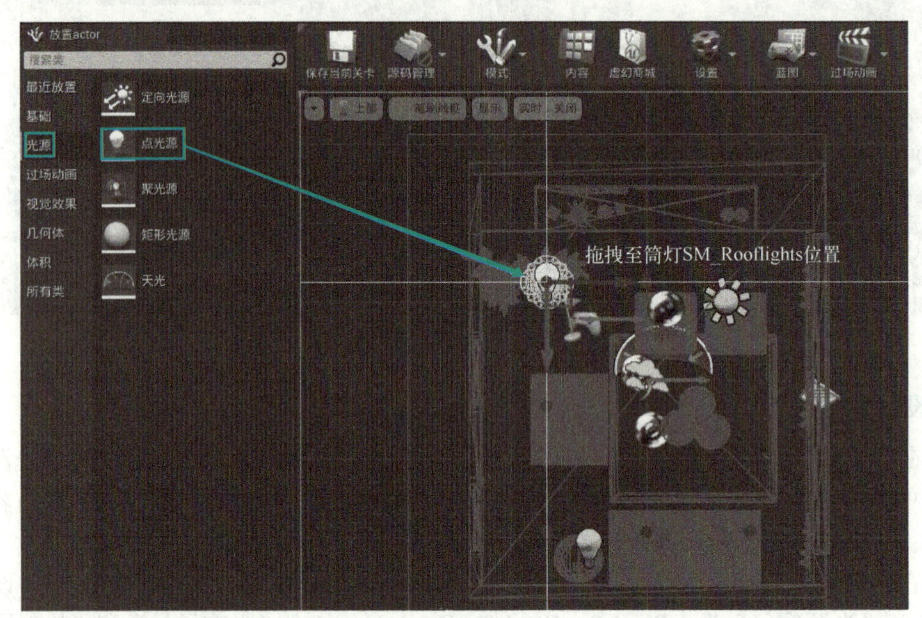

图 4-41　创建筒灯光源

2）切换到左视图，选择点光源，将其移动到筒灯处，如图 4-42 所示。

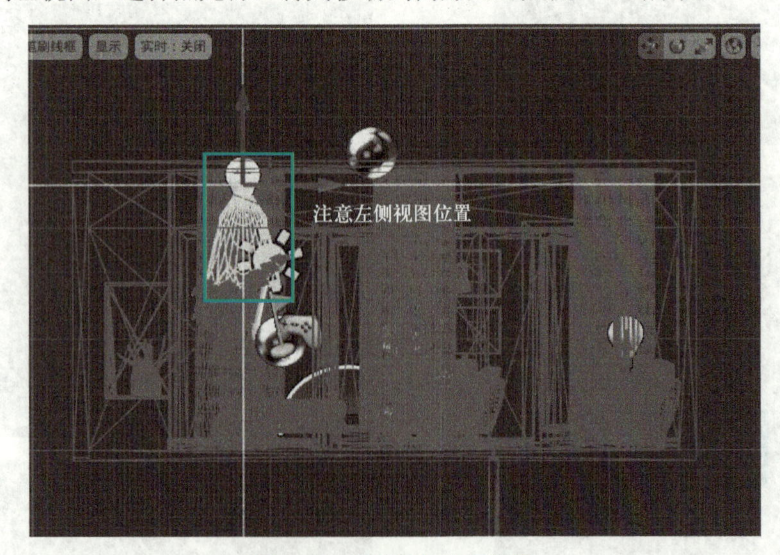

图 4-42　调整筒灯光源位置

3）选定点光源，在“细节”面板中展开“光源”卷展栏，设置“强度”为 100、“光源颜色”为（R：1.0，G:1.0，B:1.0）、“衰减半径”为 1000，勾选“使用色温”复选框，设置“温度”为 3500，勾选“影响场景”和“投射阴影”复选框，如图 4-43 所示。

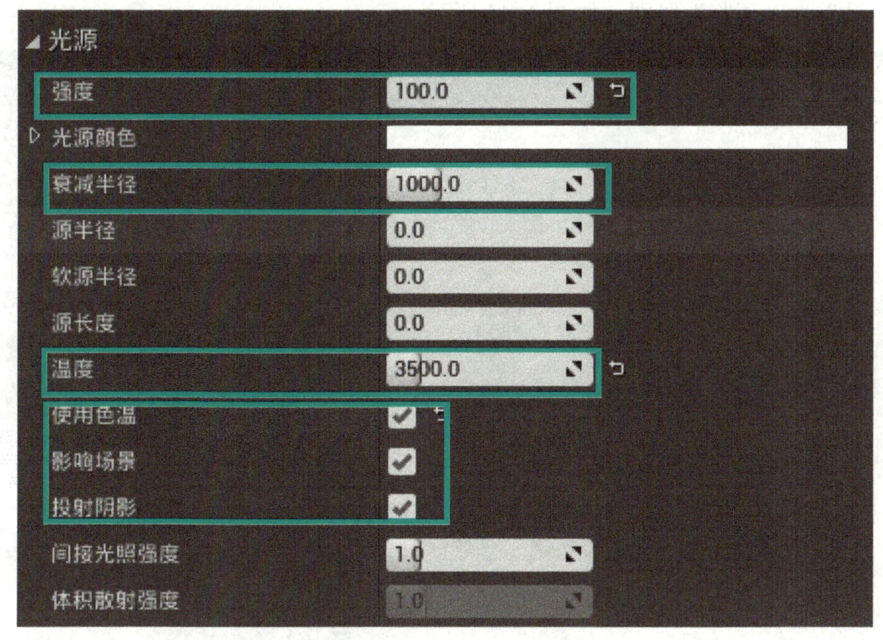

图 4-43　设置筒灯光源参数

4）切换到顶视图，选择点光源，按住 Alt 键并拖动复制 7 个点光源，将其分别移动到另外 7 个筒灯位置处。当复制多次的时候，点光源上面出现了大红叉，如图 4-44 所示。这是因为当前所有的点光源移动性都是“固定”，点光源数量太多耗费资源所导致的，把该属性改为“静态”，即可消除红叉。

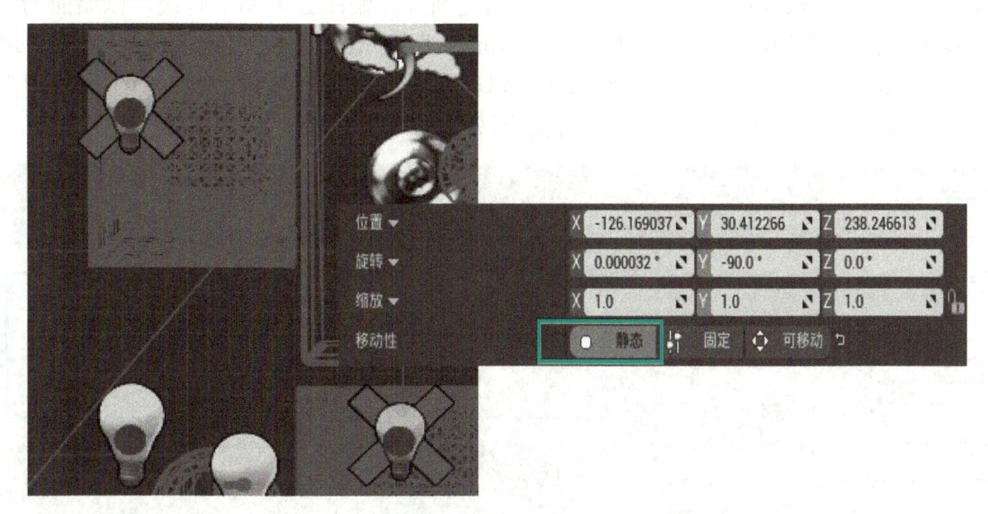

图 4-44　复制筒灯光源

4.3.3　测试构建

灯光布置后显然要进行测试构建，才能知道灯光的颜色、强度、位置是否合适，是否有曝光问题等。下面简单设置一下光照质量，开始测试构建。

1）在关卡编辑器中，单击工具栏上“构建”按钮旁边的下拉箭头，在弹出的下拉菜单中选择“光照质量”为“预览”级别，如图 4-45 所示。

图 4-45　设置光照质量参数

2）切换到透视图，单击工具栏上的“构建”按钮，构建关卡，需要等待一段时间后才能完成。

3）在构建后的场景中，看到墙面、天花板等处都出现了一些像黑色污渍般的阴影，筒灯投射在墙面上的光影也很模糊，这些可以通过适当提高灯光贴图分辨率来解决。以墙面为例，选择“内容浏览器”|“Livingroom_Vol_1”|“living_3”|“Meshes”|“Walls”中的每个墙体模型，如图 4-46 所示，双击进入静态网格体编辑器，在“详情”面板中展开“一般设置”卷展栏，根据墙体面积比较大的特点设置“光照贴图分辨率”为 2048，如图 4-47 所示。

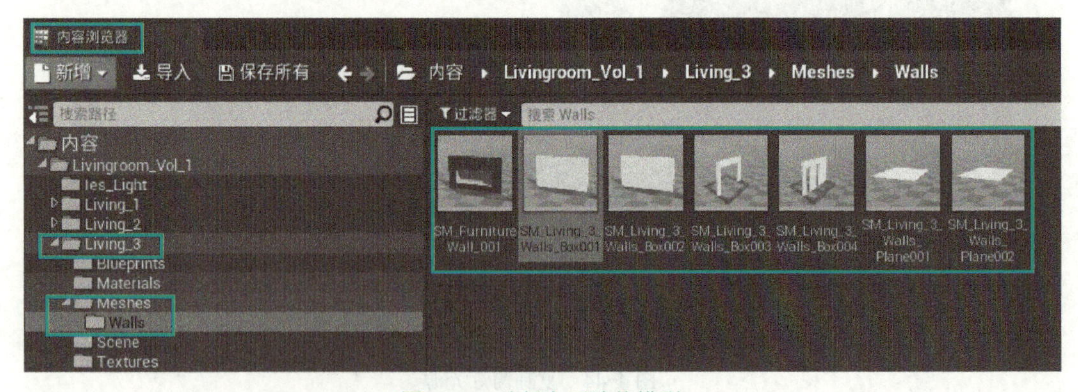

图 4-46　选择客厅墙体模型

4）天花板、沙发等根据模型大小和需要的表现效果也适当提高灯光贴图分辨率。调节好后，回到关卡编辑器重新构建场景，此时场景中的光影就设置好了。

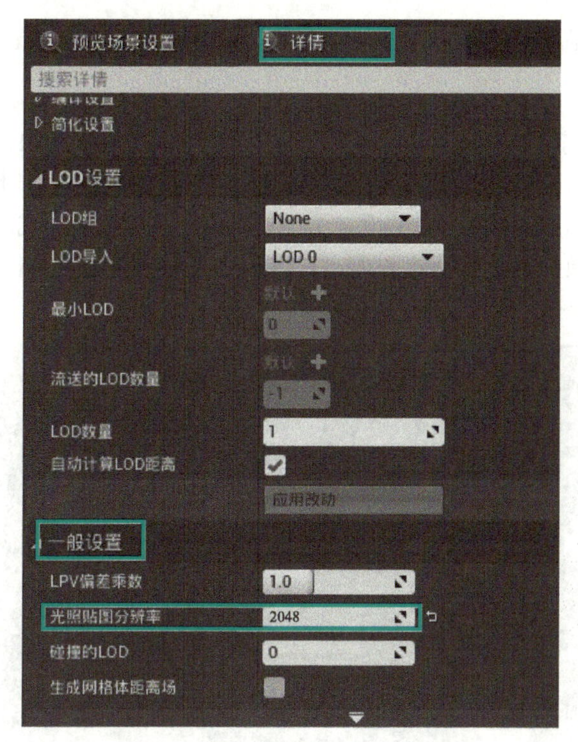

图 4-47　提高灯光贴图分辨率

任务 4.4　蓝图编辑器

在 VR 虚拟样板间中，交互是必不可少的元素，本项目可以添加各种交互功能，例如开关门、开关灯、改变家居材质等，要实现这些功能需要创建蓝图项目。本任务详细介绍蓝图交互的操作过程，实现 VR 样板间的触发碰撞、门的触发式开关、灯光的按键式开关以及制作视频材质，模拟现实生活中的视频播放效果。

4.4.1　认识蓝图

UE4 提供了两种开发模式：一种是蓝图开发，另一种是 C++语言开发模式。在本书中，我们主要介绍蓝图开发模式。蓝图（Blueprints）是特殊类型的资源，提供一种直观的、基于节点的界面，用于创建新类型的对象及关卡脚本事件；它提供了一种可视化编程的环境，不需要编写传统文本代码，而是为用户提供了更加直观、方便的节点和连接线的方式，利用流程控制的方式以实现交互功能。

1. 蓝图的类型

蓝图可分为关卡蓝图和蓝图类。关卡蓝图是最常见的类型。每个关卡场景具有自己的蓝图，它可以引用及操作关卡中的对象，控制过场动画，而且可以用来管理类似于关卡动态载入、检查点及其他关卡相关的系统。每个关卡只有一个关卡蓝图，当关卡被保存时关卡蓝图也会自动被保存。蓝图类非常适合制作交互式的资源，比如门、开关、可收集的道具及可破坏的景观等，它能使这些资源产生动画、播放音效、改变材质。

2. 可视化脚本

在 C++中进行开发需要一套集成开发环境，UE4 使用了微软的 Visual Studio（简称 VS），可以用于编写类、游戏性元素、修改核心引擎组件等事件。蓝图利用可视化脚本环境，不使用传统的基于文本的环境，而是为用户提供了更加直观、方便的节点和连接线的方式。

如图 4-48 所示是项目中的一个蓝图类，其打开方式为：单击工具栏中的“蓝图”按钮，在“打开蓝图类”菜单下选择“第三人称”蓝图类。

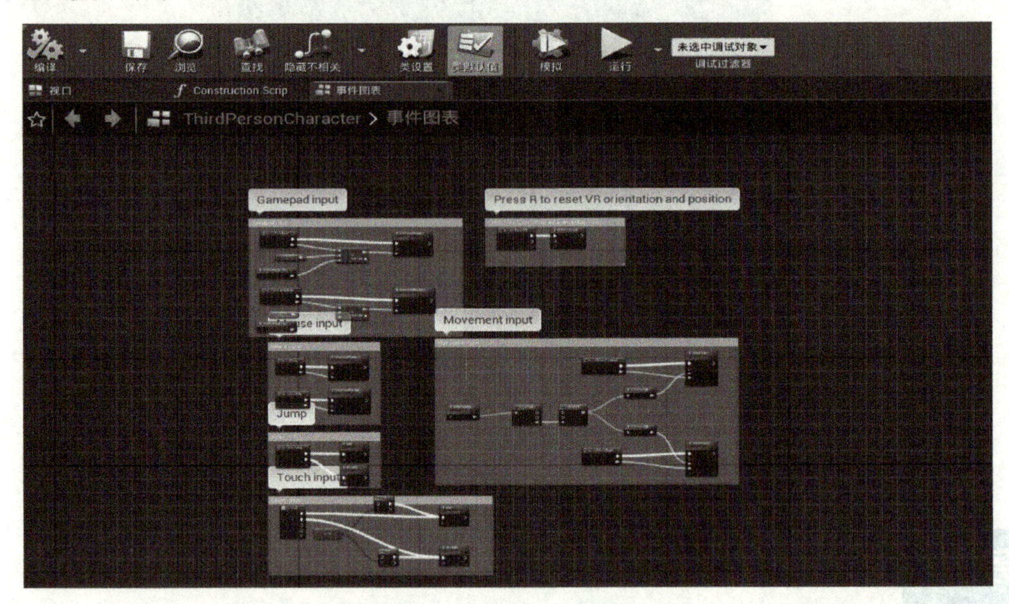

图 4-48　第三人称蓝图类

在打开的蓝图类的事件图表中，可以看到每一个事件都是由节点和连接线构成的。

节点是函数（执行指定操作的代码片段）、变量（被用于存储数据）、运算符（执行数学运算）、逻辑条件（检查和比较变量）的可视化表示。

连接线的作用是在节点之间建立关系，创建和设置蓝图流程。其操作过程很像游戏“连连看”。

蓝图编辑器就是制作和编译节点、连接线序列的界面。在蓝图这样的可视化脚本环境下工作是编程新手学习基础编程概念的好方法，而且不用担心语法错误。可视化脚本让美工和设计师可以自行编写游戏性功能，让程序员可以专心攻克更复杂的任务。需要注意的是：虽然蓝图是一个可视化环境，但蓝图脚本仍然需要被编译。制作好的事件图表会生成一段脚本代码，这段脚本代码通过虚拟机的翻译，就可以使计算机读懂蓝图。

4.4.2　制作触发式开关门

微课 4-5
制作触发式开关门

在 VR 样板房设计中开关门是必不可少的，开门的方式多种多样，如感应自动门、推拉门、轴向门等。这些门在打开或者关闭时都有一条运动的轴线。接下来通过关卡蓝图解析触发式开关门。

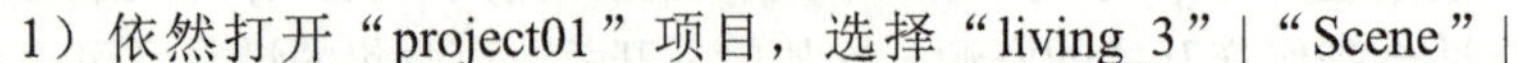

1）依然打开“project01”项目，选择“living_3”|“Scene”|

“living_3”关卡场景，在界面右侧“世界大纲视图”中找到一个以中文命名的模型：可触发门。接下来对这扇门完成交互，如图 4-49 所示。

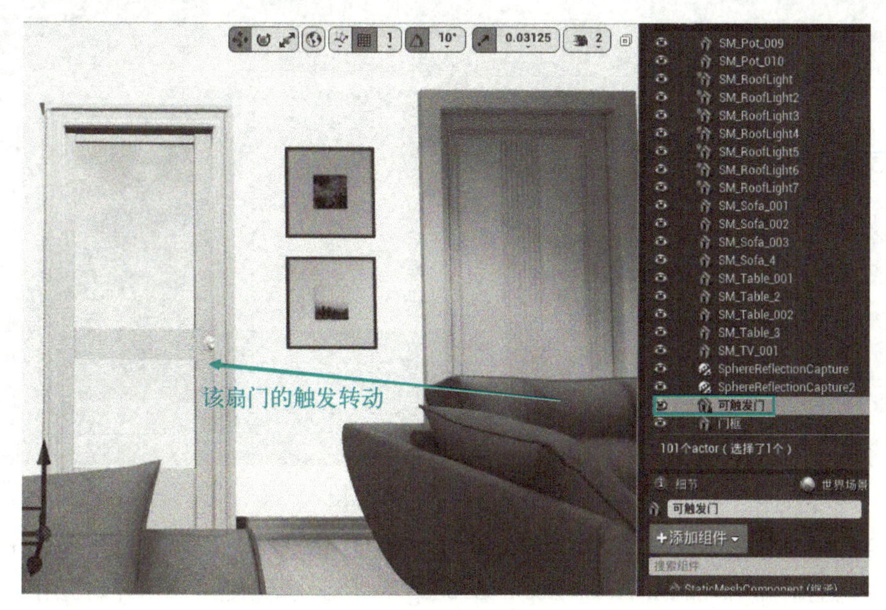

图 4-49　可触发门

2）在“模式”面板中单击“放置 actor”模式，再单击“基础”选项卡，选择“盒体触发器”并将其拖动到场景中客厅触发门处，如图 4-50 所示。

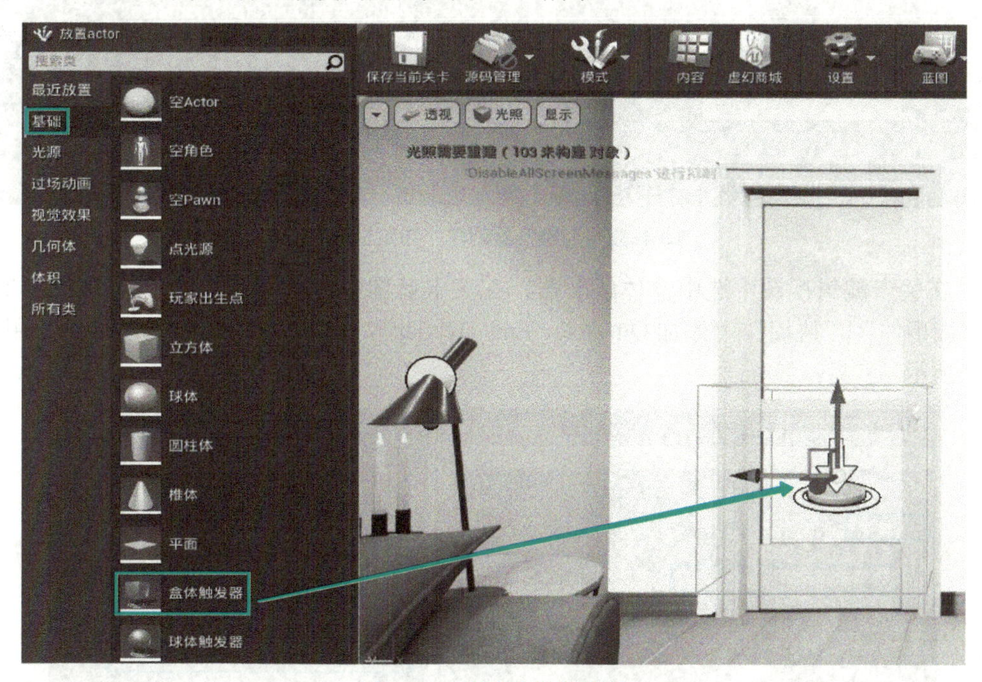

图 4-50　创建盒体触发器

3）打开“蓝图”选项卡，选择“打开关卡蓝图”，关卡蓝图中默认出现的节点可以删除，如图 4-51 所示。

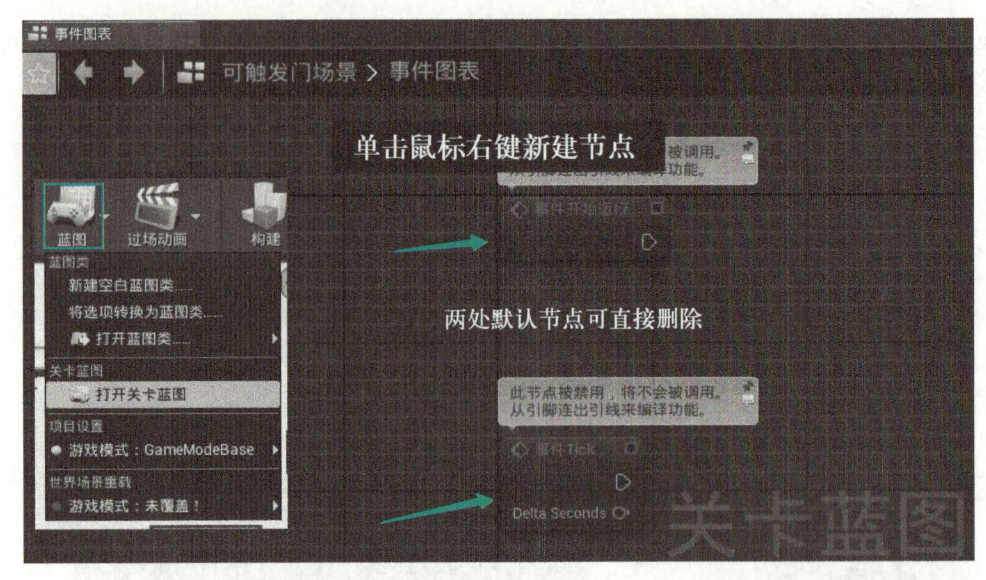

图 4-51 打开关卡蓝图

4）在关卡编辑视图中选中盒体触发器，在关卡蓝图中单击鼠标右键，选择“为 Trigger Box1 添加事件”|“碰撞”|“添加 On Actor Begin Overlap”，为触发器创建一个“开始引用”，如图 4-52 所示。

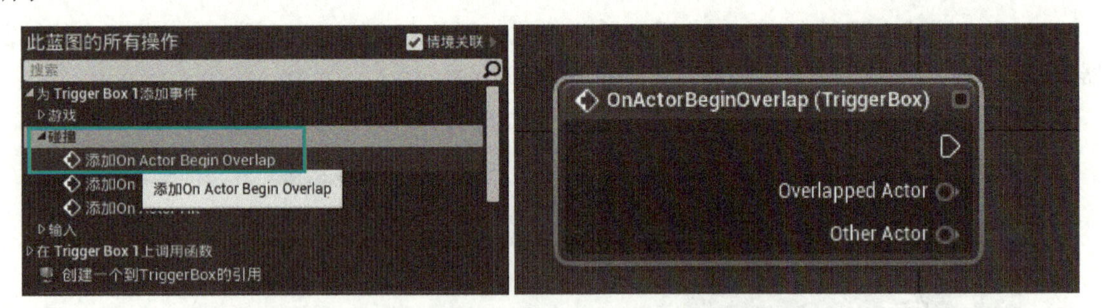

图 4-52 为触发器创建“开始引用”

5）在关卡编辑视图中选中盒体触发器，在关卡蓝图中单击鼠标右键，选择“为 Trigger Box1 添加事件”|“碰撞”|“添加 On Actor End Overlap”，为触发器创建一个“结束引用”，如图 4-53 所示。

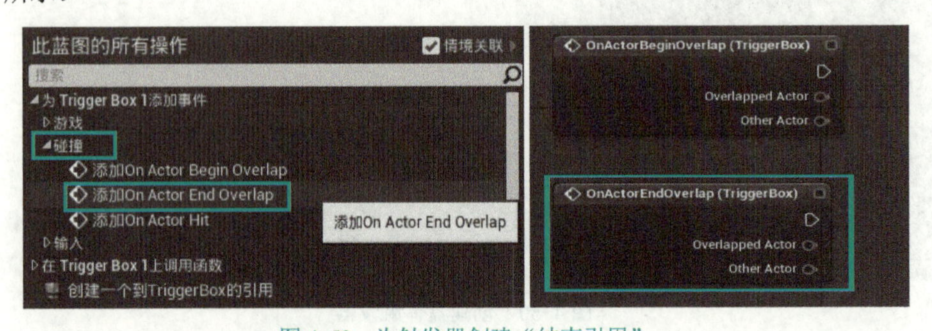

图 4-53 为触发器创建“结束引用”

6）在关卡编辑视图中选中“可触发门”对象（注意：不是门框），打开关卡蓝图，单击鼠标右键，为“可触发门”对象创建引用，如图 4-54 所示。

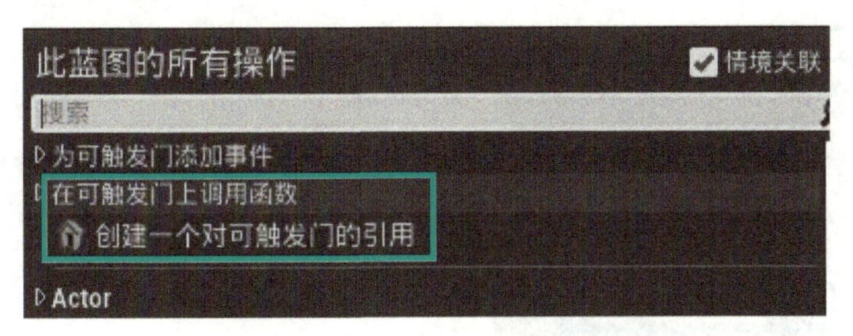

图 4-54　创建“触发门”对象引用

7）打开关卡蓝图，单击鼠标右键，选择“顶点绘制” | “添加时间轴”，为门对象创建一个时间轴动画的入口，如图 4-55、图 4-56 所示。

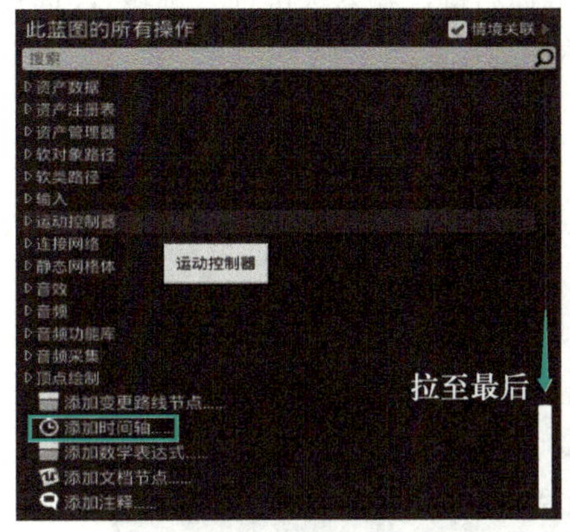

图 4-55　创建时间轴

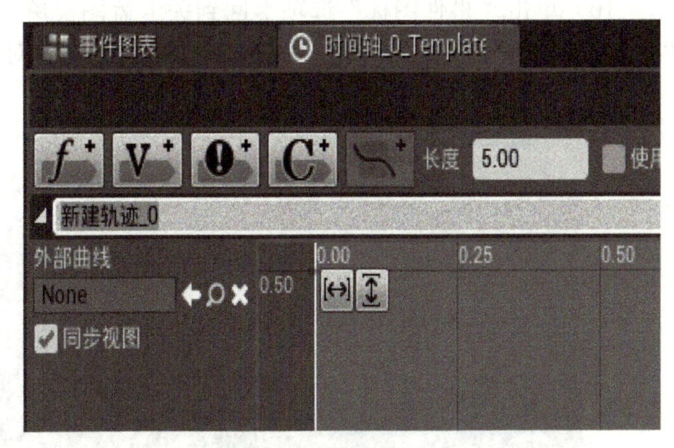

图 4-56　创建时间轴动画

8）双击关卡蓝图中的“时间轴”节点，单击新建浮点型运动轨迹，在 0.00 位置单击鼠标右键，在弹出的关联菜单中选择“添加关键帧到 CurveFloat_0”，并将“时间”和“值”均改为 0.0，如图 4-57 所示。

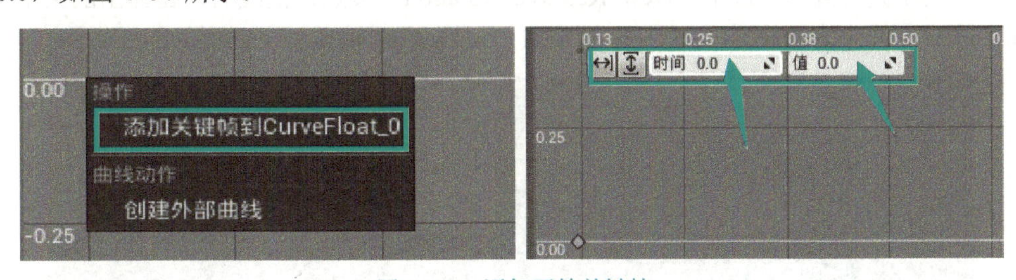

图 4-57　添加开始关键帧

9）继续添加关键帧，将“长度”改为 2.00，“长度”表示对象运动轨迹时间，单位为 s（秒），如图 4-58 所示。在 2.00 秒位置单击鼠标右键，在弹出的右键关联菜单中选择添加关键帧到 CurveFloat_1，并将“时间”修改为 2.0，“值”改为 80.0，如图 4-59 所示。意味着“可触发门”对象在 2 秒内完成打开 80° 转角的轨迹动画。

图 4-58　修改运动轨迹时间

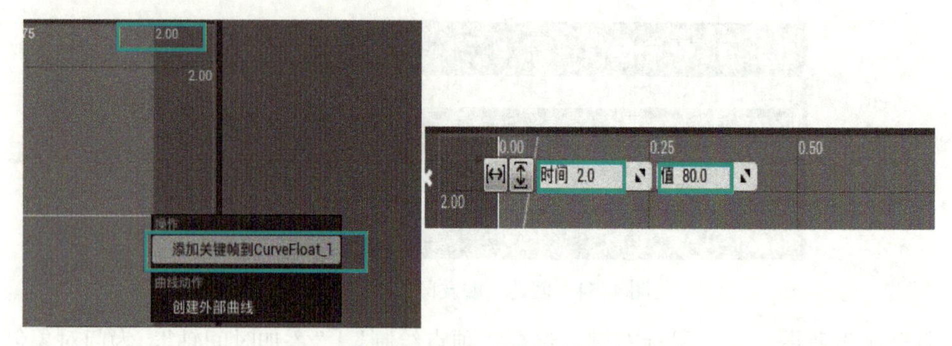

图 4-59　添加结束关键帧

10）单击“事件图标”选项卡回到关卡蓝图，单击鼠标右键，输入关键词“旋转”，选择“设置 Actor 相对旋转”函数，为门对象设置一个旋转对象函数，如图 4-60 所示。

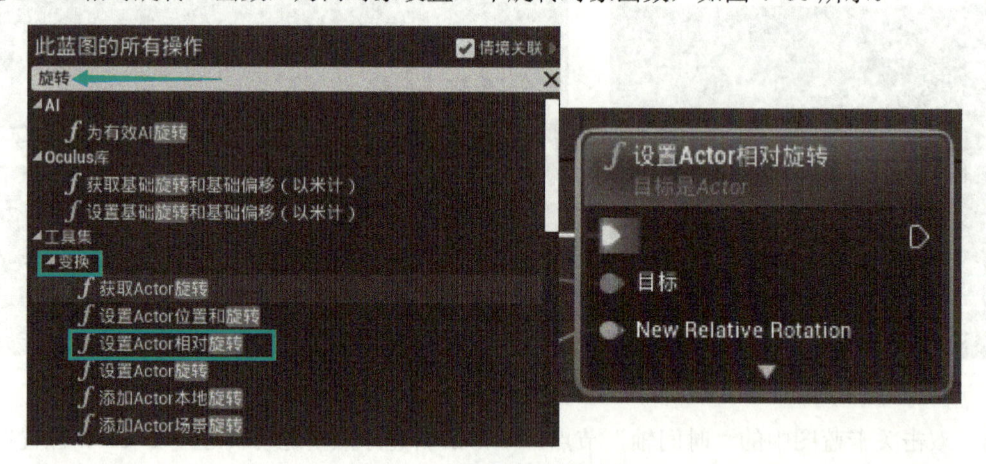

图 4-60　创建对象旋转函数

11）继续在关卡蓝图中选中“New Relative Rotation”节点，拖线后，在弹出的菜单中输入关键词，选择“创建旋转体”，得到一个新节点，如图 4-61 所示。

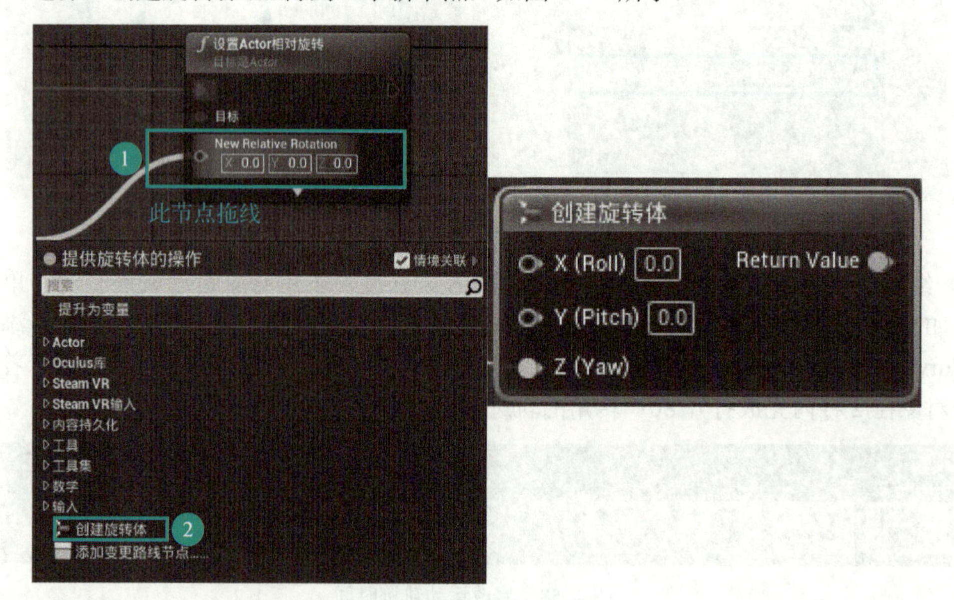

图 4-61　创建旋转体节点

12）在蓝图编辑器中为各个节点进行逻辑连接，完成可视化脚本的处理，如图 4-62 所示。

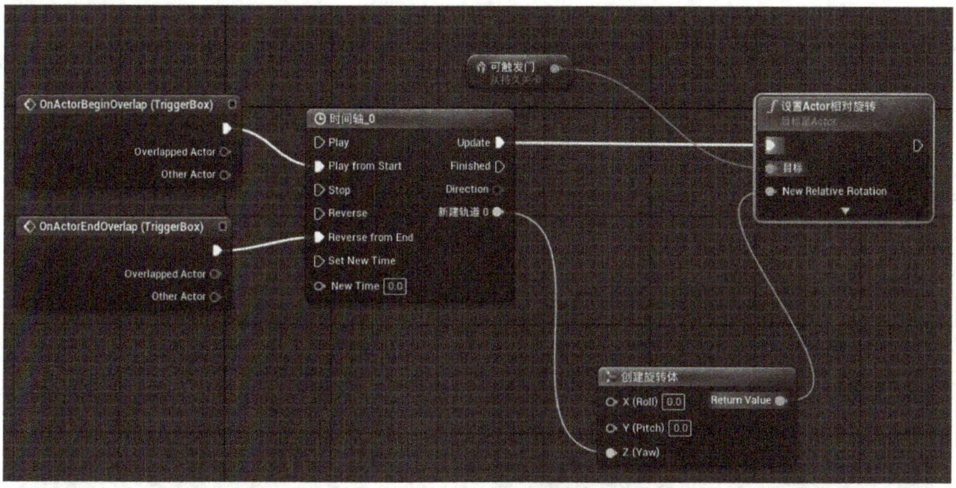

图 4-62　逻辑连接

提示：蓝图中“新建轨道 0”引脚和“创建旋转体”节点中的哪一个引脚进行相连？读者务必回到场景中确认“可触发门”在旋转的过程中，哪一个轴向在发生变化。避免出现张冠李戴的情况。

13）尽管蓝图是一个可视化环境，蓝图脚本仍然需要被编译。制作好的事件图表会生成一段脚本代码。这段代码通过虚拟机翻译，计算机就可以读懂蓝图了，在编辑器的左上角单击“编译”，图标从问号转变成绿色对钩就说明编译完成，如图 4-63 所示。

图 4-63　编译

14）回到关卡编辑视图，选中门对象，在“细节”面板中将移动性设置为“可移动”，门对象就可以完成动画轨迹了，如图 4-64 所示。

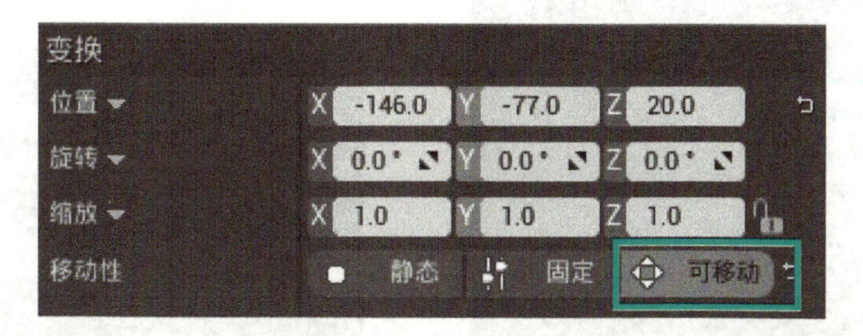

图 4-64　修改状态

15）单击工具栏上的“运行”选项卡，可以通过 W/A/S/D 键、方向键或者在场景中移动鼠标来进行操作，当碰到门前的触发器时，即可触发门的轴向 90° 转动。

4.4.3 制作按键式开关灯

上一个任务用关卡蓝图实现了触发门的功能，本任务将用蓝图类实现开关灯的功能。

1）打开“project01”项目，选择“living_3”|“Scene”|“living_3”关卡场景，单击工具栏上的“蓝图”选项卡，选择“新建空白蓝图类”，在弹出的对话框中选择“Actor”类，如图 4-65 所示。并将该蓝图类命名为“Openlight”。

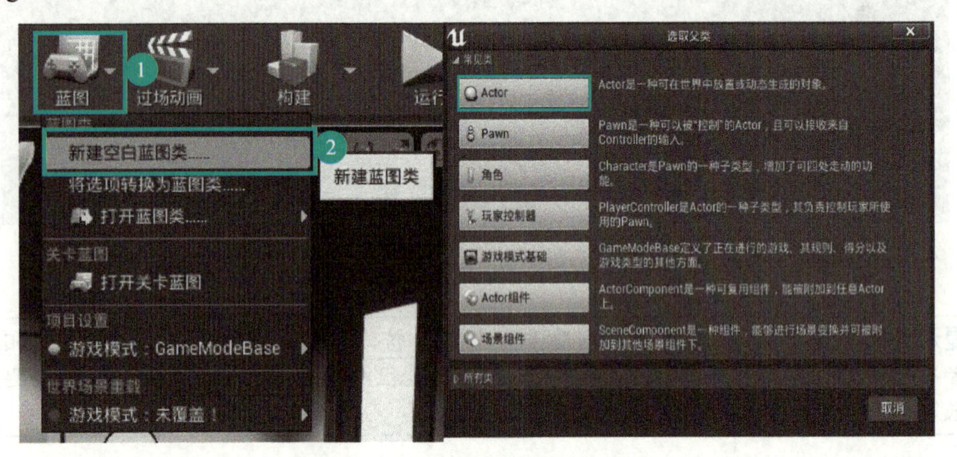

图 4-65 新建蓝图类

2）进入蓝图类编辑窗口，单击左上角“+添加组件”，选择“点光源组件”，生成 PointLight 组件，如图 4-66 所示。将“PointLight”组件拖动至上一层，如图 4-67 所示。

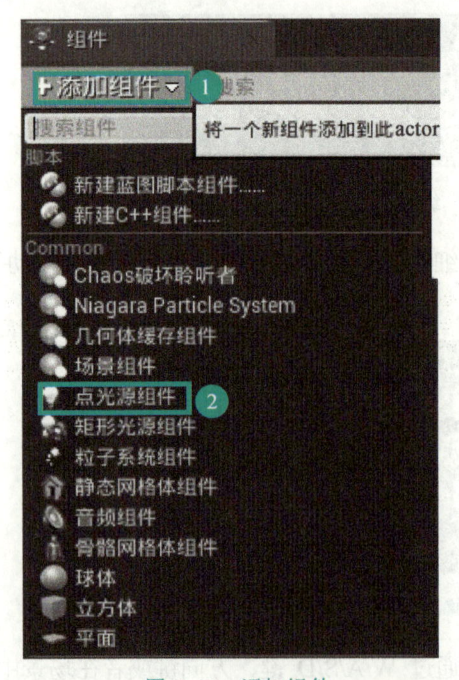

图 4-66 添加组件

图 4-67 拖动组件

3）设置点光源组件“PointLight”各参数。注意：右侧“细节”窗口中“变换”栏的“移动性”属性务必选择“可移动”；“渲染”栏中的“可视”属性不能勾选（默认是勾选），如图 4-68 所示。

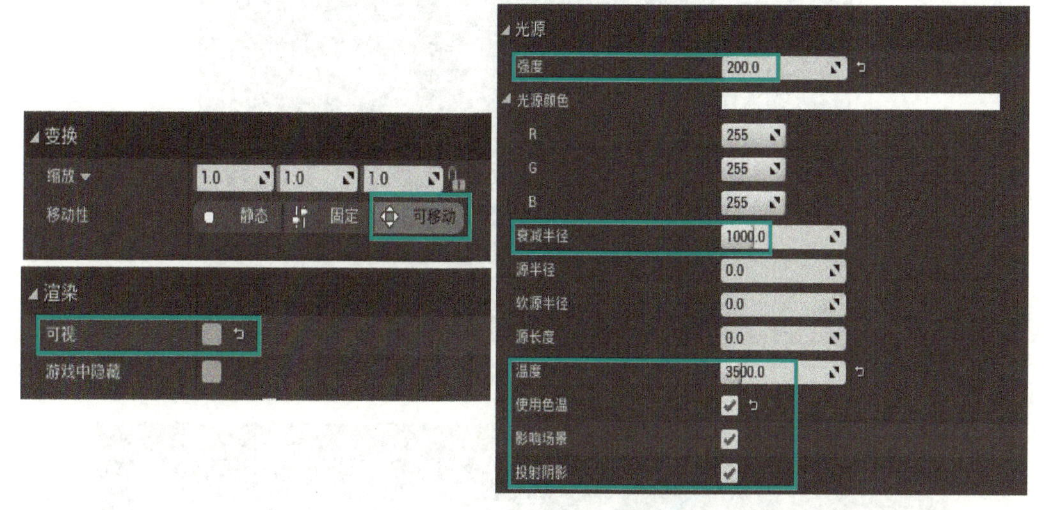

图 4-68　点光源参数设置

4）选择“事件图表”选项卡，创建键盘事件。在编辑窗口单击鼠标右键，输入关键词“1”，选择“键盘个事件”中的“1”，创建一个以键盘数字“1”作为触发按键的事件，如图 4-69 所示。

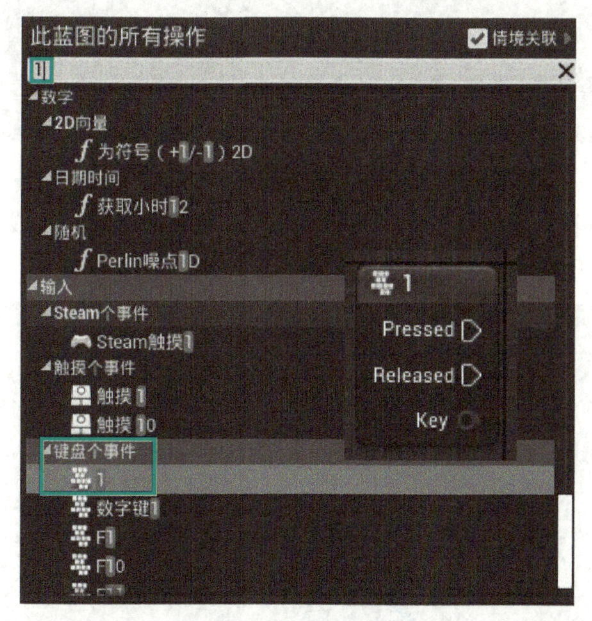

图 4-69　创建键盘事件

5）将“PointLight”组件拖动至事件图标窗口，创建点光源“PointLight”节点，如图 4-70 所示。

6）按住鼠标左键从“PointLight”节点引脚拖线，输入关键词“可视性”，选择“切换可视性”，得到新的节点，如图 4-71 所示。

7）与关卡蓝图相同，逻辑连接完成后，单击左上角“编译”，若出现绿色对钩，则表示编译通过。

图 4-70　创建点光源节点

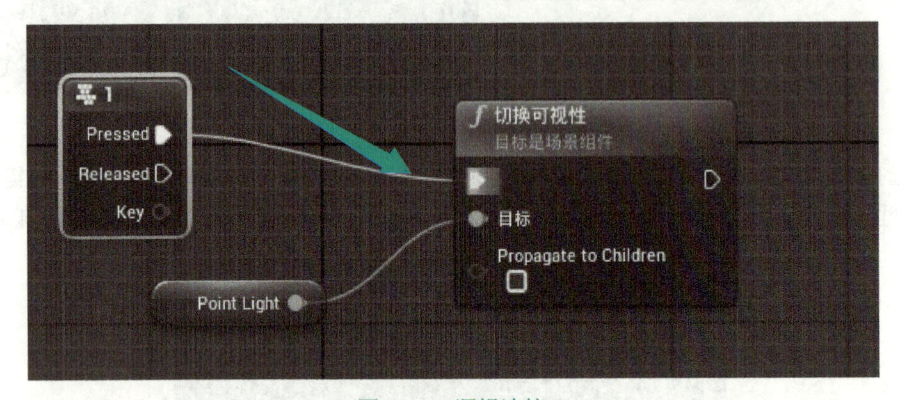

图 4-71　逻辑连接

8）关闭蓝图类编辑窗口，回到关卡场景，选择顶视图，将制作完成的“Openlight”对象拖动至顶视图，替换场景中的 1 个“PointLight”对象，如图 4-72 所示。

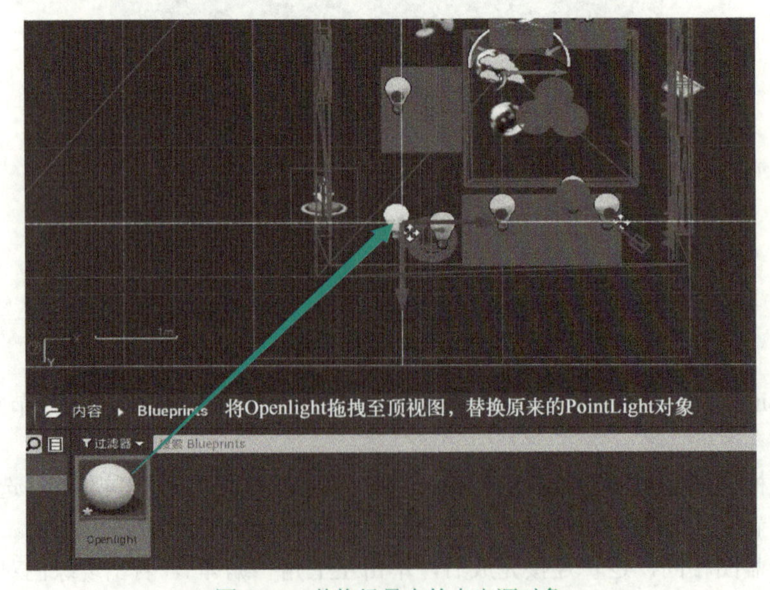

图 4-72　替换场景中的点光源对象

9）找到关卡场景右侧“细节”窗口，将“输入”卷展栏中“自动接收输入”属性改为“玩家 0”，如图 4-73 所示。

图 4-73 更改输入对象

至此，按键式开关灯制作完成：当按下键盘的数字键“1”时，场景中的某处（由读者替换原有点光源的位置决定）位置灯光亮起，场景由暗到明，若读者有需要，可将场景中剩余的 6 盏点光源全部替换，观察一下场景中的效果。

4.4.4 制作视频材质

使用视频资源，创建视频材质，添加到三维面片模型或其他显示设备的模型上，模拟现实生活中的视频播放效果。

微课 4-7
制作视频材质

1. 媒体框架

在 UE4 中，有一个被称为媒体框架（Media Framework）的资源类型，用于在关卡中的静态网格物体上播放视频和其他媒体文件等。媒体框架在很大程度上是 C++界面的一个合集，是 C++常规使用实例的一些助手类，同时也是一个媒体播放器，可根据媒体播放器插件进行延展。媒体框架支持本地化音频及视频资源在内容浏览器、材质编辑器及声音系统中使用，也可以与蓝图和 UMG UI 设计器共用，支持流媒体，可以在媒体上执行快进、倒退、播放、暂停和移动等操作，支持可插拔播放器。事实上，媒体框架可在任意应用中使用，框架中包含有多个层，为其他子系统提供媒体播放功能，如引擎、蓝图、Slate、UMG UI 设计器。

当前使用的 Windows 播放器插件底层应用的是 Windows Media Foundation API，而 macOS 插件使用的是 AVFoundation。

2. 导入外部视频资源

在内容浏览器中相应的位置创建一个名为“Movies”的文件夹。在“Movies”文件夹上单击鼠标右键，并在弹出的快捷菜单中选择“在浏览器中显示”命令，打开该文件夹在硬盘上的存储目录，如图 4-74 所示。将要播放的视频文件（素材文件\学习情境 4\movie.mp4）拖入到硬盘上的“Movies”文件夹内，这样可以确保视频正常打包。

提示：导入的视频文件的名称要使用英文。

3. 创建媒体资源

1）回到虚幻引擎编辑器中，在内容浏览器中的“Movies”文件夹内，单击鼠标右键，弹出右键关联菜单，在“媒体”选项下选择“文件媒体源”命令，如图 4-75 所示。

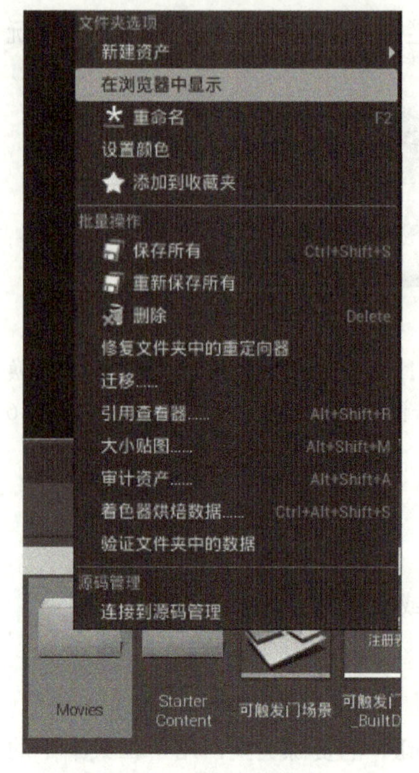

图 4-74　打开存储目录

图 4-75　执行“文件媒体源”命令

2）双击该资源图标，打开“File Media Source”面板，为该资源指定视频文件路径。在“文件”选项下，单击“文件路径”右侧的“…”图标，如图 4-76 所示。

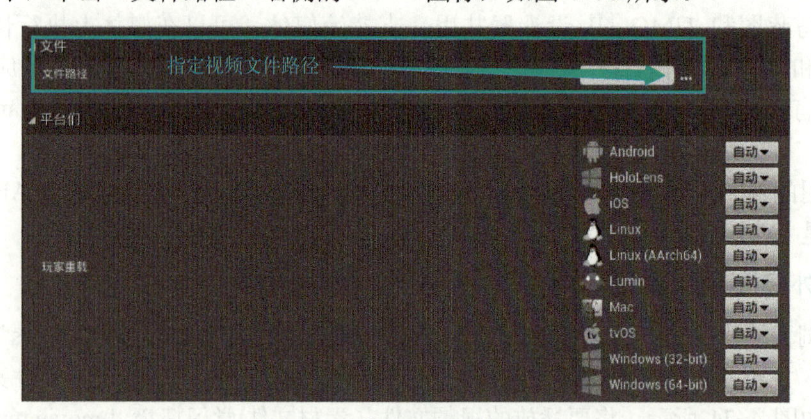

图 4-76　指定视频文件路径

在打开的对话框中找到存储视频文件的“Movies”文件夹，选择要播放的视频文件，单击“打开”按钮完成路径指定。单击该面板工具栏上的“保存”按钮进行保存，然后关闭面板。

3. 创建媒体播放器资源

1）回到内容浏览器中的“Movies”文件夹，单击鼠标右键，在弹出的右键关联菜单选择“媒体”选项下的“媒体播放器”命令，创建媒体播放器资源。

2）在弹出的“创建媒体播放器”对话框中勾选“视频输出媒体纹理（Media Texture）资产”选项，如图 4-77 所示，此操作将自动创建“媒体纹理”资源，并将资源链接到播放时所需要的媒体播放器。

3）单击“确定”按钮，完成媒体播放器的创建。此时，内容浏览器中的“Movies”文件夹会生成一个媒体播放器资源和一个视频纹理媒体资源。为了便于操作，可以将新的媒体播放器资源重命名为“SampleMedia”，这也将同时应用到创建的媒体纹理资源上，使其名称变为“SampleMedia_Video”，如图 4-78 所示。

图 4-77　创建媒体播放器资源

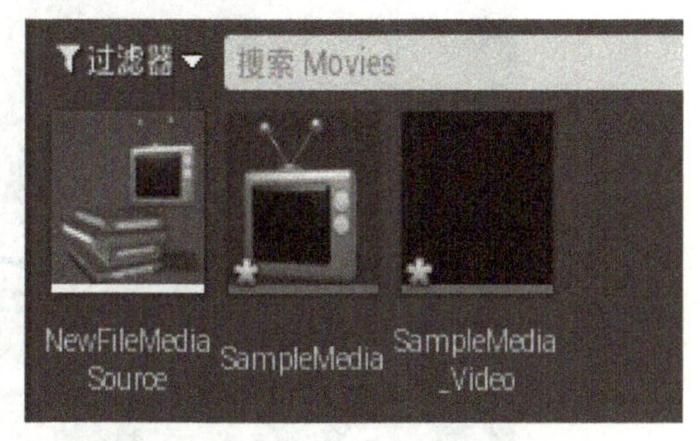

图 4-78　重命名媒体播放器

4）双击“SampleMedia”图标，打开媒体播放器资源窗口。在窗口的下方列出了刚刚添加的视频媒体资源，双击该资源，在预览窗口开始播放，如图 4-79 所示。用户可以通过工具栏上的控制按钮实现播放、暂停、前进及后退等操作。

图 4-79　播放视频

4. 生成视频材质

1）为了实现在场景中播放视频的效果，可以向关卡中添加一个“平面”静态网格物体作为显示屏幕。通过鼠标左键将“基础”面板“基础”选项下的“平面”拖入到关卡适当位置，利用平移（W）、旋转（E）和缩放（R）工具对其进行调整，使其能够模拟显示屏幕的效果，如图 4-80 所示。

2）选中“SampleMedia_Video”资源，用鼠标左键拖动这个资源，将其放置在关卡中的“平面”静态网格物体上。此操作将会自动创建一个材质并将其应用到静态网格物体上，在文件夹内会生成一个名为“SampleMedia_Video_Mat”的视频材质，如图 4-81 所示。

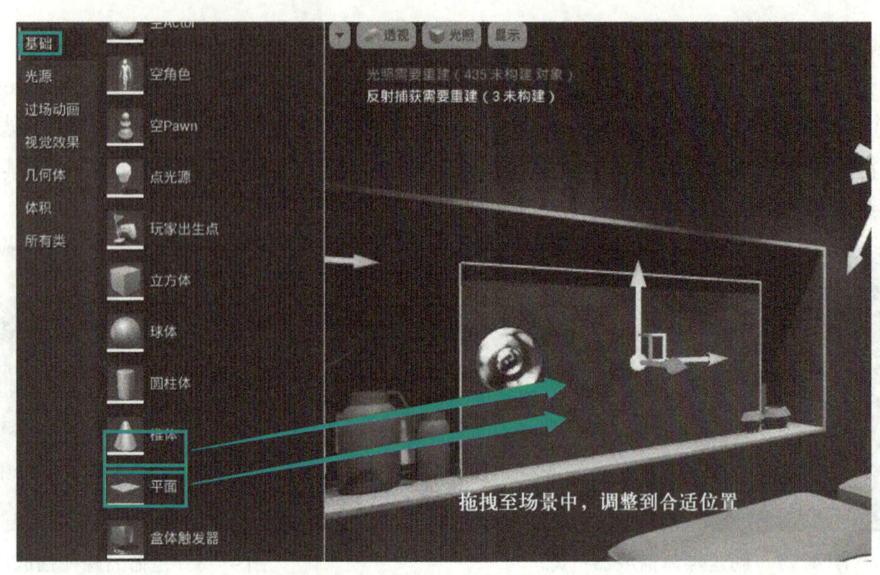

图 4-80 添加平面显示屏幕

3）在关卡编辑器的工具栏上，单击“蓝图”按钮，在下拉菜单中选择“打开关卡蓝图”选项。

4）在关卡蓝图界面的左侧，单击“变量”选项旁的“+”按钮，添加一个新的变量，如图 4-82 所示。

图 4-81 生成视频材质

图 4-82 添加变量

5）将变量重命名为“MediaPlayer”，在关卡蓝图编辑器右侧的“细节”面板中可以对该变量进行参数设置。单击“变量类型”选项，在打开的下拉选项中单击“对象类型”，如图 4-83 所示。找到并选中“媒体播放器”，这样，便将变量的类型设定为了“媒体播放器”。

6）在关卡编辑器的工具栏中，单击“编译”按钮，在“细节”面板的“默认值”选项中单击下拉菜单，选择“SampleMedia”播放器资源，为变量设定默认值，如图 4-84 所示。

提示： 设定默认值之前一定要对变量进行编译。

7）按住〈Ctrl〉键的同时将“MediaPlayer”变量拖入到关卡蓝图编辑器的中央区域即“事件图表”区域，以获取该变量，如图 4-85 所示。

图 4-83　设置变量类型

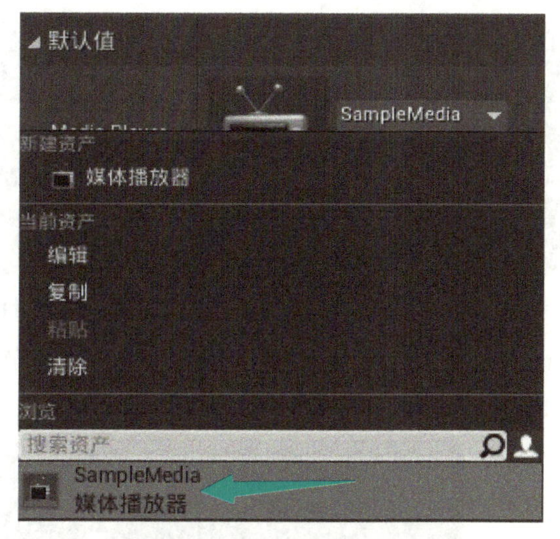

图 4-84　设定变量默认值

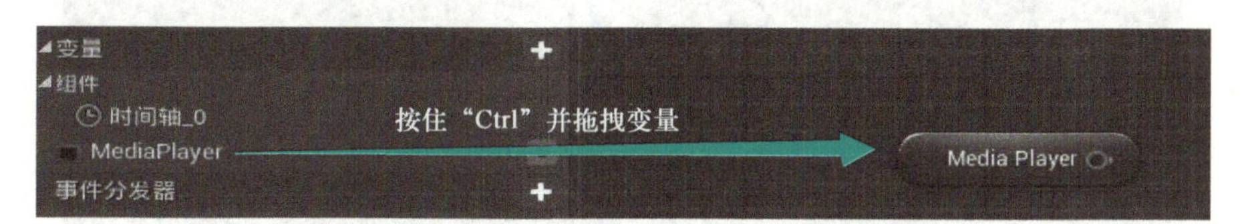

图 4-85　获取变量

8）右击“事件图表”空白区域，在弹出的关联菜单中输入“begin”关键词，菜单会自动关联出与之相关的命令节点名称，选择“事件开始运行”选项，如图 4-86 所示，即添加了一个在场景开始运行时执行某事件的节点。

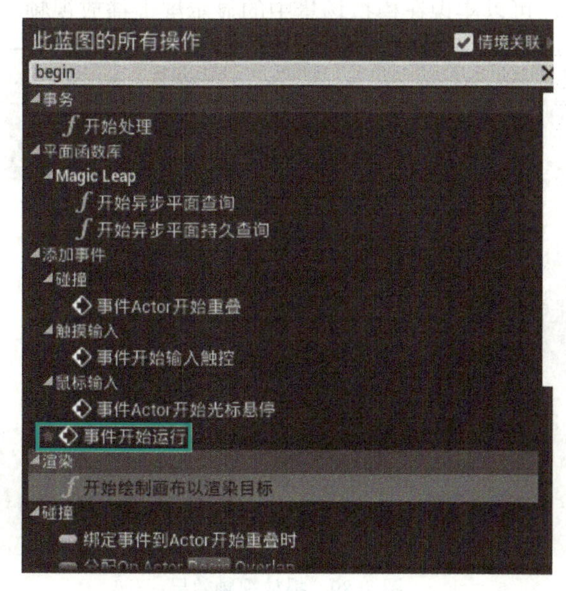

图 4-86　添加“事件开始运行”节点

9）单击 MediaPlayer 变量节点的蓝色引脚，并向右拖动引出引线，在弹出的关联菜单中输入“源”，选择“打开源”节点，在节点的“Media Source”下拉列表中选择要播放的视频资源，如图 4-87 所示。

图 4-87　添加“打开源”节点并设置

10）将“事件开始运行”节点与“打开源”节点相连，如图 4-88 所示。此蓝图执行的命令是：在场景运行时，播放视频资源。

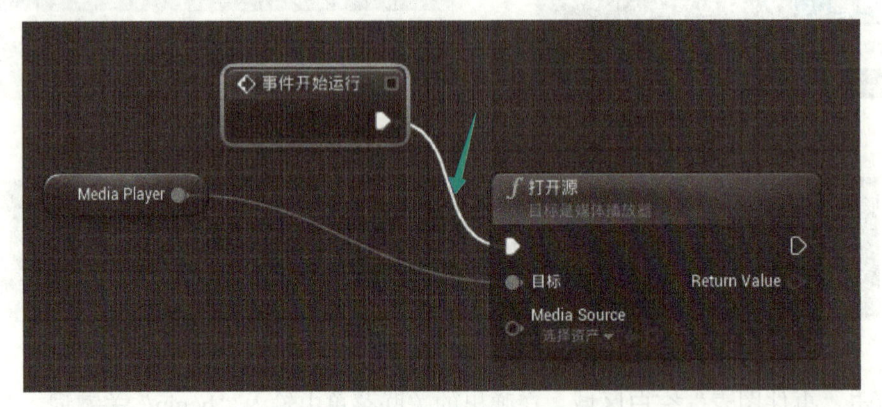

图 4-88　连接“事件开始运行”节点

11）单击工具栏上的“编译”按钮后，关闭关卡蓝图，关闭关卡编辑器，单击工具栏上的“播放”按钮，运行场景，可以实现在模拟场景中的显示屏上播放视频。效果如图 4-89 所示。

图 4-89　播放视频效果

任务 4.5　创建碰撞外壳

在关卡编辑器中，单击工具栏上的“播放”按钮后，可以通过 W/A/S/D 键、方向键或移动鼠标来实现在关卡中移动，但是移动时能穿透关卡中的物体，这显然不合常理，所以需要为一些物体创建碰撞外壳。创建碰撞外壳的方法有很多，可以在 3DS MAX 中创建，也可以在 UE4 中创建。本任务介绍如何在 UE4 中创建碰撞外壳。

4.5.1　创建客厅墙体碰撞外壳

1）在关卡编辑器的透视图中选择“Allwall”墙体模型，在“细节”面板中展开“静态网格体”卷展栏，双击墙体模型，进入静态网格物体编辑器。

2）单击工具栏上的“碰撞”按钮显示碰撞。在“详情”面板中展开“碰撞”卷展栏，设置“碰撞复杂度”为“将简单碰撞用作复杂碰撞”，如图 4-90 所示。创建好后单击工具栏上的“保存”按钮保存设置。

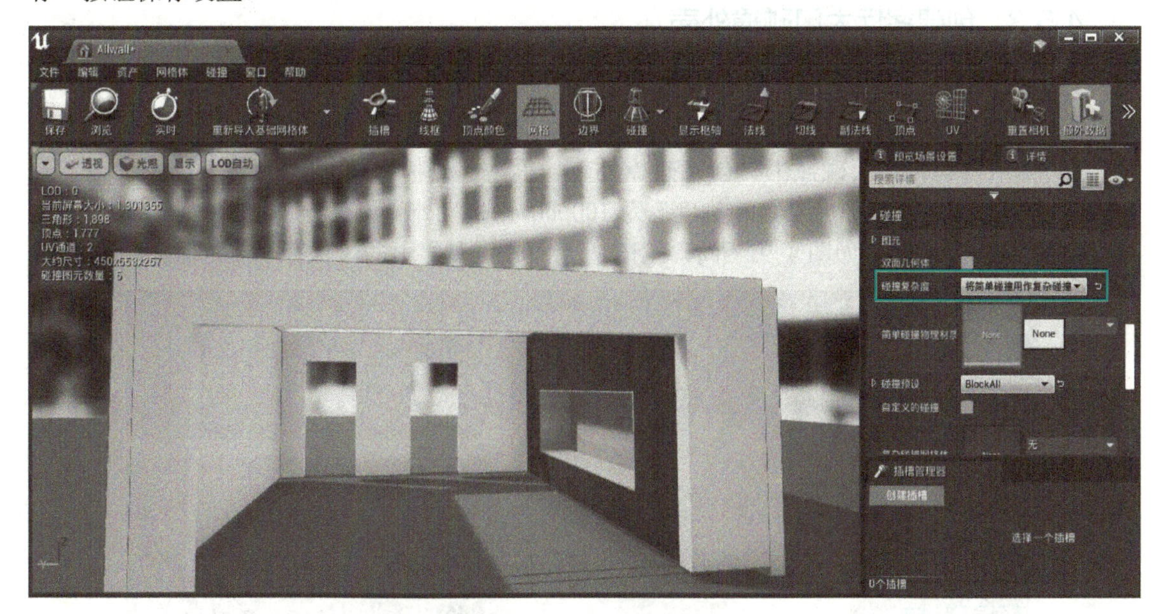

图 4-90　创建客厅墙体碰撞外壳

4.5.2　创建客厅地板碰撞外壳

1）在关卡编辑器的透视图中选择“Allplane”墙体模型，在“细节”面板中展开“静态网格体”卷展栏，双击地板模型进入静态网格物体编辑器。

2）使用简单形状创建碰撞外壳。单击工具栏上的“碰撞”按钮显示碰撞。单击“碰撞”|“添加盒体简化碰撞”命令，如图 4-91 所示。创建好后单击工具栏上的“保存”按钮保存设置。

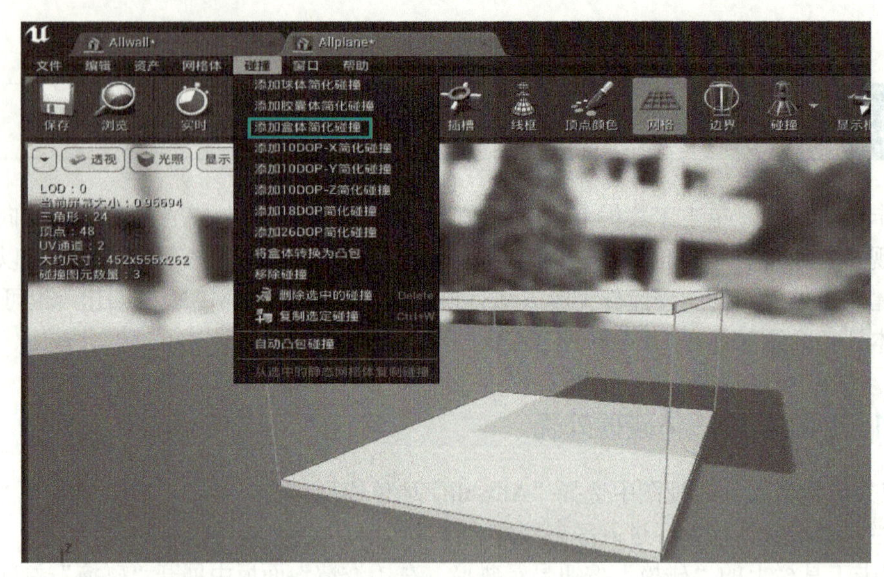

图 4-91　创建地板墙体碰撞外壳

4.5.3　创建客厅大门碰撞外壳

1）在关卡编辑器的透视图中选择“SM_Door_006”墙体模型，在“细节”面板中展开“静态网格体”卷展栏，双击大门模型进入静态网格物体编辑器。

2）使用自动化凸面碰撞工具创建碰撞外壳。单击“碰撞”|“自动凸包碰撞”命令，在“凸包分解”面板中，设置“凸包精确度”为 100000，“最大外壳顶点数”为 8，“凸包数量”为 4，单击“应用”按钮，如图 4-92 所示。创建好后单击工具栏上的“保存”按钮保存设置。

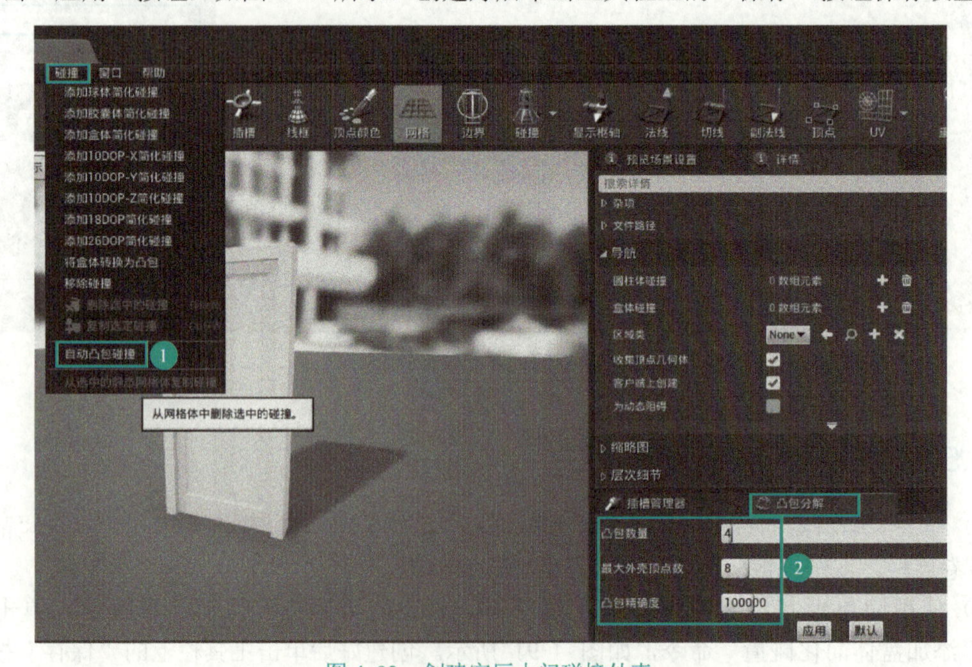

图 4-92　创建客厅大门碰撞外壳

任务 4.6　打包输出

微课 4-8
打包输出

在将虚幻引擎项目发布给用户之前，必须正确地打包项目。确保所有的代码及内容都是正确的，并且具有可以在目标平台上运行的格式。在打包过程中，如果一个项目有自定义的源码，那么应先编译该源码。然后把所需内容转换成目标平台可以使用的格式。最后，这些编译好的代码及渲染好的内容将会被打包到一个可发布的文件集合中，比如，一个针对 Windows 操作系统的安装包。

本任务以 Windows 操作系统为平台介绍发布的过程与步骤。

1）单击“文件”|“打包项目”|“打包设置”选项卡，展开“项目”卷展栏，在“编译配置”中选择“发行”，并设置“移动目录”路径，如图 4-93 所示。

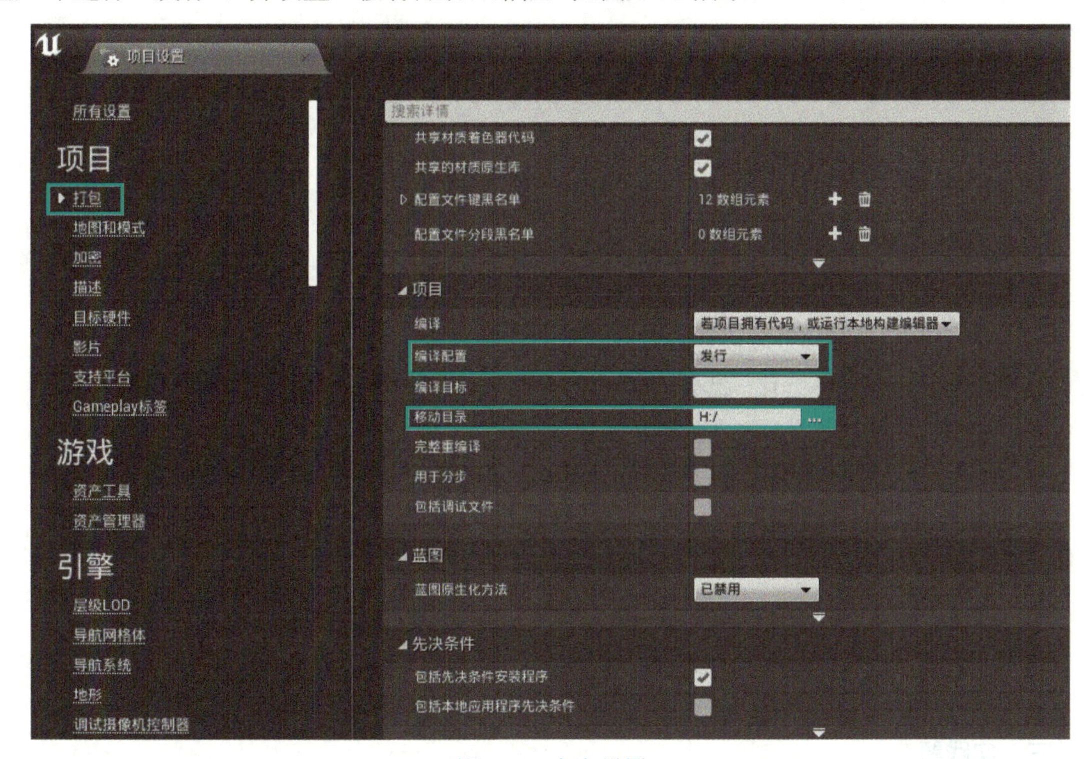

图 4-93　打包设置

提示：编译配置中有两个选项：发行与开发，两者的区别如下。

- 开发：具有较好的性能，只需要少量的调试。
- 发行：打包后是最终版本，其他用户无法对已打包的文件进行破译和二次开发。

2）单击“文件”|“打包项目”|“Windows”|“Windows（64 位）”命令，选择一个输出文件夹，然后等待项目打包输出。

3）打包输出完成后，双击并打开输出的“.exe”可执行文件即可进行 VR 体验。

项目小结

本项目以 VR 样板间中具有现代风格客厅的效果表现为例，按照项目的真实流程对其表现特点、场景搭建、材质模拟、灯光布置、交互设计、碰撞外壳、打包输出等进行了详细介绍。VR 样板间这种新的表现形式，打破了时间和地域的限制，哪怕用户在不同的城市，不同的国家，也能身临其境。近几年 VR 样板房的市场很热，但是产品却良莠不齐，我们更应该以工匠精神打造极致产品，让用户体验真正意义的 VR 样板间。VR 样板间是多种技术的综合，包括实时三维计算机图形技术，广角立体显示技术，对观察者头、眼和手的跟踪技术，以及触觉、力反馈、立体声、网络传输、语音输入输出技术等。每一项技术的背后都倾注着现代工匠们坚持、极致、精细、传承的精神。

工匠品质是推动我国民族工业和文化进步的重要力量源泉，在现代化工业制造的今天，现代化工业产品同样需要体现出可贵的工匠品质。中华民族有着心灵手巧的民族基因，以鲁班为典范的高级工匠培养模式定能在国家的教育升级中发挥重要作用。

课后练习

一、选择题

1. UE4 中的台灯灯光一般用（　　）光源来模拟。

A. 定向　　B. 点　　C. 聚　　D. 天空

2. 用于为一个关卡管理全局事件的是（　　）。

A. 蓝图类　　B. 关卡蓝图　　C. 蓝图编辑器　　D. 可视化脚本

3. 用于在关卡中的静态网格物体上播放视频和其他媒体文件等的资源类型是（　　）。

A. 媒体框架　　B. 媒体播放器　　C. 蓝图类　　D. 关卡蓝图

4. 下面属于 UE4 光效系统光源的是（　　）。

A. 定向光源　　B. 点光源　　C. 聚光源　　D. 天空光源

5. UE4 中筒灯灯光一般用（　　）光源来模拟。

A. 定向　　B. 天空　　C. 点　　D. 聚

二、简述题

1. 在 UE4 中怎样快速搭建场景?
2. 内容浏览器的主要功能是什么？

三、实践题

在 UE4 中导入已准备好的 3DS MAX 模型资源，利用所学知识搭建场景、布置灯光、模拟材质、创建碰撞外壳、添加背景音乐、设置并打包输出，完成一个卧室空间的虚拟现实效果表现。

学习情境 5 探索吴文化遗产——苏州盘门明信片 AR 项目

学习目标

【知识目标】

- 了解国内优秀的 AR 引擎种类与功能。
- 掌握 AR 明信片识别图的制作与注册方法。
- 掌握 AR 明信片主程序的开发流程。
- 掌握 AR 明信片应用程序的打包和发布。

【能力目标】

- 能够在 Vuforia 平台开发简单的 AR 明信片案例。

【素养目标】

- 通过 AR 技术体会中国传统吴地文化。

项目分析

AR 明信片是结合 Unity 与 AR 专业引擎开发的 AR 应用程序，通过智能设备（手机、平板、电视、展示大屏等）的摄像装置扫描识别图后，屏幕上会出现相关的视频、3D 模型、文字介绍等内容，并播放音乐，能够全面、多方位地传递信息。采用 AR 技术设计的明信片将真实物体和虚拟物体与用户环境结合起来，能够实时交互，实现真正的虚实无缝结合。

在尚存的苏州城墙中，盘门段是迄今为止国内保存最完整的水陆并峙的古城门，历史意义深刻。本项目实现苏州盘门明信片 AR 项目，在传统明信片的基础上，植入 AR 技术，通过扫描明信片上的二维码，下载并安装客户端，即可通过 3D 动画、音频等组合方式，动态展示明信片内容，更新颖、便捷地宣传江南文化。利用 AR 技术使将吴地传统文化“动起来”。

图 5-1 展示了一种 AR 明信片的常规使用步骤，首先在移动终端的应用商店下载贺卡 App 并安装，使用移动终端摄像头扫描明信片识别图，最后移动终端的屏幕上就会显示出明信片中运用的增强效果。明信片中的 AR 技术主要使用了二维图片定位技术。二维图片定位技术一般用于识别与定位平面物体，定位锚点为真实场景中的某一个图片，计算机会根据定位锚点生成虚拟场景。二维图片定位技术是 AR 技术中应用最为广泛的技术之一，技术难度相对较低。

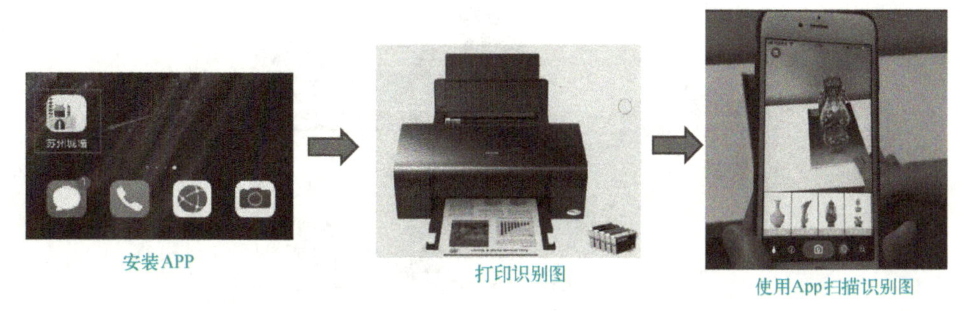

图 5-1　AR 明信片使用步骤

项目实现

结合 AR 明信片开发所需考虑的因素，本项目选取面向吴文化教育的苏州古城墙 AR 应用开发。下面将按照图 5-2 所示的项目进度规划，阐述 AR 明信片案例设计的开发流程。

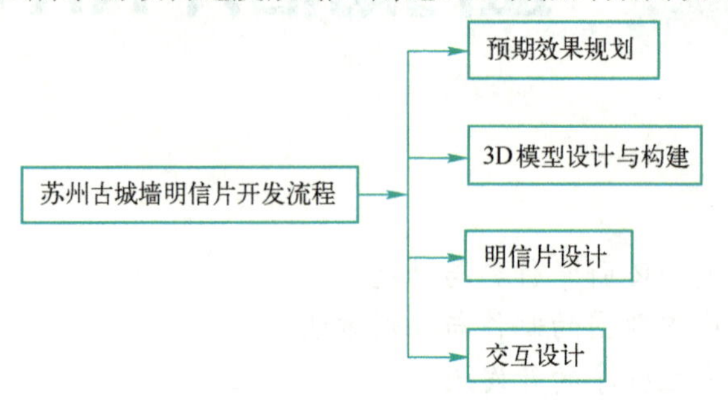

图 5-2　苏州古城墙明信片开发流程

（1）预期效果规划

通过前期的资料收集，以及参考其他 AR 作品，确定预期效果为：当移动终端摄像头对准标识明信片时，明信片上方会出现苏州古城墙盘门段的三维场景，同时播放背景音乐；手指触摸移动终端屏幕时，古城墙能够转动角度，并进行放大或缩小的展示。

（2）3D 模型设计与构建

在制作模型之前，通过实地拍摄和文献搜索，选择便于 3D 展现的苏州盘门城墙模型，观察此段城墙的外观，制作逼真、立体的模型，并且考证此段城墙的意义，便于后期再创作。建模过程中要注意对模型的优化，通过减少模型的面数和贴图文件的大小来降低文件大小。（素材路径为“素材文件\学习情境 5\ panmen_final.fbx”）。此外，为增加模型和动画的感染力，本案例还要设计和制作必要的音频资源，可以由开发者通过音频采集软件进行录制，然后进行相应的处理（素材路径为“素材文件\学习情境 5\bgmusic.mp3”）。

（3）明信片设计

除了提供传统明信片的阅读功能外，纸质明信片还应能配合 AR 应用程序显示三维模型。因此需要对明信片内容精心编排，提供清晰可辨认的标记图案，当摄像头扫描明信片时，AR 引擎能够稳定、持续地识别纸质明信片，并根据识别特征加载相应的 3D 场景，最终将逼真的虚实结合效果呈现在显示设备上。考虑到古城墙 3D 模型及动画的展示效果，设计明信片时需要一定的构思。通过恰当的图形和色彩搭配表现出来，使明信片效果图看起来更加生动、更加符合意境，卡片的最终设计效果如图 5-3 所示（素材路径为“素材文件\学习情境 5\szpanmen.jpg”）。

图 5-3　苏州盘门卡片设计效果

（4）交互设计

当用户对盘门城楼感兴趣，想近距离细致观察时，双指滑动场景中的模型能够实现旋转、放大和缩小。这项功能是人机交互中最普遍的一项。

任务 5.1　开发环境的搭建

5.1.1　AR 引擎的选择

AR 引擎，也称 AR SDK（Software Development Kit，软件开发工具包），是为 AR 系统工程师提供的开发工具和函数库，协助开发人员更高效地开发出 AR 应用程序，并可实现应用的跨平台发布（当前 Unity 能支持多达 21 种设备，如安装 Android、iOS 和 Windows 操作系统的终端，以及 Wii、PlayStation 等游戏设备）。

Unity 是当前 AR 开发中被采用最多的内容制作平台，选择与之兼容的 AR 引擎，可以为内容制作平台提供 AR 功能的支持。Vuforia 是目前流行的 AR 引擎平台之一，可以识别 2D 平面图像以及不同类型的视觉对象（盒子、圆柱体、平面）、文本和环境、VuMark（图片组合）和 QR 码（二维码）。

Vuforia 在 AR 技术界之所以有如此魅力，原因主要体现在以下几个方面。

- 识别标识物比传统的 AR 工具更加迅速与准确。
- 其云识别技术能够并行处理百万级的标识物。
- 可以使用用户自定义的目标。
- 跟踪目标的鲁棒性很好，不会随着设备移动而使跟踪能力轻易受到影响。
- 能够同时跟踪处理多个标识物。
- 能够自适应光照强度，并支持标记物部分遮挡，以及延展识别功能。

相比传统的 AR 应用程序，性能更加出色，在与真实场景融合的时候，过渡更加自然。

目前国内也出现了几款优秀的 AR 引擎。

1）EasyAR 是视辰信息科技研发的 AR 引擎，自研发了一套 SLAM（即时定位与地图构建），可适配更多机型。支持 Unity，并支持 Android 和 iOS 设备，通过平台云端存储识别数据。最新一些功能，如人物遮挡、光照估计等功能，还待优化。EasyAR 目前已经产品化，但是稳定性还有待提高。

2）HiAR 是亮风台信息科技针对国人开发的专注本地化 AR 开发的专业引擎，能够原生支持多种格式 3D 动画模型渲染，兼容全部主流的软硬件平台，简单易上手，同时提供 Native SDK、UnitySDK、REST API、管理后台和 AR 浏览器，并且提供产品定制和 AR 制作服务。HiAR 目前仅支持 AR 3D 模型和 Video。

3）太虚 AR 以手绘支持功能作为市场切入点，为消费者和开发者提供全新的体验方式；其具有强大的图像与手绘识别功能，可以提供视频回放以及自定义图像展示功能。太虚 AR 目前在跟踪稳定性方面还有上升空间。

综合目前情况来看，Vuforia 的功能最完善，稳定性最好，是 AR 开发的首选，本案例采用 Vuforia 作为引擎，进行 AR 明信片功能的开发。

Vuforia 提供使用 Unity 开发所需要的 SDK，用户需要为每个应用程序创建唯一的许可授权（License Key），Unity 中需要使用它才能创建 Vuforia 应用；创建 Unity 开发过程中所需的数据库和图片识别数据资源，它们会被存储在一个包含跟踪信息的 Unity Package 中。

基于 Unity 的移动 AR 应用能够在终端连续移动过程中无缝切换虚实叠加的效果。该方法主要包括 3 个步骤：创建数据库、目标管理和 Vuforia 集成与发布。其中，目标管理主要是对标识物进行预处理，而 Vuforia 集成与发布是生成移动 AR 应用的必经之路，主要在 Unity 中完成。基于 Unity 的移动 AR 开发流程图如图 5-4 所示。

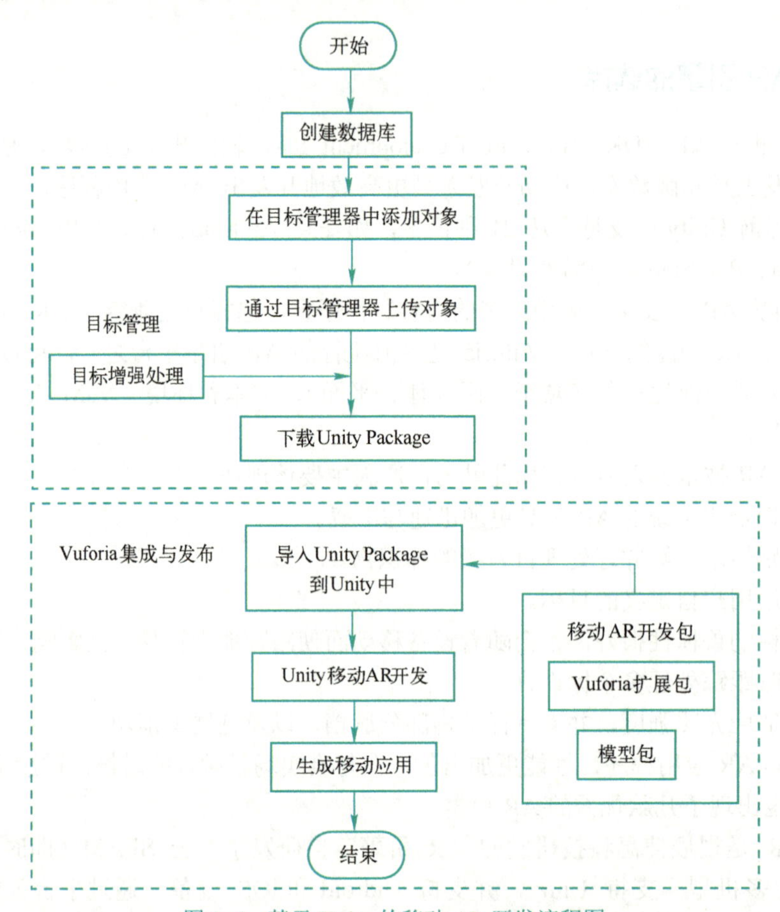

图 5-4　基于 Unity 的移动 AR 开发流程图

制作移动 AR 应用程序，首先需要在 Vuforia 的官网创建数据库，用于标识物的管理。根据实际需求，选择多个确定的标识物进行拍摄，上传至之前在 Vuforia 官网创建好的数据库，Vuforia 引擎会实时处理标识物图像，并反馈到对应的个人数据库中。开发者通过 TMS（Targets Management System，目标管理系统）的 Web 接口下载 Unity Package，然后与移动 AR 开发包（包括 Vuforia 扩展包、模型包、特效包）一同导入到 Unity 中，在 Unity 中创建场景，进行移动 AR 程序开发，最后生成移动应用。

5.1.2　环境配置

在开始 AR 明信片案例之前，需要建立开发环境。针对本项目，开发工具则采用游戏制作引擎 Unity2018 以及 Visual Studio 2019。同时本项目是在移动端中完成，还需要进行移动端的环境配置，下面将详细介绍 Android 平台环境配置的操作流程。

移动端一般都采用 Android 操作系统，该系统界面友好、响应迅速，可以使用户具有良好使用体验，大大缩短新用户对系统摸索的时间。

Android 平台环境配置主要是完成 JDK 和 SDK 的安装及设置。

Java JDK 是指 Java 平台标准版开发工具包，它是一个使用 Java 编程语言构建应用程序、Applet 和组件的开发环境，主要用于移动设备、嵌入式设备上的 Java 应用程序。Android SDK 指的是 Android 专属的软件开发工具包，是软件开发工程师为特定的软件包、软件框架、硬件平台、操作系统等建立应用软件的开发工具的集合。

1. 下载 JDK

首先安装 Java JDK，本任务所用的 Java JDK 为 1.8.0 版本，可从 Oracle 的开发网站或者从国内相关的中文网站下载。双击文件名，根据提示，执行默认选项，即可完成 JDK 的安装，如图 5-5 所示。

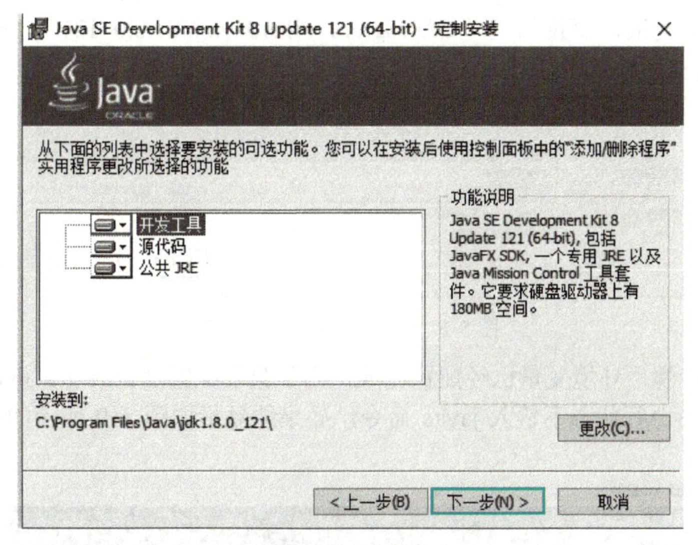

图 5-5　安装 JDK

提示：建议将 JDK 安装在系统盘。

2. 环境变量配置

1）在桌面“此电脑”或“计算机”图标上单击鼠标右键，在弹出的快捷菜单中选择“属性”|“高级系统设置”|“环境变量”命令，打开“环境变量”配置对话框。

2）检查系统变量下是否有 JAVA_HOME、PATH、CLASSPATH 这 3 个环境变量。在“系统变量”中单击“Path”变量，在弹出的“编辑系统变量”对话框中增加“C:\Program Files\Java\ jdk1.8.0_121\bin;”路径（放在最前），如图 5-6 所示。

3）在“系统变量”中单击“新建”按钮，在弹出的“编辑系统变量”对话框中增加“ClassPath”系统变量，变量值为“C:\Program Files\Java\jdk1.8.0_121\lib\”，并单击“确定”按钮；表示 lib 文件夹下的执行文件，如图 5-7 所示。

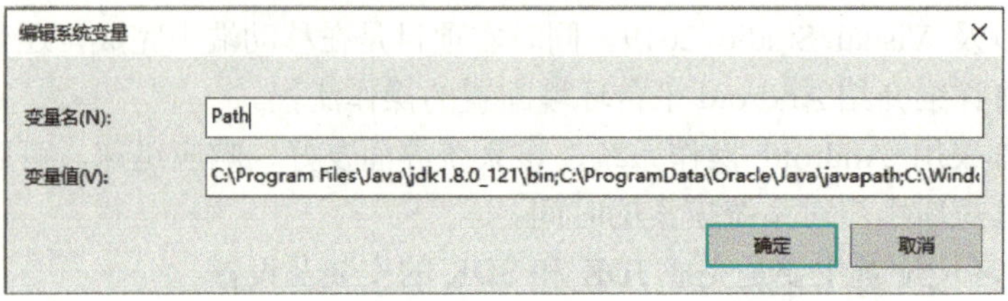

编辑系统变量

变量名(N): Path

变量值(V): C:\Program Files\Java\jdk1.8.0_121\bin;C:\ProgramData\Oracle\Java\javapath;C:\Wind

确定 取消

图 5-6 设置 Path 变量

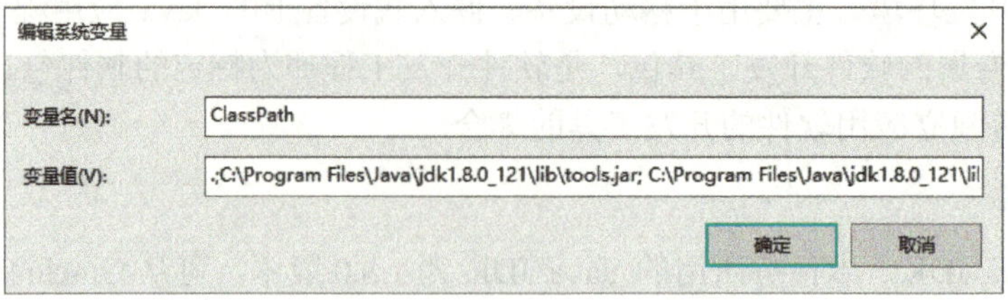

编辑系统变量

变量名(N): ClassPath

变量值(V): .;C:\Program Files\Java\jdk1.8.0_121\lib\tools.jar; C:\Program Files\Java\jdk1.8.0_121\li

确定 取消

图 5-7 设置 ClassPath 变量

4）在“系统变量”中单击“新建”按钮，在弹出的“新建系统变量”对话框中增加“Java_Home”系统变量，变量值为“C:\Program Files\Java\jdk1.8.0_121”，并单击“确定”按钮，表示该变量所在的安装路径，如图 5-8 所示。

图 5-8 设置 Java_Home 变量

5）通过上述步骤，环境变量已经配置完成，为了验证配置是否成功，可以打开系统的命令提示符，在 DOS 命令行状态下输入 javac 命令，如果能显示如图 5-9 所示的内容，则说明环境变量已经配置成功。

图 5-9 环境变量配置成功

3. 下载 Android SDK

接着下载 Android SDK，可从谷歌的开发者网站或者从国内相关的中文网站下载。将

androidsdk.rar 文件解压缩到“C:\Program Files\Android_SDK”目录下。注意“C:\Program Files\Android_SDK”目录下不能出现 androidsdk 目录，及其包含的 add-ons、build-tools 等子目录和文件；若路径中没有“Android_SDK”文件夹，请自行创建。

4. 环境变量配置

打开 Unity，选择“Edit”|“Preferences”|“External Tools”菜单命令，打开“Unity Preference”对话框，如图 5-10 所示。

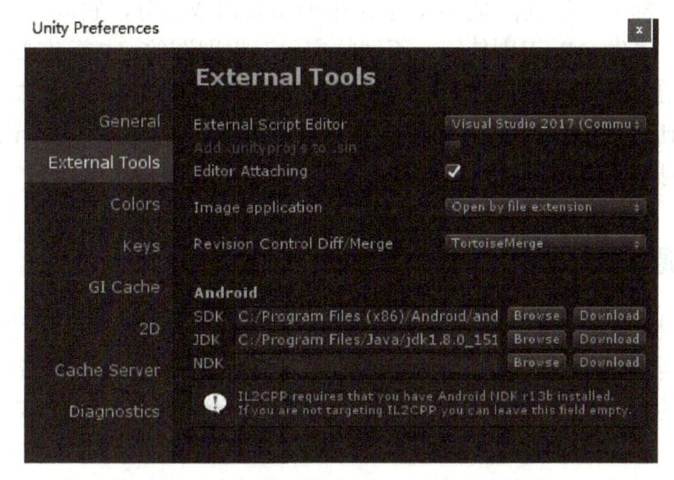

图 5-10 “Unity Preference”对话框

5. 导入 Vuforia 模块

安装 Unity 时如果使用的是默认版本，还需要在 Unity 中加载 Vuforia 模块。在 Unity 的 File 菜单选择 Build Settings，在弹出窗口中单击“Players Settings”按钮，如果在“Inspector”面板的 XR Settings 中看到有“Vuforia Augmented Reality”选项，就说明 Unity 中已经集成了 Vuforia，可以通过勾选该选项后的方框来加载 Vuforia 模块，如图 5-11 所示。

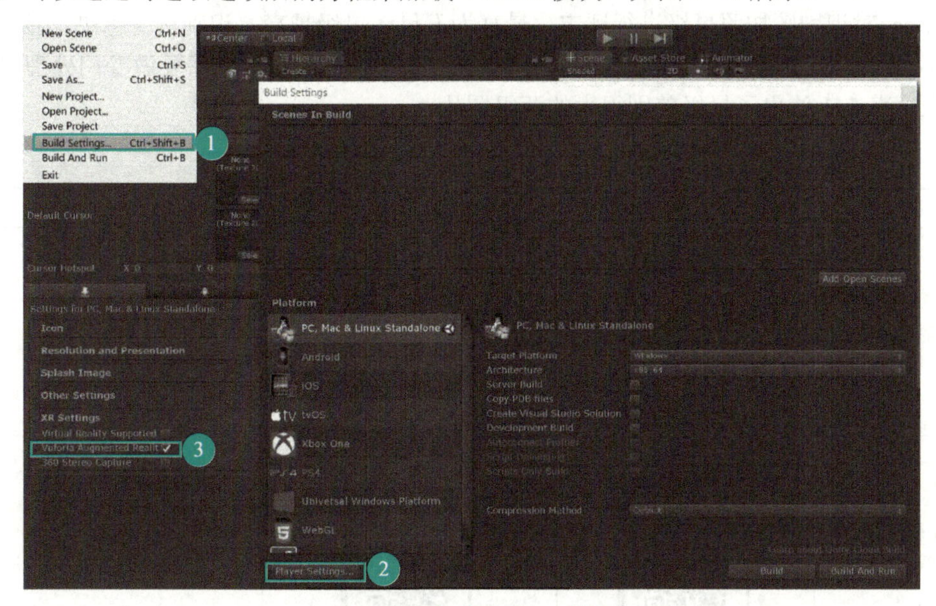

图 5-11　加载 Vuforia 模块

如果没有“Vuforia Augmented Reality”选项，则说明安装的 Unity 中没有 Vuforia 模块。

任务 5.2 注册识别图

在 AR 明信片案例制作过程中，需要对设计好的明信片进行注册识别，这也是制作和注册该案例不可或缺的一部分。识别图是 AR 应用中的重要组成部分，它既为后续内容制作平台提供相应的图片素材，也供 AR 识别使用。不同的应用对识别图的编排各有要求，Vuforia 对识别图制作也有要求。结合 Vuforia 识别的原理（即通过检测自然特征点来完成图像匹配），需要将识别图上传到 Vuforia 进行星级评定来完成识别图的注册。本任务主要学习识别图的设计注册，掌握 AR 明信片的制作过程。

5.2.1 识别原理及过程

Vuforia 是通过检测自然特征点来完成图像匹配进行完成识别的。鉴于灰度图像特征明确，计算机视觉系统均是将彩色图像黑白化，然后再对其进行识别和跟踪。Vuforia 中识别图的质量高低可以通过图像的灰度直方图分布进行适宜性评价，Photoshop 或 GIMP 均有直方图生成功能。Vuforia 的图片识别过程可归纳为以下几点：

- 在服务器端对上传的识别图片进行灰度处理，将图片变为黑白图像。
- 提取黑白图像特征点。
- 将特征点数据打包。
- 程序运行时对比特征点数据包，从而调出相应的场景。

5.2.2 识别图设计规则

Vuforia 对识别图按照星级进行评定，最高为五星。星级越高，识别速度越快，显示物体越稳定，不会出现抖动现象。如果识别图的星级是二星或以下，此时就需要做专门处理以便满足识别要求。表 5-1 给出了星级差别很大的两组图片。

表 5-1 识别图片星级对比

对比项	上传的图像	图像分析	星级评定
局域少量特征的图像			★★☆☆☆
具有较多特征的图像	Cinema	Cinema	★★★★★

从五星级组中可知，识别图设计需要遵循下述规律。

- 细节有棱角，且棱角数量多。
- 棱角分布均匀。
- 单个元素所占面积小。

对比表 5-1 中的两组识别图可以发现，第 1 组图片圆形的图元较多，对应识别特征点很少，而第 2 组图片方形或尖形较多，图片识别特征点很多，并且分布均匀。因此第 2 张图片的星级比第 1 张高出 3 颗星。

Vuforia 识别机制是通过检测自然特征点的匹配来完成。基本图形的特征点规律一般有以下三点：

- 圆形没有特征点。
- 方形有 4 个特征点。
- 半圆形有 2 个特征点。

详细说明见表 5-2 所示。

表 5-2　基本图形的特征点规律

图形	特征点规律
	正方形的每个角点均是特征点
	圆没有任何特征，因为它没有尖锐或棱角分明的细节
	此对象的两个尖锐角点是特征点 注：根据特征的定义，圆润角点或边缘不能作为特征

识别图制作时还应注意以下几点：

- 图片清晰度越高，越容易找到特征点。
- 避免特征点分布不均匀。
- 避免识别图中的图元有限。
- 避免很规则的图案。

总之，如果图像具有较低的整体对比度并且直方图窄且尖锐，那就表明图像特征较少，不是好的识别图像。如果直方图宽且平坦，则是良好的识别图，正常情况下，该图像包含许多有用的特征分布。综上所述，可以从下述几个方面提高图像的识别度。

1）星级。将目标图像中检测出的特征点保存在数据库中，然后将实时检测出的真实图像中的特征点与数据库中的模板图片进行匹配。为了保证识别稳定性，最好提高目标图像的星级，星级越高可识别度越好。

2）摄像头对焦。Vuforia 具有自动对焦设置，当无法自动对焦时，拍摄到的实时场景是模糊的，会对目标识别有较大的影响，大大降低检测和跟踪的性能。

① 开启连续自动对焦模式（FOCUS MODE CONTINUOUS AUTO），这种模式可以使设备根据当前场景进行自动对焦。

② Vuforia 其他对焦模式，当设备不支持连续自动对焦时，则需要启用手机中的其他对焦模式。

③ 触发自动对焦（FOCUS MODE TRIGGER AUTO），单击屏幕触发自动对焦模式，这也是一种良好的交互模式。

3）光照。在图像识别算法中，光照条件也是不容忽视的因素，光照条件会在很大程度上影响检测和跟踪的效果。检验算法的稳定性时，都会检测光照条件。

① 环境中光照足够，保证摄像头能够清晰地获取图像中的信息。

② 保证光照的稳定和可控。这就是室内 AR 与室外 AR 在算法上有一定区别的原因，Vuforia 的应用大多是室内。

③ 灵活运用闪光灯，闪光灯的作用就是补光，如果应用需要在黑暗的环境中运行，那么就需要打开闪光灯设置。

5.2.3 注册过程实施

识别图需要上传到 Vuforia 官网，进行在线注册处理，然后再将生成的特征值数据库下载到本地，才能在 Unity 中离线使用。该方式将众多图片的识别特征信息放在数据库中统一管理，大大提高了效率。另外，在 Vuforia 官网上可以显示注册图片的识别星级，方便用户推断识别图片在案例制作中被识别的难易程度，确定其可用性。

微课 5-1
Vuforia 插件的认识与识别图的制作

1. 注册前处理

注册识别图片前，首先需要在 Vuforia 官网注册一个账号，其步骤如下。

1）访问官方网站（https://developer.vuforia.com/），如图 5-12 所示，网站上有 6 个选项卡以及“Log In”与“Register”按钮。首次使用该网站的用户需要单击“Register”按钮进行账号注册。

图 5-12 Vuforia 首页

下面简单介绍一下 6 个选项卡的功能及用途。

①“Home”：首页，介绍最新版本的相关信息。

②“Pricing”：价格表，依据用户选择的项目类型来确定收费价格，若选择开发中版本（Development），开发者可以免费使用全部功能，见表 5-3 所示。

表 5-3 开发中版本的功能

功能	说明
支持图像、对象、文本和环境识别	—
手机、平板计算机和可穿戴式设备	—
支持的操作系统	Android、iOS、UWP
云识别	每月 1000 个识别目标或图像
VuMark（一种定制标记，可以编码数据格式）	100 个 VuMark
高级功能	云识别 Web API 与高级摄像机 API

除此之外，用户还可以选择消费者版本（Consumer）和企业版（Enterprise），这两个版本会收取一定费用。鉴于本案例的情况，选用免费的开发中版本即可。

③ “Downloads”：资源下载页面，共包含以下 3 个选项卡，如图 5-13 所示。

图 5-13　Downloads 页面

- “SDK”：为开发者提供了多平台下的 SDK 版本，可用来创建全息应用程序
- “Samples”：为开发者提供了若干案例素材，如 Core Features、Advanced Topics 等。
- “Tools”：为 AR 开发提供的辅助工具，如 VuMark Designer、Vuforia Object Scanner 等。

④ “Library”：资料库，包含很多与开发相关的常见问题、教程等。

⑤ “Develop”：开发所需要配置的内容，包括“License Manager”和“Target Manager”选项，是识别图注册过程中使用最多的一项。

“License Manager”会为应用程序创建唯一的标识——License Key（许可授权），导入 Vuforia SDK 后，均需要在 Unity 工程中关联它，Unity 可以监测应用调用次数。当调用次数超过该用户类别所对应的数量时，则会采取相应的收费策略。使用许可授权的好处有两个，一是将试用版和收费版结合起来，二是有了更好的服务收费的统计手段。一个许可授权对应一个应用程序，许可类型支持的所有操作系统版本的应用程序均可使用同一许可授权。

“Target Manager”即目标管理器，主要用来创建并管理数据库和对象。Vuforia 的目标管理器是一个基于 Web 的工具，使用户能够在线创建和管理目标数据库。用户还可以使用它管理数据库对许可证授权的分配。

⑥ Support：将各种问题分类整理，为开发者提供常见的问题解答，方便用户查询。

2）单击首页右上角的“Register”按钮，按照要求填写基本的注册信息，信息填写完成后单击页面下方的“Register”按钮，完成注册。

提示：姓名栏只能使用英文，密码中必须至少包含一个数字和一个大小写字母，不满足上述任何一个条件都会导致注册失败。

3）注册完成后弹出“Thank You”对话框，单击“OK”按钮后，网站会向注册邮箱发送两封邮件（其中一封名为“Registration for Vuforia Developer Portal”，是确认注册的邮件，在使用注册邮箱账号登录官网之前，需要先进入注册邮箱进行确认），确认注册完成后再到登录页面执行登录操作。

4）在登录界面会出现提示账户创建成功的信息，输入注册邮箱和密码，单击“Login”按钮即可完成登录，登录成功后会显示个人信息。

5）选择“Downloads”选项卡，进入下载界面，在“SDK”选项卡中有 4 种下载方式可供选择，如图 5-14 所示。

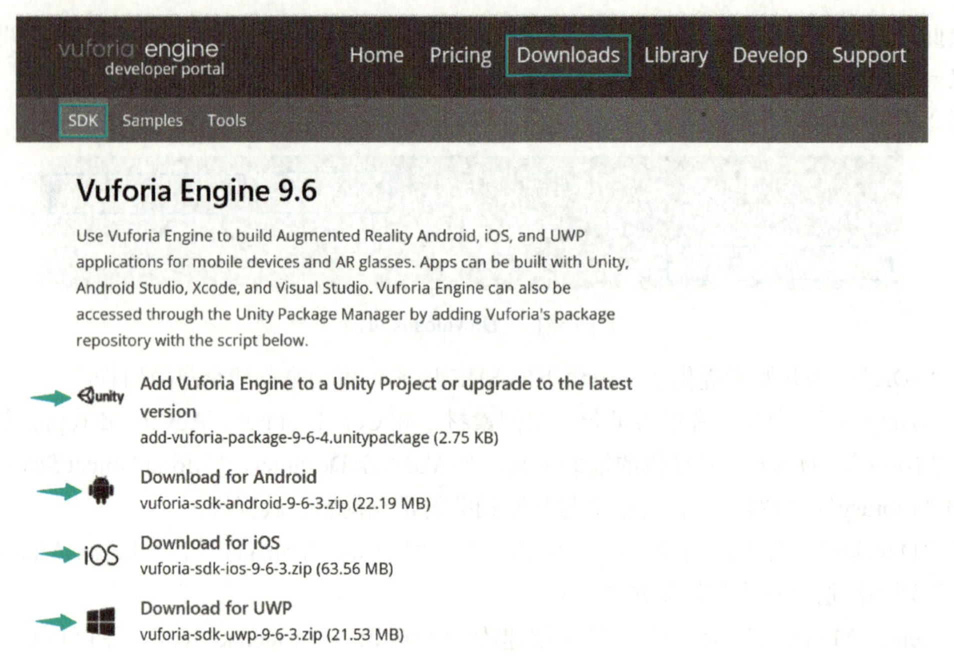

图 5-14　4 种下载方式

“Add Vuforia Engine to a Unity Project”：提供使用 Unity 引擎开发所需要的软件开发工具包。

“Download for Android”提供使用 Android 操作系统下开发所需要的软件开发工具包。

“Download for iOS”：提供使用 iOS 操作系统下开发所需要的软件开发工具包。

“Download for UWP”：提供使用 UWP（Windows 10 中 Universal Windows Platform 的简称，即 Windows 通用应用平台）开发所需要的软件开发工具包。

① 选择“Develop”选项卡，在默认“License Manager”选项中单击“Get Development Key”按钮，创建第一个应用所对应的许可授权，如图 5-15 所示。

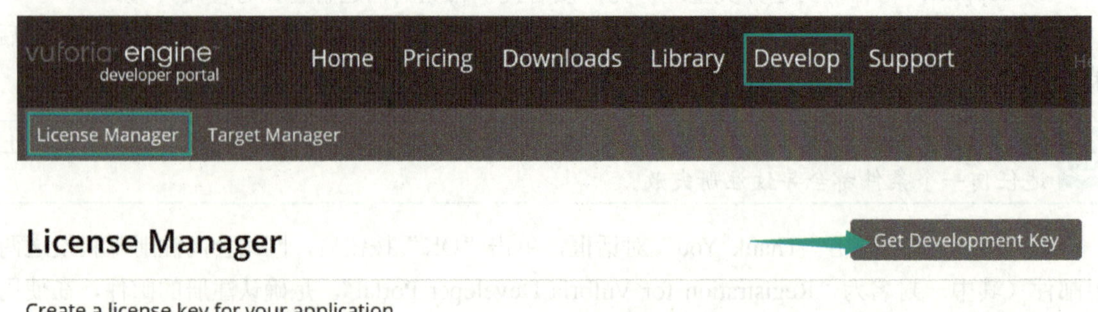

图 5-15　“Develop”选项卡

② 根据上述步骤，将 License Name 命名为“ARcard”，选中复选框，确认此许可授权受 Vuforia 开发者协议约束，再单击“Confirm”按钮，此时就完成了许可授权的创建，如图 5-16 所示。在“License Manager”中将显示如图 5-17 所示的相关信息。

③ 选择“ARcard”即可显示应用的详细信息，其中“License Key”编辑框中的内容会在 Unity 工程中被使用，如图 5-18 所示。

License Manager　Target Manager

Back To License Manager

Add a free Development License Key

License Name *

ARcard

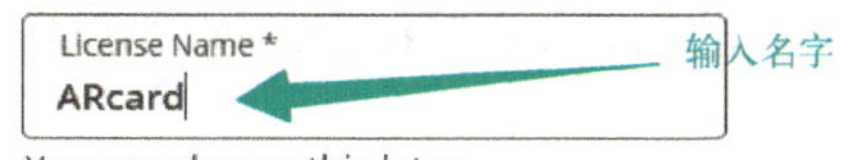

输入名字

You can change this later

License Key

Develop

Price: No Charge

VuMark Templates: 1 Active

VuMarks: 100

选中复选框，确认此许可授权受Vuforia开发者协议约束

☑ By checking this box, I acknowledge that this license key is subject to the terms and conditions of the Vuforia Developer Agreement.

Cancel　Confirm

图 5-16　选择信息

License Manager

Get Development Key　Buy Deployment Key

Create a license key for your application.

Search

Name	Primary UUID ⓘ	Type	Status ⌄	Date Modified
ARcard	N/A	Develop	Active	Jan 30, 2021

图 5-17　许可授权创建完成

License Manager › ARcard

ARcard

Edit Name　Delete License Key

License Key　Usage

Please copy the license key below into your app

Ad5WSpH/////AAABmUF98vuzD02SsRgY12n8JvpmlD73qHTNhA40O1QOjWVU1GXh6EAT/oCgSdBE6hxNCAMc9Oe5/1/vyBgQKSuEQsPxfq
WjQSxP0YatG+XyHyAX3pqrn/sXKwMpcJ8Wd69BGWAaNXOptPHJrA+VzYi2yqmOxLaPSpXKgB5+qNE4r9JFV/JkPOe+Cvbo9d7NL1X81/iq
qCWgQmh7/qYQ/XHt+pOa1ZWBn+sCrhwjEhdp5W4bP1kRPFmiKIdM8Gvh42aar8wTdaJ3UO40gIx/eAIlPaiocusqZ51fu/zw6ruoRkRgSl
cId/7rOkQ7RwAmPVcONuSV36Czya6zdML/1VvSO2fkzDCa2yikRyeh1CrYtFBA

Plan Type: Develop

Status: Active

Created: Jan 30, 2021 11:05

License UUID: 4f6d086111df4d0f938d813f901fd0fb

Permissions:

- Advanced Camera
- External Camera
- Model Targets
- Watermark

History:

License Created - Today 11:05

图 5-18　授权详细信息

提示： License Key 可直接在 Unity 中使用。

2. 识别图的注册

Vuforia 的预制体 ARCamera 的授权许可与识别图的数据库之间建立关联后，才能在 Unity 中被使用。以下是识别图的数据库生成过程的步骤。

1）在“Target Manager”选项卡中单击“Add Database”按钮，创建新的识别数据库，如图 5-19 所示。

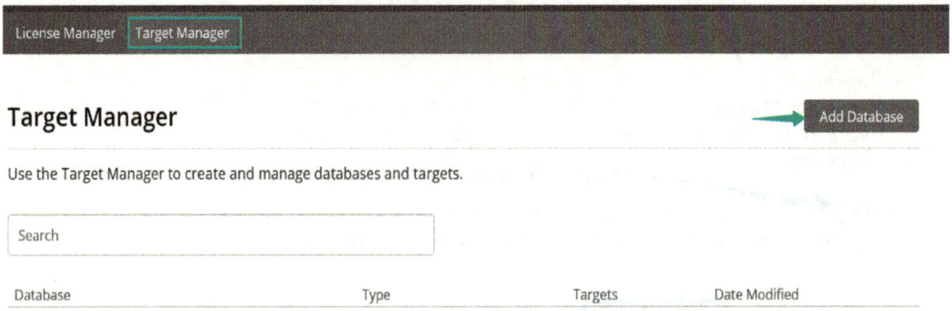

图 5-19　添加目标数据库

2）在打开的“Create Database”页面中，填写相关信息，如图 5-20 所示。

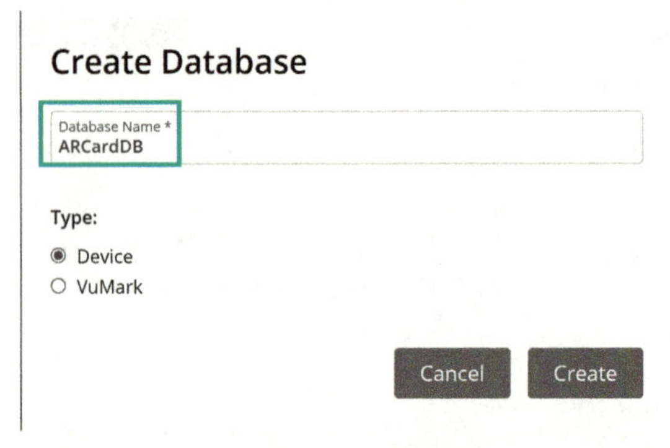

图 5-20　“Create Database”页面

数据库的类型有如下 3 种。

- “Device”（设备类数据库）：将图像或目标的特征数据库存储在用户的设备上，为应用程序提供了本地可访问的数据库。一个应用程序中可以使用多个设备类数据库，“Target Manager”允许用户在线创建和管理这些数据库，支持将它们统一打包下载，并在 Unity 工程中使用。
- “Cloud”（云数据库）：将图像或目标的特征数据库存储在云端服务器上，以供用户在线查询，目前该数据库能够支持多达 100 万个目标和图像的识别，云数据库由 Vuforia 云识别服务托管。
- “VuMark”：支持独有的基于 AR 技术的应用程序识别和跟踪，在应用程序中如需添加 VuMark，则需要创建一个该类型的数据库。

本例中数据库类型选择“Device”，将数据库的“Name”命名为“ARcardDB”，然后单击右下角的“Create”按钮即可完成创建，在“Target Manager”选项卡中，如图 5-21 所示。

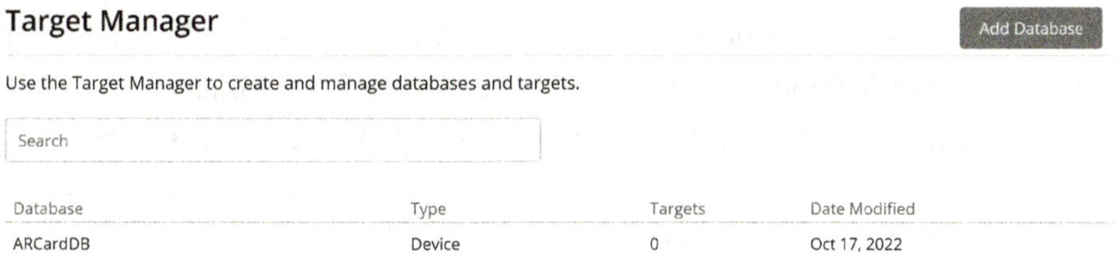

Target Manager　Add Database

Use the Target Manager to create and manage databases and targets.

Search

Database	Type	Targets	Date Modified
ARCardDB	Device	0	Oct 17, 2022

图 5-21　数据库创建完成

3）选择“ARcardDB”进入界面，单击“Add Target”按钮，如图 5-22 所示。在弹出的“Add Target”对话框中进行目标识别参数的设置，如图 5-23 所示。

图 5-22　在特征数据库中添加目标

Add Target

Type:

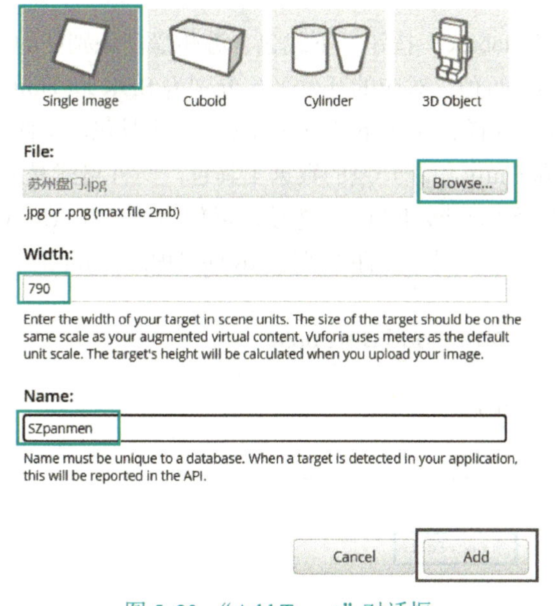

图 5-23　“Add Target”对话框

4）“Add Target”中首先要确定目标的数据库类型，目前支持以下 4 种类型。

- “Single Image”（单张图片）：识别对象为单张图片。
- “Cuboid”（长方体）：识别对象为长方体。
- “Cylinder”（圆柱体）：识别对象为圆柱体。
- “3D Object”（3D 对象）：识别对象为 3D 物体。

本例中的识别图片为苏州盘门的设计图片，因而“Type”选项设为“Single Image”；“File”的路径设为“素材文件\学习情境 5\ szpanmen.jpg”；“Width”输入识别图影像的宽度；目标的大小应与增强内容相同，Vuforia 中使用米作为默认单位。确定宽度后，上传图片时系统会计算目标的高度，本例中将 Width 值设置为 790，将识别图命名为“SZpanmen”，名称在数据库中必须是唯一的。当应用程序检测到目标时，将在 API 中报告，单击“Add”按钮完成添加。

提示： 识别图片的文件格式为（.jpg 或.png），大小不超过 2MB。

5）后台管理页面中，“Rating”代表等级，苏州盘门的识别图上传成功后，后台系统会对其进行自动评估，五颗星代表最易识别，依次往下代表识别程度越来越低。此处，苏州盘门图片的识别度为五星，“Status”为“Active”表示当前应用程序的状态是正常、可使用，如图 5-24 所示。

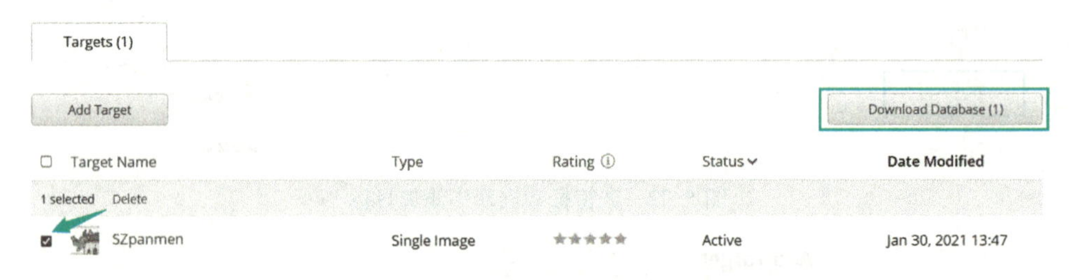

图 5-24　目标识别图管理页面

6）单击“Download Database”按钮，下载包含苏州盘门识别图的目标数据库，数据库格式有压缩文件和.Unitypackage 两种，对应的开发平台分别为 SDK 和 Unity Editor。

- SDK：Android 或 iOS 操作系统下开发的数据资源工具包，文件格式为 zip。
- Unity Editor：面向 Unity 引擎开发的数据工具包，文件格式是.Unity package。

本任务中开发平台选择“Unity Editor”选项，以便下一步在 Unity 工程中调用，下载时将其命名为“ARcardDB”，目标数据库文件生成为 ARcardDB.Unitypackage，如图 5-25 所示。

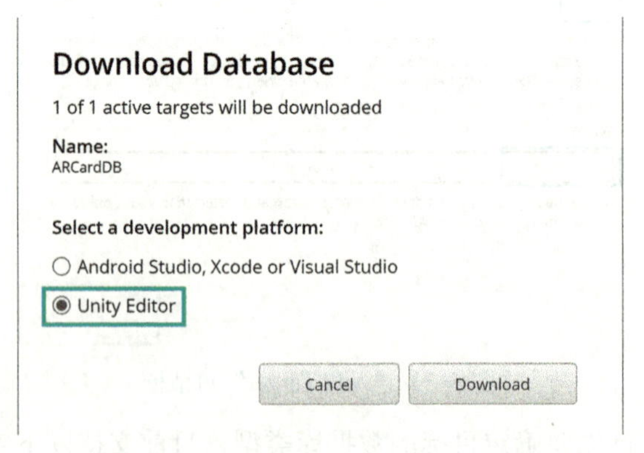

图 5-25　下载目标图的 Unity Package

任务 5.3　实现交互

使用 Unity 创建的工程，需要对其场景内容进行丰富。以 AR 明信片为例，需要在场景中导入相关模型、动画、音效等。交互操作既能体现开发内容，也能展现 AR 技术。不同 AR 产品其开发内容各有要求，交互方式也有所不同。本次任务将详细介绍 AR 明信片实现交互操作的制作流程，将以导入资源、显示模型、实现动画、实现旋转和缩放、添加音效的交互流程进行详细介绍。

5.3.1 导入资源

1）新建项目：启动 Unity2018.1 平台，在“C:\AR\”文件夹下新建一个名为“ARcard”的项目，如图 5-26 所示。

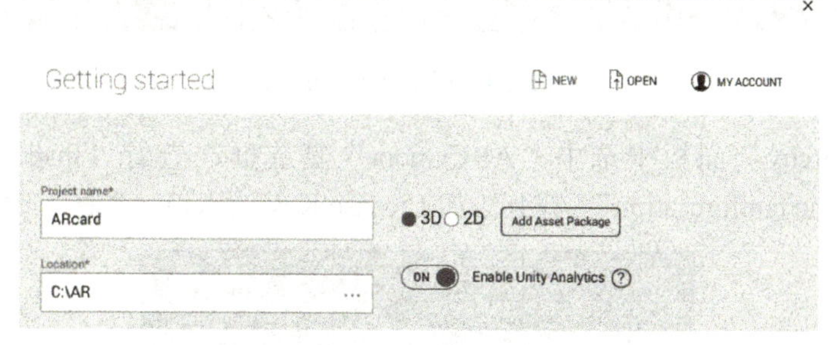

图 5-26　新建项目

提示： 新建项目的路径中不能出现中文。

2）导入 Vuforia SDK 资源包：加载 Vuforia 模块后，在 Unity 场景中看起来没有变化，只是在 Project 窗口中多了 VuforiaConfiguration 项。要使用 Vuforia 开发项目还需要进行开发环境的搭建。首先导入 Vuforia 资源包，在 Unity 的“GameObject”菜单中选择“Vuforia Engine”，添加一个 AR Camera，如图 5-27 所示。在 Unity 中会弹出一个对话框，提示用户是否导入 Vuforia 的资源包，单击“Import”按钮，完成导入。

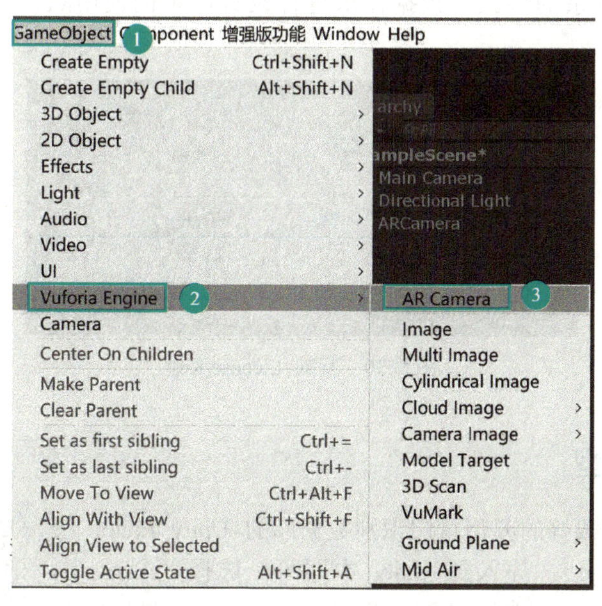

图 5-27　导入 Vuforia SDK

3）导入成功后，在Hierarchy窗口中会出现AR Camera，这时需要把原来的Main Camera删除，将AR Camera拖动到Hierarchy窗口最上方，如图5-28所示。

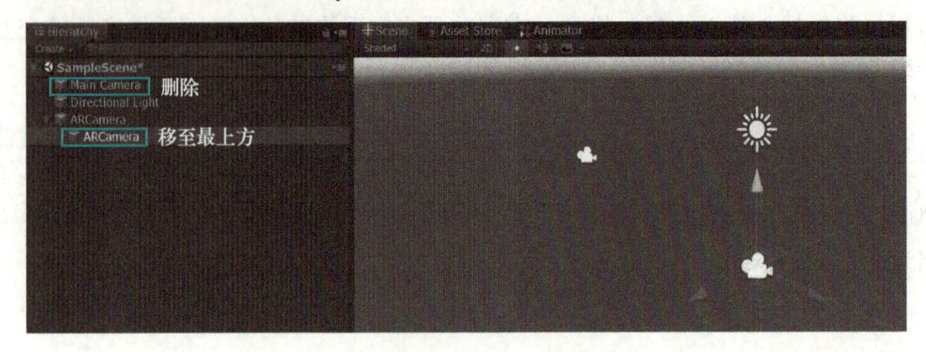

图5-28　调整AR Camera

4）在“Hierarchy”面板中选中“ARCamera”复选框，查看“Inspector”面板，打开“Open Vuforia Engine configuration”，找到添加License Key的入口，如图5-29所示。

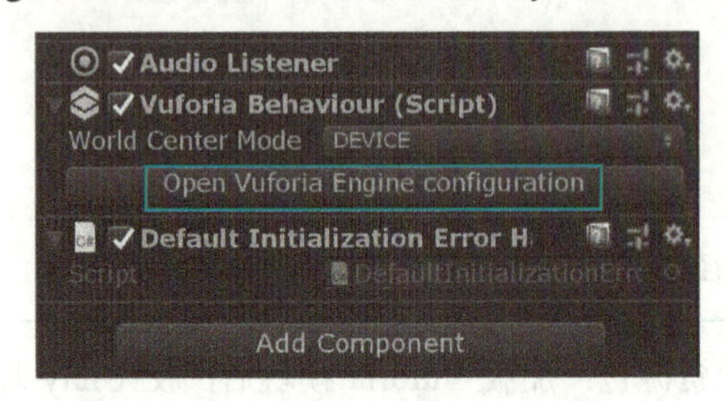

图5-29　打开添加License Key的入口

5）在编辑框中填写App License Key，将上一节中生成的许可授权粘贴到此处（步骤：在Vuforia官网上登录用户账号，复制“Develop”选项卡下“License Manager”中ARcard应用的许可授权），其余的参数可根据需求进行设置，本例使用默认状态即可，如图5-30所示。

图5-30　复制 License Key

5.3.2　显示模型

1）加载前面已下载好的苏州盘门识别数据库的Unity Editor包（ARcardDB.Unitypackage），导入到Unity中即可。选择“Assets”|“Import New Asset”命令，选择ARcardDB.Unitypackage，在弹出的

“Import Unity Package”对话框中，按照默认设置，单击右下角的“Import”按钮即可完成资源导入，如图 5-31 所示。导入成功后，Assets 目录下会增加 Editor 文件夹和 StreamingAssets 文件夹，如图 5-32 所示。

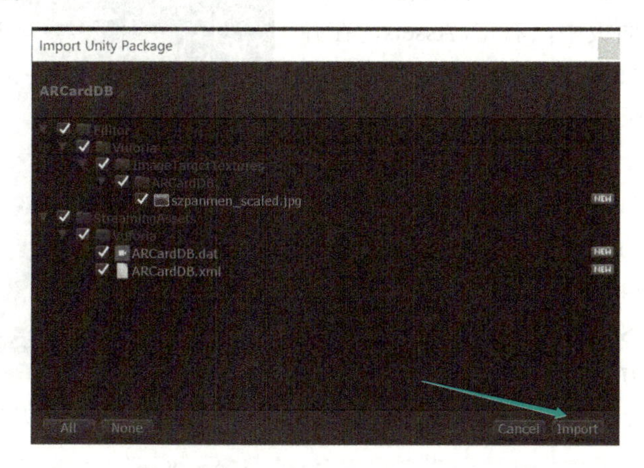

图 5-31　导入 ARcardDB.unitypackage

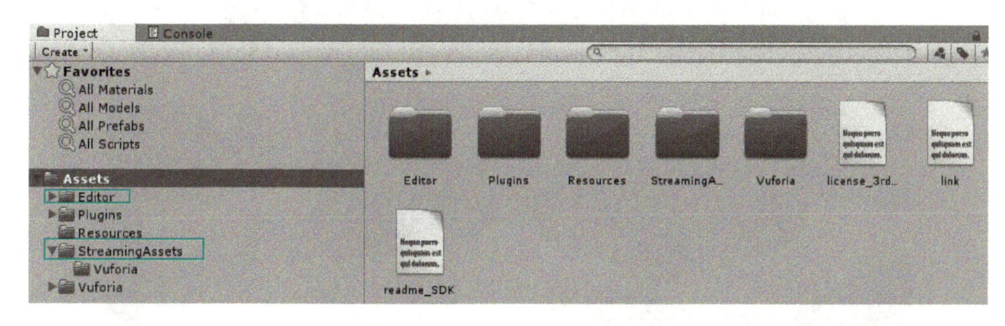

图 5-32　导入成功

2）添加识别图组件，在“GameObject”菜单中继续选择“Vuforia Engine”，添加一个 Image，这时苏州盘门的识别图就会自动显示在场景中，如图 5-33 所示。

图 5-33　Scene 场景效果——苏州盘门

3）为使场景和对象的光照效果更好，需要进一步添加光源，在“Hierarchy”面板中的空白处单击鼠标右键，在弹出的快捷菜单中选择“Light”|“Directional Light”命令进行调整。

4）在“Project”面板中，右击 Assets，在弹出的快捷菜单中选择“Import New Asset”命令，在打开的对话框中选择盘门模型“素材文件\学习情境 5\panmen_final.fbx”，导入后会在 Assets 下显示苏州盘门模型，将导入的 panmen_final.fbx 拖动到“Hierarchy”面板的“ImageTarget”上，作为它的子物体，如图 5-34 所示。

5）设置完成后，Scene 场景中的苏州盘门模型将位于识别图的上方，根据用户需求可以适当调整模型的大小，如图 5-35 所示。

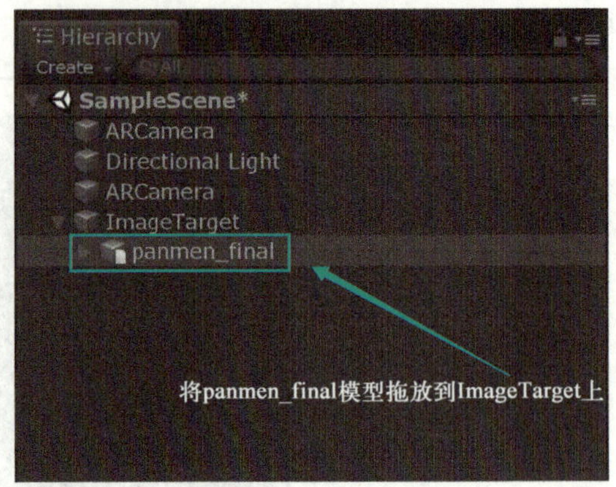

图 5-34　拖动模型作为子物体

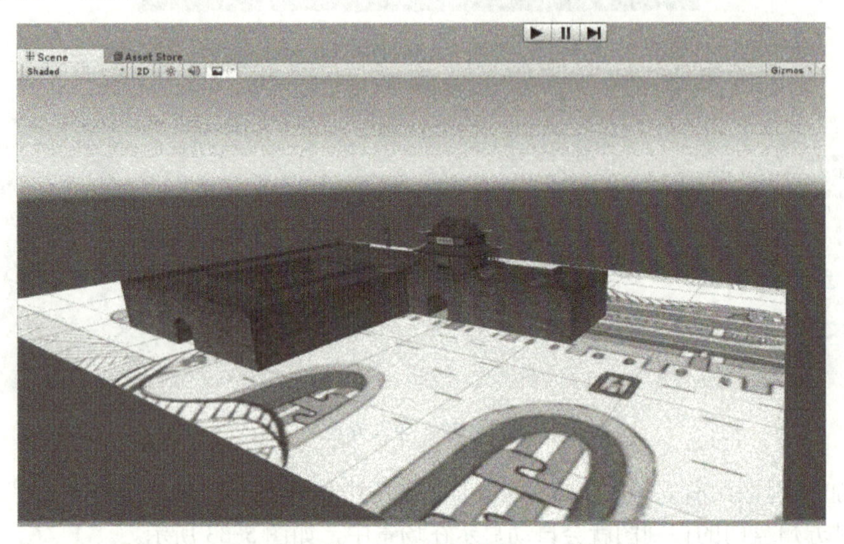

图 5-35　显示模型

5.3.3　实现动画

至此，我们已经可以看到苏州盘门城楼模型稳稳地立在明信片上了，接下来对城楼上的一串灯笼设置一段动画，使原本静止的场景能够跃动起来。

微课 5-4
实现动画

Unity 平台内置了强大的动画系统，可以支持在 Unity 内制作动画，也支持从外部导入动画。在这个项目中，将详细讲述如何在 Unity 内通过 Animation 窗口制作动画，通过这个窗口可以创建、编辑动画，也可以查看导入的动画。Animation 适合单个物体（及其子物体）的动画编辑。

1）选中“Hierarchy”面板中的 panmen_final 对象，它由很多子对象组成，重点关注 pole 和 lantern 两个子对象，pole 指向模型中的杆子，lantern 指向模型中的灯笼。将 lantern 拖放到 pole 下，代表杆子和灯笼之间形成“父子关系”，如图 5-36 所示。

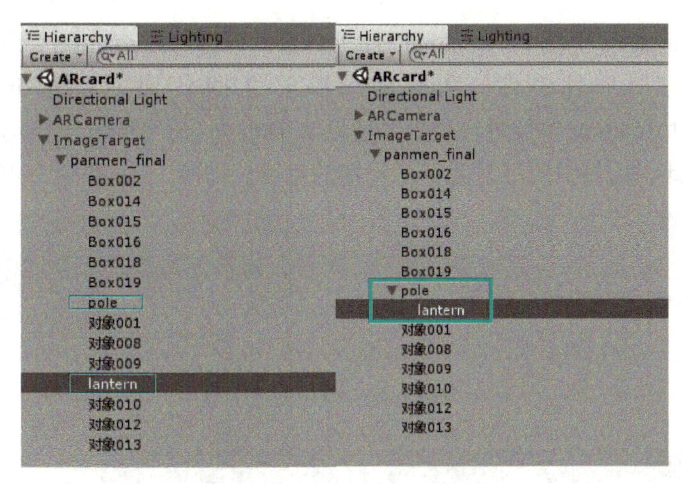

图 5-36 设置对象父子关系

2）选中 pole，单击鼠标右键，选择“Create Empty”命令创建一个空对象 GameObject，在场景中将这个空对象的位置调至灯笼的上方，然后将 lantern 对象拖至 GameObject 中，如图 5-37 所示。该操作可使后续动画的处理更为简单。

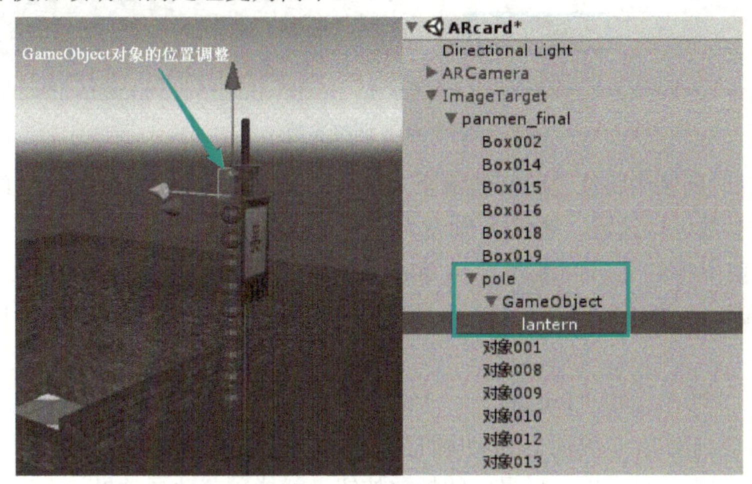

图 5-37 调整位置关系

3）选中“Hierarchy”面板中的 pole 对象，从“Window”菜单中选中“Animation”设置动画。单击“Animation”窗口中的“Create”按钮，在弹出的对话框中将这一段动画剪辑命名为“latterdance.anim”，单击“保存”按钮，如图 5-38 所示。

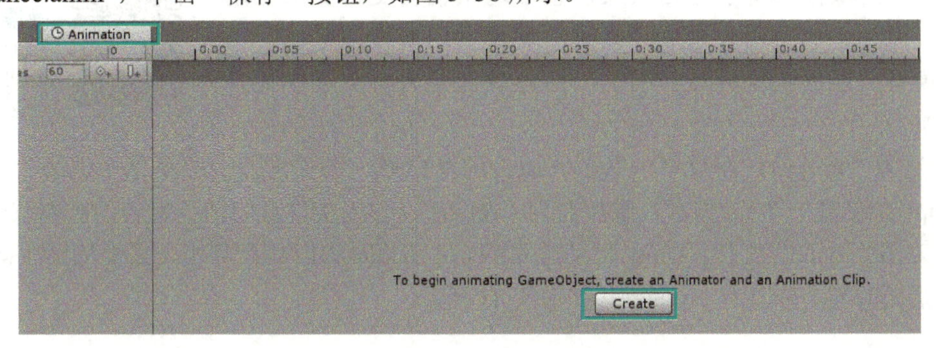

图 5-38 创建动画剪辑

4）选中“Hierarchy”面板中的 GameObject 对象，单击“Animation”窗口中的红点按钮进行关键帧录制，在时间轴中将红色时间线滑至 2.00s，通过右侧 Inspector 视图中的“Transform”面板对 Rotation 参数进行设置，建议 X 轴设为 25，Unity 会自动在当前时间轴上添加关键帧保存。至此，场景中的灯笼就有了一定的角度，如图 5-39 和图 5-40 所示。

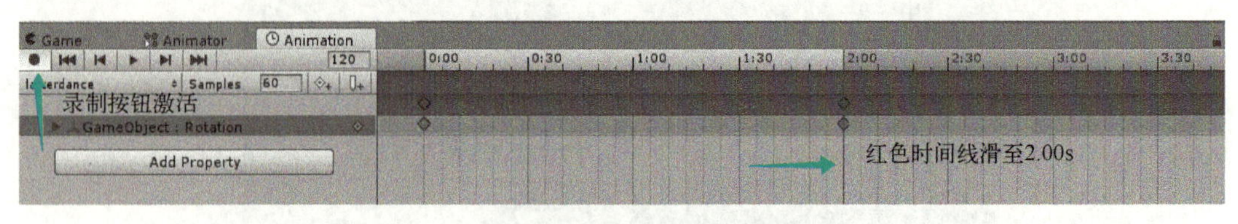

图 5-39　录制动画

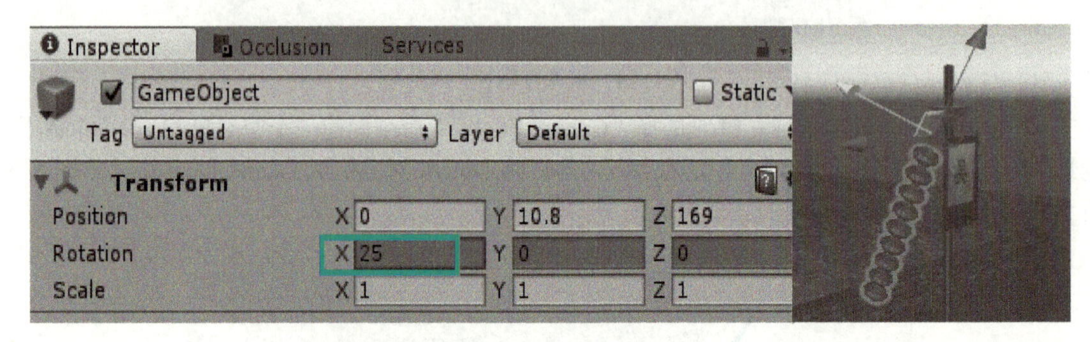

图 5-40　调整参数

5）同理，在时间轴中将红色时间线滑至 4.00s，通过右侧 Inspector 视图中的“Transform”面板对 Rotation 参数进行设置，建议 X 轴设为-25。

6）在时间轴中将红色时间线滑至 6.00s、8.00s、10.00s、12.00s，Rotation 参数对应的 X 轴分别设为 20、-20、15、-15，动画录制结束。如果有需要，可以继续以 2s 的间隔设置参数。

至此，我们可以在已知“Project”|“Vuforia”|“Prefabs”中找到一个名为 Lanterndance（灯笼舞动）的动画对象，说明这段动画已经被保存在工程中。如果需要修改，单击右键“open”可以重新编辑。只要单击场景中的播放按钮，就能预览动画效果。

5.3.4　实现旋转和缩放

一旦盘门城楼具备了动画效果，整个场景就会变得更加生动和真实。而为了满足用户想近距离细致观察盘门城楼的需求，场景中的模型要能够实现旋转和缩放。这项功能是人机交互中最普遍的一项。

微课 5-5
实现旋转、放大缩小

1）选中“Project”面板中，右击 Assets 的空白处，在弹出的快捷菜单中选择“create”|“C# Script”，新建一个 C#脚本，重新名为“rotate”，作为实现盘门模型旋转的脚本代码。

2）双击“rotate”文件，Unity 自动进入 Visual Studio 2017 编程环境，需要特别注意的是，将 class 后面的类名修改为“rotate”，如图 5-41 所示。

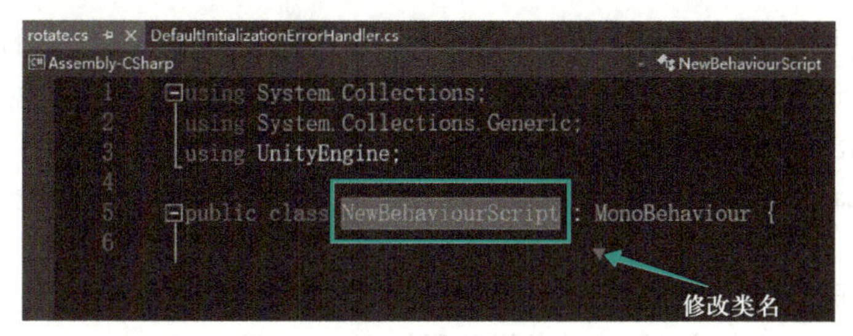

图 5-41　修改类名

3）旋转脚本的关键代码如下。

```
public class rotate : MonoBehaviour
{
    float xSpeed = 150.0f;                //定义 Y 方向的最小旋转角度
    void Update()
    {
        if (Input.GetMouseButton(0)) //表示手指向左滑动或者按下鼠标左键
        {
         if (Input.touchCount == 1)    //表示手指向右滑动或者按下鼠标右键
            {
         if (Input.GetTouch(0).phase == TouchPhase.Moved) //手指触摸屏幕，但
并未移动
              {
         transform.Rotate(Vector3.up*Input.GetAxis("MouseX")*-xSpeed*Time.
deltaTime,  Space.World); //围绕 X 轴进行左右旋转
              }
```

4）选中“Window”|“Console”进行脚本的编译，无“红色 Error”提示则认为编译通过；如有出错提示则需要进行代码调试。

5）代码完成后，需要绑定到盘门模型上。在“Hierarchy”面板中选中 panmen_final 对象，将 rotate 脚本拖动至 Inspector 视图中的“Add Component”下，视图中将会挂载旋转脚本代码，如图 5-42 所示。

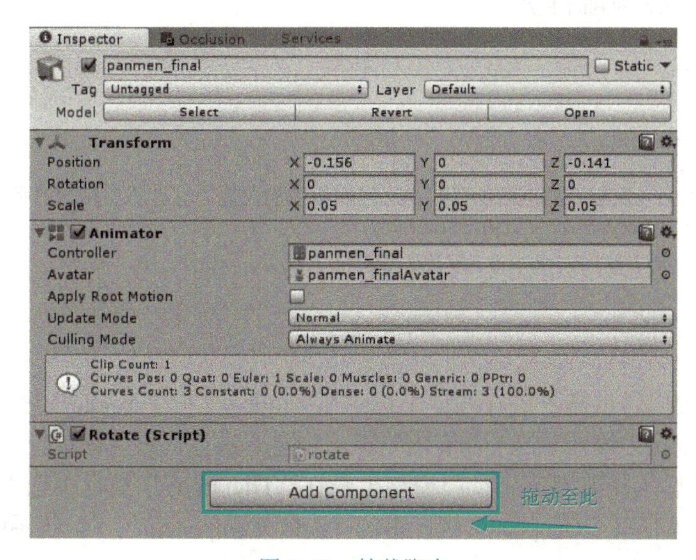

图 5-42　挂载脚本

6）同理，选中“Project”面板，右击 Assets 的空白处，在弹出的快捷菜单中选择“create”|“C# Script”，新建一个 C#脚本，重新名为“EnLarge”，作为实现盘门模型实现放大和缩小的脚本代码。

7）双击“enLarge”文件，Unity 自动进入 Visual Studio 2017 编程环境，同样需要将 class 后面的类名修改为“EnLarge”。

8）用户通常通过双指的滑动来实现对模型的放大和缩小，所以可以通过两指间触摸点的位置来判断用户的手势。放大缩小脚本的关键代码如下。

```
public class EnLarge : MonoBehaviour {
   Vector2 oldPos1;//上次触摸点 1 (手指 1)
   Vector2 oldPos2;//上次触摸点 2 (手指 2)
void Update () {
      if (Input.touchCount == 2)//当实现两次触摸时
{if(Input.GetTouch(0).phase==TouchPhase.Moved||Input.GetTouch(1).phase==
TouchPhase.Moved)// 获取第一、二次触摸的位置
 {
          Vector2 temPos1 = Input.GetTouch(0).position;//获取最新的触摸点 1
          Vector2 temPos2 = Input.GetTouch(1).position;//获取最新的触摸点 2
           if (isEnLarge(oldPos1, oldPos2, temPos1, temPos2))
      {
       float oldScale = transform.localScale.x;
       float newScalse = oldScale * 1.025f; //放大因子为 1.025f
transform.localScale=newVector3(newScalse, newScalse, newScalse);
           }//实现放大
       else
      {float oldScale = transform.localScale.x;
       float newScalse = oldScale /1.025f;//缩小因子 1.025f
transform.localScale = new Vector3(newScalse, newScalse, newScalse); }
                                   //实现缩小
          oldPos1 = temPos1;
          oldPos2 = temPos2;         //备份上一次触摸点的位置，用于对比
   //以下函数为判断手势
   bool isEnLarge(Vector2 oP1, Vector2 oP2, Vector2 nP1, Vector2 nP2)
   { loat length1 = Mathf.Sqrt((oP1.x - oP2.x) * (oP1.x - oP2.x)+(oP1.y
- oP2.y) * (oP1.y - oP2.y));
    float length2 = Mathf.Sqrt((nP1.x - nP2.x) * (nP1.x - nP2.x) +
(nP1.y - nP2.y) * (nP1.y - nP2.y));
 //函数传入上一次触摸两点的位置与本次触摸两点的位置，并计算出用户的手势
      if (length1 < length2)
      { return true; } //放大手势
      else
      { return false;  //缩小手势
      }
```

9）同样，这段代码也需要进行编译。选中“Window”|“Console”进行脚本的编译，无“红色 Error”提示则认为编译通过；如有出错提示则需要进行代码调试。

10）代码完成后，需要绑定到盘门模型上。在“Hierarchy”面板中选中 panmen_final 对象，将 EnLarge 脚本拖动至 Inspector 视图中的“Add Component”下，视图中将会挂载放大缩小脚本代码。

5.3.5　添加音效

最后，我们给场景加入音效，音效能够增强情感的表达，达到一种让观众身临其境的效果。

1）在“Project”面板中，右击 Assets 的空白处，在弹出的快捷菜单中选择“Import New Asset”命令，在打开的“Import New Asset”对话框中选择“素材文件\学习情境 5\bgmusic.mp3”，再单击“Import”按钮，将会在“Assets”面板中显示音效资源。

2）在“Hierarchy”面板中新建一个空白对象，选择“GameObject”|“CreateEmpty”创建成功之后命名为“Audio”，然后右击 Audio，选择“Audio”|“Audio Source”属性，这个属性非常重要，Unity 播放音乐主要依靠这个属性，如图 5-43 所示。

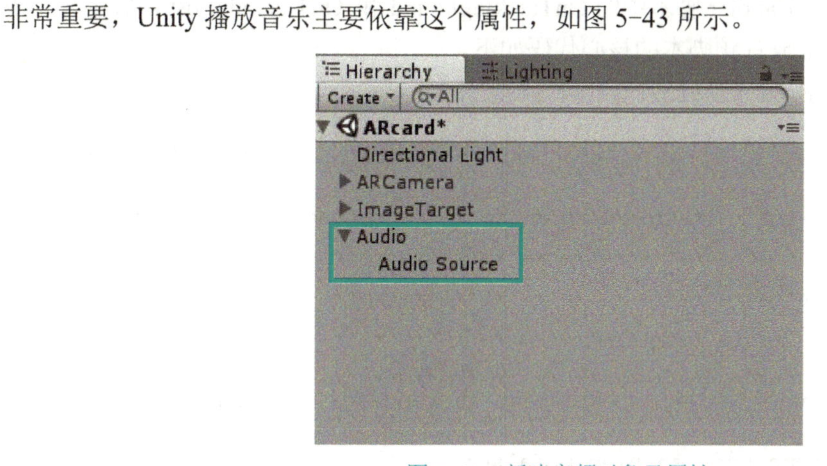

图 5-43　新建音频对象及属性

3）将 Assets 中的 bgmusic.mp3 拖入到 Inspector 视图“Audio Source”组件下“AudioClip”的编辑框中；取消选中“Play On Awake”复选框，否则，应用程序启动时，就会自动播放音乐，达不到预期效果。同时，将 Spatial Blend 属性设为 0，这样背景音乐不会因为移动端与扫描明信片的位置变化而产生音量忽大忽小的问题，其余参数保持默认状态即可，“Audio Source”组件的参数设置如图 5-44 所示。

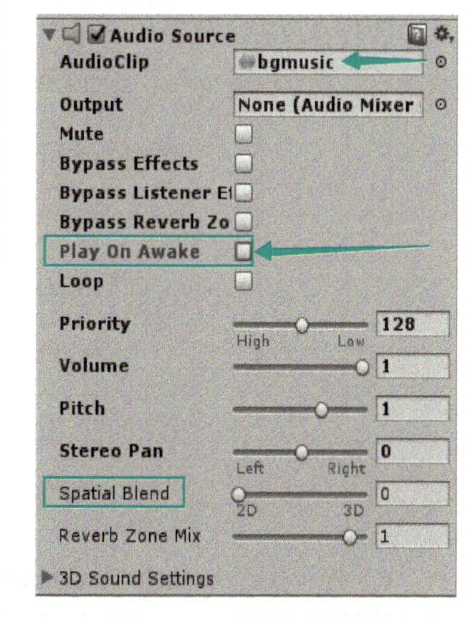

图 5-44　设置音频参数

其中主要参数如下。

- AudioClip：声音片段。
- Mute：是否静音。
- Bypass Effects：是否打开音频特效。
- Play On Awake：开机自动启动。
- Loop：循环播放。
- Volume：声音大小，取值范围为 0.0～1.0。
- Pitch：播放速度。

4）为了达到与苏州盘门模型做简单交互并伴随音乐的效果，需要修改脚本，通过添加声音变量来控制音乐的播放。把刚才创建好的 Audio 对象拖到 ImageTarget 下，成为 ImageTarget 的子对象，并在 ImageTarget 上的 Default Trackable Event Handler 脚本中进行代码的修改，如

图 5-45 所示。

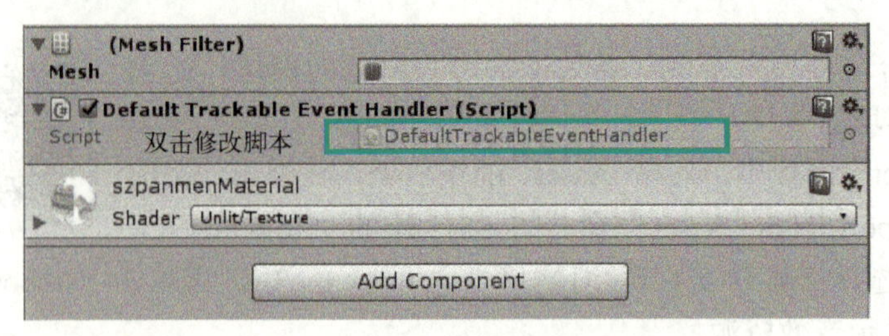

图 5-45　代码修改入口

5）在 Default Trackable Event Handler 脚本中添加一个变量 public AudioSource audio，接着在 Default Trackable Event Handler 脚本中的 OnTrackingFound 和 OnTrackingLost 函数中分别添加播放函数和暂停函数，播放音频脚本的核心代码如下。

```
    private void OnTrackingLost()
            {
                Renderer[] rendererComponents = GetComponentsInChildren<Renderer>
(true);
                Collider[] colliderComponents = GetComponentsInChildren<Collider>
(true);
                  if (audio.isPlaying)
                  {
                      audio.Pause ();
                  }                              //播放音乐
                foreach (Renderer component in rendererComponents)
                {
                    component.enabled = false;
                }
```

暂停播放脚本代码如下。

```
    private void OnTrackingLost()
            {
                Renderer[] rendererComponents = GetComponentsInChildren<Renderer>
(true);
                Collider[] colliderComponents = GetComponentsInChildren <Collider>
(true);
                  if (audio.isPlaying)
                  {
                      audio.Pause ();
                  }                        //暂停播放
                foreach (Renderer component in rendererComponents)
                {
                    component.enabled = false;
                }
```

6）接着找到 Default Trackable Event Handler 下方的 Audio 属性，单击后面的圆圈，选择刚才建好的 Audio Source（记得一定要选，不然音频控制不能完成），如图 5-46 所示。

图 5-46　选择 Audio Source

任务 5.4　App 发布测试

制作完成 AR 明信片案例后，需要对其进行最后的发布测试。Unity 引擎支持以 Android、iOS 操作系统为终端的多平台输出，本任务以苏州古城墙 AR 明信片为例，进行 Android 平台发布和测试，并详细介绍发布的操作流程。应用程序运行时所需的 Android 移动终端的最低硬件配置如下。

微课 5-7
App 发布测试

（1）手机

① CPU 频率：2.5GHz。

② RAM 容量：2GB。

③ ROM 容量：8GB。

④ WAN 或 3G：支持。

（2）平板计算机

① 处理器主频：1.6GHz。

② 系统内存：2GB。

③ 存储容量：16GB。

④ WLAN 或 3G：支持。

5.4.1　输出设置

首先在 Unity 中设置 Android 输出平台，在个人计算机上配置 Android SDK。

1）选择“File”|“Build Settings”菜单命令，在打开的“Build Settings”对话框中，可设置程序发布的终端平台、输出场景、系统兼容性等内容。

2）在“Platform”列表中选择“Android”类型，单击“Build”按钮，即可完成输出终端平台为 Android 类型的设置，如图 5-47 所示。

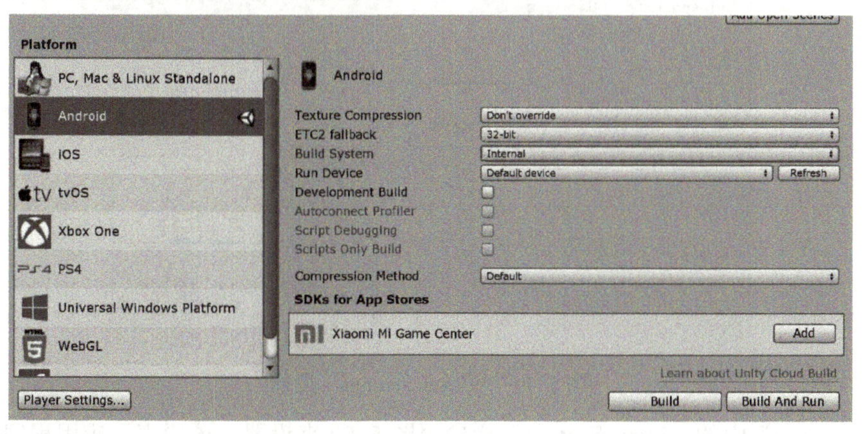

图 5-47　设置 Android 终端平台

5.4.2　发布步骤

1）选择“File”|“Save Scene”菜单命令，在 ARcard 项目中将当前场景保存为

“SZpanmen”。

2）选择“File”|“Build Settings”菜单命令，在打开的“Build Settings”对话框中单击“Add Open Scenes”，将需要发布的场景“SZpanmen”拖入到“Scenes In Build”列表框中，并打上对钩，完成发布场景的选择，这个操作非常重要，一旦遗漏，发布的就会是空场景，如图 5-48 所示。

图 5-48　将 SZpanmen 场景加入发布场景中

3）在“Project”面板中，右击 Assets 的空白处，在弹出的快捷菜单中选择“Import New Asset”命令，在打开的“Import New Asset”对话框中选择“素材文件\学习情境 5\SZwall.jpg”，再单击“Import”按钮，将会在“Assets”面板中显示图片资源。

4）单击“Build Settings”对话框中的“Player Settings”按钮，对 Inspector 视图进行设置，需要设置 Company Name、product Name、Bundle Identifier 等参数。本例中在 Company Name 右侧编辑框中输入“svu”， Product Name（即 App 名称）的右侧编辑框中输入“苏州城墙”，单击 Default Icon 右下角的“Select”按钮，在打开的“Select Texture2D”对话框中选择“SZwall.jpg”作为应用程序的默认图标，如图 5-49 所示。

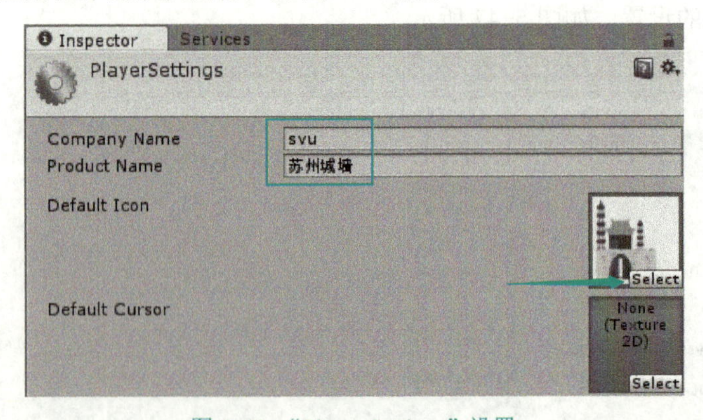

图 5-49　“Player Settings”设置

“Other Setting”中的“Identification”栏参照图 5-50 来设置，该栏表示应用程序在 Android 中的包名命名信息，根据相关规范，应采用反域名命名规则，全部使用小写英文字母。一级包名为 com，二级包名为公司、小组或独立开发者的缩写，三级包名根据应用特点进行命名。本案例中 Package Name 修改为“com.svu.wall”，在 Android 应用中当前版本信息由 Bundle Version Code 来表示（iOS 应用的当前版本信息则用 Version 来表示），如图 5-50 所示。

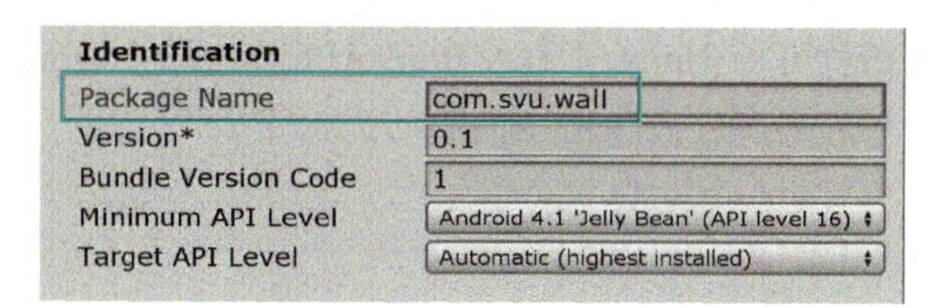

图 5-50　Identification 设置

5）打包签名。当 Unity 开发的程序发布成 Android APK 后，如不进行加固，容易被反编译。面对这样的情况，用户首先需要在发布设置中设置 APK 包的签名。打包签名需在“Publishing Setting”面板中设置参数，初始状态选中“Create New Keystore”复选框（创建新授权库），单击“Browse keystore”按钮，在打开的对话框中，将授权库的保存文件夹指定为“C:\AR\”，文件名为“ARcard”，扩展名为“keystore”。填写 Keystore password（授权库密码，务必记住，后面会用到），本例中将密码设置为“123456”，在“Confirm password”框（确认密码）中将刚设置的密码重新填写一遍，如图 5-51 所示。

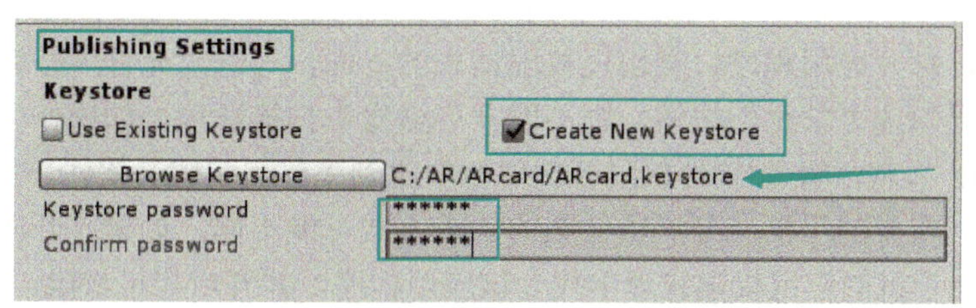

图 5-51　“Publishing Setting”面板

6）单击“Alias”后的“Unsigned(debug)”按钮，在弹出的下拉列表框中选择“Create a new key”选项，按要求填写相应的信息，其中“Alias”为别名，即为授权设置别名，Password 栏填写之前设置的授权库密码，本例中为“123456”，在 Confirm 中再次确认密码，此 3 项填好后，用户可根据实际情况自行填写其余内容。完成后单击“Create Key”按钮，这样便生成了所需的签名文件，如图 5-52 所示。

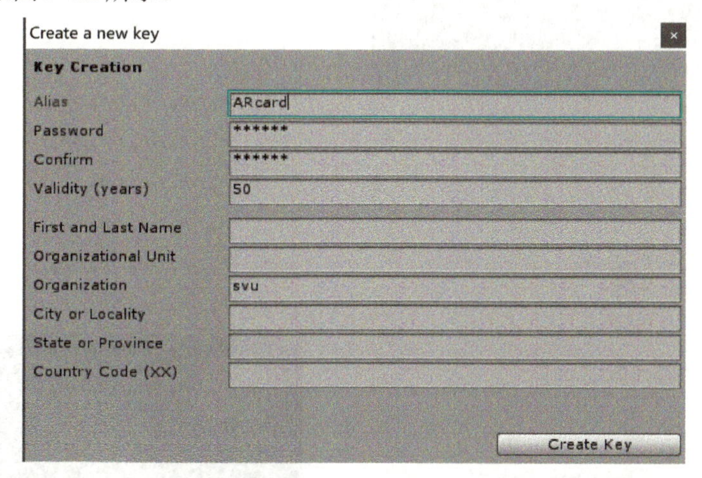

图 5-52　“Create a new key”面板

提示： 使用签名时，只需选中“Use Existing Keystore”复选框，找到生成 keystore 的文件，在“Alias”下拉列表框中选择生成的 keystore（本例中为 ARcard），填写之前设定的密码。完成这些设置后就可以发布应用程序了。

7）单击“Build”按钮就可将 Unity 工程发布成 APK 格式的 Android 应用程序。至于如何上传到 Android 的应用商店，可参照各个应用商店的提示完成。

5.4.3 安装测试

1. 安装

APK 发布成功后，可通过以下几种方式直接导入到 Android 终端安装：

1）通过即时通信工具（如 QQ）发送到手机上，接收成功后直接进行安装。

2）使用手机数据线连接计算机后将文件发送到手机上，在手机文件管理中找到 APK 进行安装。

3）使用手机数据线连接到计算机后，利用手机助手应用直接安装到手机。

本节以 HUAWEI P30 手机为例使用第 1 种方式进行安装，手机 QQ 接收文件并装，如图 5-53 所示。

安装成功后，打开应用程序，会出现权限请求的界面，勾选“允许”按钮，即可开启摄像头识别图片。如果勾选“禁止”按钮，则不能开启摄像头扫描环境，如操作失误，选择了禁止使用摄像头，可在“/软件管理/软件权限管理件”中找到“苏州城墙”软件，将“拍照”权限设置为“允许”不同型号的手机，开启摄像头的请求方式可能不同，如果打开应用程序后未正常开启摄像头，可在手机的应用权限管理中找到该应用程序，并开启相机权限。

2. 测试

在移动终端上找到安装成功的应用图标，如图 5-54 所示，打开应用后，摄像头将自动开启，扫描苏州盘门明信片设计图，手机屏幕上将显示最终效果，苏州盘门模型跃立于明信片上，城楼的灯笼随风飘动并伴有背景音乐，用户双指操作可旋转、放大、缩小城楼模型，如图 5-55 所示。

图 5-53 手机安装 APK 页面

图 5-54 应用图标

图 5-55　最终效果

项目小结

AR 技术能将真实世界信息和虚拟世界信息“无缝”集成，将虚拟的信息应用到真实世界，被人类感官所感知，实现了真实环境和虚拟物体实时地叠加到同一个画面或空间。本情境以 Android 为开发平台，描述 AR 明信片案例设计、详细讲解 Vuforia 引擎的特征以及识别图的注册过程，并阐述了结合 Unity 的制作流程与发布测试步骤，为读者提供了清晰的步骤说明，并配有相关素材供读者参考使用。此情境中，中国传统的吴文化能通过载体“活”起来，更有表现力和吸引力，唤起用户对中华优秀传统文化的崇敬、自豪和珍惜，充分肯定本土文化的内涵和价值，对自身民族的文化特质坚定信念，进而增强文化自信；引导用户体味并学习吴地文化，通过崭新的体验方式改变传统文化的传播方式，使中国传统文化焕发生机。

课后练习

1. 实现并掌握识别图注册的方法。
2. 参照苏州城墙明信片案例的制作过程，自行开发一款 AR 明信片。

附 录

附录 A “微知库”服务指南

本书是基于“微知库”开发的新形态一体化教材，具有素材丰富、资源立体的特点，教师在备课中不断创造，学生在学习中享受过程，新旧媒体的融合生动演绎了教学内容，线上线下双平台支撑创新了教学方法，是优化教学流程、提高教学效果的有效手段。

“微知库”作为“国家职教专业教学资源库”是专为国家级专业教学资源库提供的运行平台。同时也是领航未来（北京）科技有限公司依托“互联网+”技术与手段打造的“O2O（线上线下）复合数字模式”。本着“便捷，成效，促用”原则，为职教战线（学习者、授课者、行业企业、社会访客等各类用户）提供优质资源与在线学习服务。融入职教日常教学（课堂、实训、教材、课余四大场景），提升学习兴趣与效率，促进教学模式变革。

具体实现路径如下：

1. 基本教学资源的便捷获取

数字校园学习平台为教师提供了丰富的数字化课程教学资源，包括与本书配套的电子课件（PPT）、微课、教学设计、课程标准、习题答案等。未在 http://www.36ve.net/index.html 网站注册的用户，请先注册。用户登录后，在“个性化课程”频道搜索本书对应课程“虚拟现实应用技术”，即可进入课程进行在线学习或下载资源。

2. 微知库 App 的移动应用

微知库 App 无缝对接数字化校园平台，是“互联网+”时代的课堂互动教学工具，支持课程学习、扫码签到、随堂测验、课堂提问、讨论答疑、电子白板等功能，有效激活课堂，提高教学效率。

附录B 微课索引

参考文献

[1] 张量，金益，刘媛霞，等. 虚拟现实（VR）技术与发展研究综述 [J]. 信息与电脑（理论版），2019，31(17)：130-132.

[2] 周烨. 深化协同创新推进我国虚拟现实产业发展：第六届中国虚拟现实产学研大会侧记 [J]. 中国科技产业，2020(12)：16-17.

[3] 高红波. 中国虚拟现实（VR）产业发展现状、问题与趋势 [J]. 现代传播（中国传媒大学学报），2017，39(02)：8-12.

[4] 阮莹. 基于 AR 技术的三维交互式虚拟装配系统设计 [J]. 现代电子技术，2020，043(006)：149-151，155.

[5] 钟正. VR/AR 技术基础[M]. 北京：高等教育出版社，2018.

[6] 刘向群，郭雪峰，钟威，等. VR/AR/MR 开发实战：基于 Unity 与 UE4 引擎 [M]. 北京：机械工业出版社，2017.

[7] 范丽亚，张克发，马介渊，等. VR 技术与应用：基于 Unity 3D/ARKit/ARCore 微课视频版 [M]. 北京：清华大学出版社，2020.